V A L U E

价值投资
实战手册

INVESTMENT

唐朝◎著

PRACTICAL

中国经济出版社
CHINA ECONOMIC PUBLISHING HOUSE
北 京

M A N U A L

图书在版编目（CIP）数据

价值投资实战手册／唐朝著．

—北京：中国经济出版社，2019.1（2020.8 重印）

ISBN 978 – 7 – 5136 – 5460 – 9

Ⅰ.①价… Ⅱ.①唐… Ⅲ.①股票投资—手册 Ⅳ.①F830.91 – 62

中国版本图书馆 CIP 数据核字（2018）第 267588 号

责任编辑	燕丽丽
责任印制	巢新强
封面设计	久品轩

出版发行	中国经济出版社
印 刷 者	北京科信印刷有限公司
经 销 者	各地新华书店
开 本	710mm×1000mm 1/16
印 张	20.25
字 数	280 千字
版 次	2019 年 1 月第 1 版
印 次	2020 年 8 月第 5 次
定 价	59.80 元

广告经营许可证 京西工商广字第 8179 号

中国经济出版社 网址 www.economyph.com 社址 北京市东城区安定门外大街 58 号 邮编 100011
本版图书如存在印装质量问题，请与本社销售中心联系调换（联系电话：010 – 57512564）

自 序

按照价值投资集大成者沃伦·巴菲特的阐述，假如由他在商学院开设投资专业课程，他只会讲授两门课程：如何面对股价波动；如何估算内在价值。

《价值投资实战手册》这本书将"如何对企业估值"分成了理论阐述和案例讲解两部分，因此全书就由三大章构成，分别为：正确面对股价波动、如何估算内在价值、企业分析案例。

本书前两章完整地阐述了老唐个人对投资的全部理解，其主要框架来自以本杰明·格雷厄姆及沃伦·巴菲特为代表的投资大师们数十年的无私分享。老唐的贡献主要是按照自己20多年来的实践、理解和思考，以打破砂锅问到底的精神，用最简单、通俗易懂的语言，将大师的思想体系转化为任何读者只要具有初中文化水平就都能阅读和理解的文字。

这部分内容过去分散在"唐书房"过百篇文章、数十万字中，有大量读者曾经自己动手复制整理、打印成册，但总体来说还是太过零碎，有些内容重复次数太多，有些内容阐述得又不够深入。这次老唐进行了完整的梳理，去掉重复的，补上不够深入的，基本算重写一次。

这两章构成一套逻辑清晰、可直接应用于实战的理论框架，力争让读者读后，彻底明白价值投资必然获利背后的逻辑及所需的条件，并完全扭转对股价波动尤其是向下波动的恐惧。

老唐一贯认为，所谓"知易行难"，其实是没有"真知"。真知，行不难。我自信这两章内容会让很多朋友进入"真知"状态。

前两章理论部分读过以后，影响投资的无数未知数最终将缩减为一个：理解目标企业。本书第三章就由多个展示如何理解目标企业的实战案例组成，是前两章理论的应用示范。

案例主要选自过去两年发表在"唐书房"的数十份企业财报分析（仅有三篇更早的，因完整性需要而入选）。其中有不少企业，是应"唐书房"读者"点杀"而做出分析的，很好地展示了老唐初次接触一家企业时，如何从财报入手展开分析，可以作为朋友们的入门参考。限于书籍篇幅，有大量案例，尤其原属于迅速排除投资对象的"财报浅印象"系列没有收录，感兴趣的朋友可以到唐书房翻阅。

可以放心的是，本书收录案例的选择标准绝非"对的收录、错的删除"，也没有对原文论据及结论做任何事后修改。本书和原文的主要区别，是精简了部分不相关内容，修改了部分不适合正式出版物的网络用语。所有案例均原汁原味地保留了当时的思考，并附上发表日期，方便大家结合事后的市场变化对照复盘。

在投资领域里，大量专业人士似乎都有个习惯，喜欢将理论用高深莫测、含糊其辞的语言表达出来，并间或夹杂一些希腊字母，比如 α、β、γ、σ 等以示专业，对于企业分析也很少直接给出具体估值数据和买卖结论。这种模糊不清的文章，永远不会错。

然而，老唐作为个人投资者，不追求永远不错。我追求对得清楚、错得明白。所以我喜欢将复杂理论，用最简单的日常语言清晰地表达出来（读者们将这种特色命名为"中翻中"），并喜欢对企业给出明确的估值数据。由此，受老唐个人水平所限，本书涉及的很多企业分析，不可避免存在错误。希望读者在阅读过程中保持高度警惕。分析方法可以参考，但结论绝对不可以直接用以指导个人投资！

另外，本书大量用到老唐 2015 年出版的《手把手教你读财报》里所分享的财报阅读方法和技巧，投资思想也是一脉相承，建议作为配套读物。

无论是本书涉及的投资理论，还是有关具体的企业分析，都欢迎同好们莅临微信公众号"唐书房"纠错或交流。最后，祝各位投资顺利！

唐朝

2018 年 10 月 1 日

目　录

PART 1

第一章

正确面对股价波动

什么是投资

投资这俩字儿，说起来似乎人人都懂，但细究起来，好像也挺费劲儿的。什么是投资？买股票是不是投资，买房子是不是投资，买车子是不是投资，办工厂是不是投资，买本老唐的《手把手教你读财报》算不算投资……答案恐怕莫衷一是。老唐认为，有时候是，有时候不是；有些情况下是，有些情况下不是。

未来获取更多的购买力

有些朋友说，让钱越来越多就是投资。但是，我若是拿着口袋里的1万元人民币去换了2万日元或者1000000万津巴布韦币，钱是多了，恐怕家人不会说我投资成功，反而会担心我脑袋进了太多水，要送我去看医生。

说到底，钱只是一张纸，甚至在电子支付风行的今天，连纸都不是，就是一串电子符号。你之所以会爱上她，不是因为她颜值爆表，也不是因为她身材凹凸，纯粹是因为她能换来你所需要的东西。因而，让钱越来越多不是投资。真正的投资，是让你所拥有的购买力增加。套用投资大师沃伦·巴菲特的定义："投资是为了在未来更有能力消费而放弃今天的消费。"

根据这个定义，同样的行为，可能有些是投资，有些不是投资。关键是，今天的付出会在未来为你换来更多的购买力吗？如果是，那就是投资。例如买车，有人买辆车来跑滴滴，那是投资；为了让合作伙伴或交易对手对自己的实力有信心，买一辆劳斯莱斯幻影，那也是投资；老唐买辆车开出去玩就属于消费，而不是投资，因为支付出去的购买力，再也回不来了。

不仅买车，养儿养女也可能是投资。那些抱着养儿防老心态的父母，亲情的背后，也做着今日投下一口粥，期望未来换回一块肉的"生意"。

买车跑滴滴是不是一定能获利，恐怕不见得；买辆幻影，生意是不是就一定能赚到钱，恐怕不见得；养儿是不是一定能防老，恐怕也不见得。投资是"意图"获取更多购买力，但这个"意图"是否能变成现实，要受多种因素的限制。所谓心想事成，只是一种祝福，一种梦想的童话世界。

股市：参与还是远离？

我们绝大部分人来到股市，自然是"意图"用现有的购买力去换取未来更多的购买力。由于大部分人进入股市，一般是因为看见股市火热，听见周边的人都在大谈特谈赚钱经，似乎只需要敲两次键盘——买进一次，卖出一次——钞票就滚滚而来。一时心热或好奇，懵懵懂懂就开户入市，难免以为这个"换取"行为很简单。

刚开始什么也不懂，见什么涨得好就去追什么。由于股市火热，"鸡犬升天"，听消息或是凭感觉都能赚些小钱，于是误以为投资回报来自于电脑屏幕上那上蹿下跳的数字——犹如财主儿子经过认真观察和思考后，终于明白大米原来产自于米缸。

这些对市场完全无知的人也入场买了股票，后面自然就缺乏新资金去继续推高那些屏幕上的数字，下跌无可避免地来临。残酷的下跌过程中，财富烟消云散，如同一场噩梦。梦醒来，怀疑人生是难免的。因而，在不少人看来，股市就不是正经人干的正经事，甚至可能是骗局、赌场、销金窟，普通人应该"珍爱生命，远离股市"。

这种认识对不对呢？普通人到底应不应该参与股市？如果参与，怎样才能确保让自己的财富在股市保值增值，而不是虚度光阴或者赔掉自己宝贵的资本呢？这本书要聊的就是这个话题。

股票的本质

股票是什么，股市又是什么？让我们抛开教科书枯燥的解释，穿越到诞生股票的大航海时代，去看看股票和股市的本质。

股：船的一部分

在那属于冒险家的时代里，一艘船从欧洲大陆出发，无论经大西洋到美洲，还是绕印度洋到亚洲，带给沿途各国人民从未见过的稀罕玩意儿——稀罕玩意儿，自然不便宜；顺带收走当地土产——土产，自然不会贵。

而此地的土产就是彼地的稀罕玩意儿，一趟船跑回来，常常是数百倍的利润。但是，大海风大浪大、海盗出没，每十艘船出去，总有那么两三艘或沉没或被劫。怎么办？

对利润的追求，常使人类想出精妙的解决办法。十艘船的船主，放弃原来每人单独拥有一艘船的模式，改为每人拥有十艘船的 10% 所有权，10 × 10% 还是等于 1。这是一个简单的等式，但却带来完全不同的获利模式。这种模式下，哪怕十条船里只回来 5 条，只要每条回来的船能获利百倍，每位船主照样能稳稳地获利 50 倍。一边是每次出海确定赚 50 倍，一边是每次出海或赚百倍或血本无归，精明的商人当然知道怎么选。于是，股的概念就这么诞生了。

船，就是企业。股，就是船的一部分。持股人享受船的收益，并以出资为上限，承担船只沉没或者被劫持的风险。这就是船主们找到的包赚秘籍。

票：交易的媒介

船主们有了秘籍，夜夜安枕却赚得盆满钵溢，自然惹得旁人羡慕。一群或陌生或相识的人，凑在一起写个合约买船雇水手，新企业就建立了。

船出海，很久才能回来。那时候，没手机没电报，出海后便是杳无音信。这期间，若有持股人急等用钱，那么可以找个见证人，将出资协议附上转让合同，出让于有意购买者。成交之后，这条船不管是带着百倍回报返航，还是沉入大海，该占的利益，该冒的风险，都由买家一力承担，与原出资人再无干系。票，也诞生了。

股票的两种属性

逐渐地，建立在股和票上，也有了两种不同的获利模式。一种是以返航回报为主要获利来源的股模式，另一种是追求买与卖之间差价的票模式。

中文的股票，是两个字：股 + 票。它正好代表了上述两种属性：股权凭证的属性和交易票据的属性。股权凭证和交易票据的中介市场，就被称为股票交易所，俗称股市。

对于股权属性而言，投资于股权与自办企业一样，都是一种资本投入行为，直接创造财富，创造就业，创造税收，提升社会生产力。它可预测性相对较强，且对该行业了解越深，预测的可靠性就越强。

在这个领域里，姜越老越辣，内行优于外行。当然，也有由于市场环境突变等因素导致的预测失误，正如各行各业每天都有人关门大吉一样。投资者在这个领域里，主要靠尽可能多地了解行业和企业，入股作价时尽可能保守，以及适度分散到多个企业乃至多个行业来应对。

由于上市公司整体来看，属于国民经济中相对较好的部分，加上赌徒众多，常常将企业价值极度向下扭曲至重置成本以下，或向上夸张性扭曲至引诱企业家退休的状态，投资者若坚持上述原则，在自己了解的行业范围内进行股权投资，长期看，是大概率赢的事儿。

越是所谓不适合价值投资、赌徒众多、追逐概念、忽略企业价值的市场，越是增加了股权投资的赢面。代价呢，就是常常发现今天有人会扔下 100 元现钞非要买你的 1 股，明天他们又拿着同一家公司的 2 股、3 股甚至更多股，要求换回之前那 100 元。更多的时候，他们之间莫名其妙地换来换去，居然常有靠这种交换而大发其财的。这很容易导致你夜深人静时，怀疑人生、怀疑自己。

当其作为交易票据时，其价格归根到底是由供求关系决定的。而一只股票的供求关系，又由市场所有参与者对其的预期决定。如果将每一毛钱都看成背后某人投出的选票，则更多人认为其会涨，就会产生求，导致股价上涨；反之，更多人认为其会跌，就会产生供，导致股价下跌。

宏观经济学的鼻祖约翰·梅纳德·凯恩斯将这种依赖短期价格变化获利的投机现象比喻为选美，说选美大赛中的赢家，不是你眼中最美的，而是大部分投票者眼中最美的。所以，要想猜中赢家，你不能相信自己的审美观，必须预测其他人认为谁最美，然后投票给可能收到最多票的美人儿——至于她是不是你心中最美，不重要。

预测：是否可行？

预测其他人的想法，当然不是一件容易的事情。市场情绪是数以万计参与者的情绪叠加，每个人都影响这个叠加结果，同时又被这个结果所影响，构成一个无解的死循环。同床共枕的爱人或者血脉相连的父母儿女，我们也很难保证随时猜中他们想什么，更别说市场千千万万抱着各种心思的陌生人。天才的物理学家、天文学家和数学家，曾担任英国皇家学会主席、皇家造币厂厂长的艾萨克·牛顿爵士，一样在著名的南海投机泡沫中赔得血本无归，之后留下的那句著名感叹，"我可以计算出天体运行的轨迹，却无法预测人性的疯狂"，经常被人引用，来表达预测别人想法的难度。

著名的投资家彼得·林奇也公开嘲笑过投机者，他说："在《福布斯》400大富豪排行榜上，没有一位是靠预测市场起家的。"

依赖投资登上世界首富的智者沃伦·巴菲特这样评价投机："我从来没有见过能预测市场走势的人。对于未来一年股市的走势，我们不做任何预测。过去不会，现在不会，将来也不会做预测。我觉着投机是一个不太聪明的做法，你需要非常多的运气才能做成这件事。当然，投机的盛行，会给投资者更多机会。"

投资者该怎么办?

正是因为投机的盛行，股市才长期呈现"七亏两平一个赚"的分布。逻辑也很容易理解，票据交易中，你买我卖，一个人赚的就是另一个人赔的，总体是个零和游戏，并没有"新钱"产生。然而上市公司要融资，原始股东要套现，投行要分账，政府要征税，交易所要收费，券商要抽佣……无数人依附在这个交易过程中吸血，零和游戏变负和游戏，最终必然是赔得多，赢得少。

那么，面对这样"七亏两平一个赚"的市场，普通投资者有什么办法可以应对呢？总体无外乎两条路：一是珍爱生命，远离股市；二是放弃猜人心的票模式投机，做大概率成功的股模式投资。

投资是持续终身的事

珍爱生命，远离股市，做起来似乎很简单。然而，投资是人生无法躲避的游戏。退出股市，并不是不投资，而是将自己用智力、体力或者运气换来的财富，投资了股票之外的其他产品，比如活期存款、定期存款、货币基金、各种债权、房产、贵金属、金融衍生品、保险、外汇……

财富的两种来源渠道

人的财富获取渠道，套用一句网络流行语，可以分为"睡前收入"和"睡后收入"两种。所谓"睡前收入"，就是你干活就有、睡着了就没有的那种，是用自己的体力或者智力换钱。所谓"睡后收入"，就是被动性收入，哪怕你睡着了，它也在自动增值。两种收入形态中，很显然，"睡后收入"占比越高，你就有越多可供自由支配的时间，所做选择受到的制约也就越少。收入来源若全部由"睡后收入"构成，就进入了财务自由状态。

一个人，只要不是含着金钥匙出生的，财富最初总是靠"睡前收入"。这些财富在满足消费需求后，必须通过配置在能带来"睡后收入"的资产上，才能获得保值增值。

受限于认知水平，我们最先接触到的"睡后收入"，可能都是银行存款——还是年回报率"高"达 0.35% 的活期存款，其后由于我们多学习了一点点，开始接触定期存款、通知存款、余额宝、零钱通、甲银行 B 理财……收益率开始从 0.35% 提升到 3% ~ 5%。

这一步跳跃很容易实现，是因为这个回报率依然远在社会平均财富增长值之下，依然属于将自己辛辛苦苦贡献体力或脑力换来的财富，无偿地送给别人一部分。将自己口袋里的财富掏出来送给别人，当然不是难事。

甚至由于"合法窃贼"的存在，你连掏的动作也可以省掉——通货膨胀正日夜不停地将你用汗水或者脑汁换来的财富，一点点偷走。过去 30 年里，中国货币总量从 1987 年的 6517 亿元扩张到 2017 年的 1676800 亿元，货币的购买力大大缩水。在法币①时代，现金是少有的、100% 确定亏损的资产。

如果不想将自己积累的财富拱手送给别人，那么，一边赚取"睡前收入"，一边将消费剩余配置成"睡后收入"，就是无法躲避的、必须持续一生的事。

不同的选择，不同的结局

投资首先是一件选择比努力更重要的事，尽最大可能选择收益率更高的资产，是决定你和别人后半生的幸福程度及人生高度差异的重要因素。

没有深度思考过这个问题的朋友，可能很难想象这个差异究竟有多大。让我们做个模拟计算，假设人的一生有 50 年有效投资时间，1 个单位的本金，在不同回报率下的终值如表 1 - 1 所示。

表 1 - 1　投资回报对比

回报率	3%	5%	7%	10%	12%	15%	20%	25%
终值	4.38	11.47	29.46	117.39	289	1083.66	9100.44	70064.92

---

① 法币，指法定货币，即货币本身无价值或价值微不足道，只是由国家暴力机器强行规定它的交换价值。

如果考虑到我们的人生旅途中，并非只有期初一笔资金产生投资回报，而是可能不断有新资金追加，最终的终值差异更是大到难以想象。老唐这里举个保守的简化例子，请大家感受一下。

假设甲、乙、丙三人都在2018年22岁时拥有1万元投资本金，从22岁到60岁之间，每年三个人都从工资收入中节省出3万元做投资。其中甲选择最安全可靠的货币基金和保本理财，获取3%的年化投资回报；乙、丙二人将资产投入股市，分别获取了年化10%和15%的投资回报率——别着急，这本书从头到尾聊的就是如何稳妥地从股市里获取年化10%～15%及以上回报的方法——同时，甲、乙、丙三人均在2056年60岁时退休，退休后不再增加投入，每年反而抽取100万元用于医疗、养老和消费。假设三人均在2076年80岁时离开人世，那么他们的财富轨迹如表1-2所示。

表1-2 甲、乙、丙投资回报差异

	甲：3%	乙：10%	丙：15%
22岁起点	1万元	1万元	1万元
22～60岁	年增加3万元	年增加3万元	年增加3万元
60岁财富值	207.5万元	1126.7万元	4231.5万元
63岁财富值	-91.6万元，破产	1135.5万元	6036.2万元
80岁财富值	穷困潦倒，老无所依	1279.5万元	57473.7万元

很显然，甲的数据只能让我们眼前浮现出捡瓶子度日的凄凉晚景，他/她不可能负担年开支100万元的安逸生活，只能在省吃俭用中艰难度日。而乙和丙不仅可以安享晚年，还能在离开人世的时候，给亲人留下一笔财富。这一切差异，不在于他们工作时赚多少，而在于他们选择将智力和体力换来的财富配置在哪里。

因此，老唐强烈建议朋友们坚决抛弃"进入股市是开始投资，退出股市是停止投资"的错误思想，牢记我们从拥有第一笔消费剩余的时候，就已经开始投资，且365天×24小时从不休息，一直持续到离开人世才算罢手。

究竟应该选择哪种资产

既然无法躲避，那么我们应该选择什么资产来投资呢？最理想的状况当然是，今后几年什么类别的资产会涨，就买什么。或者什么类别的资产会跌，就避开什么。这种研究中，有个美林投资时钟比较权威，常被做宏观资产配置的投资者奉为圭臬。

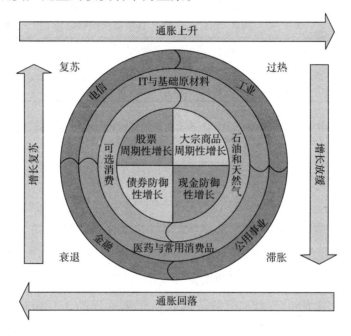

图1-1 美林投资时钟

然而，很可惜，该理论的创始机构美林证券在2008年次贷危机中损失惨重，最终不得不卖身以求活命（被人收购）。这仿佛是个冷笑话，提醒我们美林投资时钟可能是一口走不准的破钟，连自己的投资也指导不了。

股票是最好的资产

实际上，大量专业系统的研究，都证明了所有投资资产中，长期回报率最高的就是股权。这类研究汗牛充栋，其中比较权威也比较知名的研究成果，是沃顿商学院金融学教授杰里米·J. 西格尔的经典著作《股市长线法宝》和伦敦商学院的研究成果《投资收益百年史》等。

在《股市长线法宝》里，西格尔教授研究了美国 1802—2012 年的全部数据后得出结论：1802 年投入 1 美元，分别投资于股票、长期国债、短期国债、黄金，并将期间所得收益继续再投入，到 2012 年的终值和年化收益率如表 1-3、表 1-4 所示。

表 1-3　美国 1802—2012 年各项资产投资比较　　单位：美元

	股票	长期国债	短期国债	黄金	物价指数
组合终值	13480000	33922	5379	86.4	19.11
年化收益率	8.09%	5.07%	4.16%	2.14%	1.41%

表 1-4　美国 1802—2012 年各项资产投资比较（扣除通货膨胀后）

单位：美元

	股票	长期国债	短期国债	黄金	美元
组合终值	704997	1778	281	4.52	0.05
年化收益率	6.59%	3.61%	2.71%	0.72%	-1.41%

在这个超过 200 年的样本里，涉及多次经济危机、货币危机、金融危机，经历多次局部战争和两次世界大战，期间持有货币的，被通货膨胀吞噬了 95% 的购买力，而股票的收益率则远远高于长短期债券及黄金，终值的差异大到令人惊讶。

那么，这是不是美国的特例，会不会是因为美国的经济或政治制度导致股市存在某种"幸存者偏差"呢？伦敦商学院埃尔罗伊·迪姆森教授、保罗·马什教授和伦敦股票价格数据中心主任迈克·斯丹顿发表了他们的研究成果《投资收益百年史》，结论如图 1-2 所示。

伦敦商学院的这份研究，涉及四大洲 19 个能够获取数据的主要国家，涵盖时间段内，经历过日俄战争、第一次世界大战、第二次世界大战、经济大萧条、朝鲜战争、古巴导弹危机、滞胀危机、石油危机、美元危机、冷战、美越战争、网络股泡沫等世界政治经济重大危机，无论是国家样本还是时间段截取，都更具说服力。

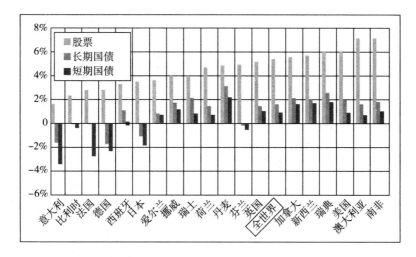

图1-2 1900—2012年股票、长期国债、短期国债实际收益率比较

　　尤其值得称道的一点，是这三位教授的研究中，涉及股票收益率研究时，考虑到了"幸存者偏差"，即股票指数不断选择剔除失败者、纳入胜利者导致的实际收益高估。从而使伦敦商学院得到的结论，在股票收益率计算上，普遍比以往的研究成果大幅下降。例如在1900—1954年对英国股市收益率的研究成果上，过往的巴克莱银行/瑞士信贷第一波士顿银行权威结论是年化9.7%的收益率，但伦敦商学院在剔除幸存者偏差等影响因素后，得出的结论是6.2%的年化收益，降幅超过1/3。

　　即便在这样苛刻的条件下，研究人员发现，在所有主要国家，无一例外，股票的长期收益率均远远超过长、短期债券投资，且股票收益率低的国家，长期国债和短期国债收益率同样更低。平均来说，股票相对于长期国债的收益溢价为3.7%，相对于短期国债的收益溢价为4.5%。

　　绝大多数对于复利没有概念的朋友，估计很难想象这个收益溢价导致的终值差异究竟有多大。老唐拿《投资收益百年史》中的两个数据请大家感受一下。

　　这些国家中，收益差最大的澳大利亚，用1元本金，投资股票百年之后是777249.7元，而投资长期债券百年后是252元，投短期债券是80.7元。

收益差最小的瑞士，1 元本金投资股票百年之后是 1136.7 元，而投资长期债券百年后是 73.2 元，投短期债券是 25.8 元。①

其他还有许多对比股票和其他大类资产投资回报率的研究资料，总体而言，结果都差不多。各种不同时间段、不同国家的数据都能证明，"长期而言，股票投资收益率最高"，如图 1 – 3 所示。

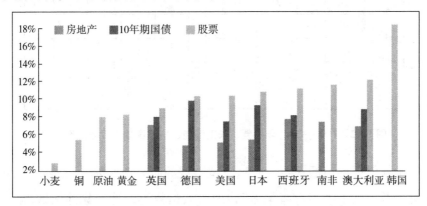

图 1 – 3　1964—2013 年全球各大类资产年均回报

数据来源：BIS，Bloomberg，IMF，WB，兴业证券研究所。

需要注意的是，这些研究背后实际有个隐含前提，就是这个国家及这个资本市场会存在超过百年。那些短暂存在的市场，数据已经淹没在历史长河里。这属于纯信念的问题，无法给出证据。

投资者是且只能是理性乐观派，以资本市场存续为前提思考。如果对资本市场的存在没有信心，那只能今朝有酒今朝醉，反正无论投什么都挡不住两手空空的结局。伴随我国资本市场日益开放，沪港通、深港通、沪伦通等多种途径也正在优化投资者单一市场配置的潜在风险。

一定要买在低点吗？

说股票回报率最高，是不是需要买到低点才能获取这样的回报呢？如果一进入市场就遇到大跌怎么办呢？西格尔教授在其经典著作《股

---

①　以上数据均是未扣除通货膨胀之前的名义回报率。

市长线法宝》开篇第 2 页给我们讲了一个倒霉鬼的故事。

1929 年 6 月，一位名叫萨缪尔·葛罗瑟的新闻记者采访了当时通用汽车公司的高级财务总监约翰·J. 拉斯科布。访谈内容是关于普通人如何通过股票积累财富的。8 月，葛罗瑟将拉斯科布的访谈刊登在杂志上，文章题目叫《人人都能发财》。

在访谈里，拉斯科布说投资者只需要每个月定投 15 美元到美国股市，未来的 20 年里，投资者的财富有望稳步增长至 8 万美元。这样一种年化 24% 的回报率是前所未有的。

就在拉斯科布的观点发布几天之后，1929 年 9 月 3 日，道琼斯指数创下了 381. 17 点的历史新高。7 周后，美国股市崩盘。34 个月后，道琼斯指数只剩下 41. 22 点，市值蒸发了 89%，数百万投资者的毕生积蓄化为乌有，成千上万的融资客破产。美国经济进入历史上最严重的大萧条。

毫无疑问，拉斯科布的言论遭到了无情嘲讽和抨击。如果谁相信股市只涨不跌，或是对股市的巨大风险视而不见的话，那他简直就是无知和愚蠢的代表。印第安纳州的议员亚瑟·罗宾逊公开表示，说拉斯科布让普通民众在市场顶部买入股票，应该为股市崩盘承担责任。

后来，著名的《福布斯》杂志也专门刊文讽刺拉斯科布。《福布斯》说，某些人将股市视为财富积累的安全保障，而拉斯科布就是其中表现最恶劣的一个。

传统理论认为，拉斯科布的愚蠢建议体现了华尔街周期性泛滥的盲目狂热。但是，这种论断公平吗？当然不。即便你在市场的顶部实施这一投资计划，在股票上持续投资也是一种制胜策略。

如果一个投资者在 1929 年按照拉斯科布的建议，每个月坚持定投 15 美元到美股上。在计算该组合的投资收益时，你会发现，不到 4 年，该组合的收益将超过同样数目的资金投入到美国短期国债的收益。

到 1949 年，该组合的累计资金将达到 9000 美元，年化收益

7.86%，高出当时债券收益率两倍以上。

30年后，这一投资组合增加至6万美元以上，年化收益也上涨到12.72%。尽管没有拉斯科布预测得那么高，但这个组合的总收益率将超出同期同样资金的债券收益率的8倍以上，超出投资短期国债收益率的9倍以上。

那些从不购买股票，并以大崩盘为自己辩护的人，最终会发现，他们的收益将远远低于那些坚持投资于股票的投资者。

很明显，投资于股票，收益高于债券等类现金资产，并不是一定要买在最低才可以达成。接下来的问题是，股票投资回报率最高的结论，是一种统计规律还是背后有可信的逻辑支撑呢？这样高的整体回报率下，为何大多数人在股市是赔钱的呢？

股票收益的来源

我们将股票的投资回报分拆观察，会发现它给股东带来收益的来源主要有三种：①企业经营增值；②企业高价增发新股或分拆下属子公司IPO融资；③股票投资者情绪波动导致的股价无序波动。前两项是市场参与者购买的目标资产发生变动；第三项则是市场参与者之间以企业股权为筹码的博弈，与企业无关。

企业经营增值

一个国家的经济运行结果一般以GDP衡量。GDP是国内生产总值Gross Domestic Product的英文缩写，指一个国家或地区一年内（或其他周期，例如一个季度内）所生产出的全部最终产品和服务的交易价格总和。正是这些产品和服务，提供了人们吃穿用住行以及社会扩大再生产所需。

人类的生存发展及其需求的不断增加，推动GDP的持续增长。纵观人类发展史，特别是近现代史，可以清楚地做出判断，除了个别极端的短暂时期由于某些政治经济或宗教的极端情况导致人类文明和经济的倒退，其他时间里人类社会所创造的产品和服务是持续增长的。其背后的原因，是人口增长、土地等资产的自然产出、人类交换和分工的深化、知识的积累等因素。

产品和服务是人的产出，也由人或人的集合分享。按照参与创造和分享 GDP 的主体来区分，GDP 由四种主体创造和分享：一是中央政府和地方政府拿走的税费；二是参与 GDP 创造的个人所获收入；三是非营利部门获得的捐赠和服务部门提供的中介服务费用；四是企业的盈利。

很显然，在这个经济持续增长的过程中，一个国家所有的企业作为一个总体，不仅能够分享利润，而且所分享的利润也是持续增长的。普遍而言，一个国家的 GDP 约有 70% 是由企业创造的。同时，一方面由于企业是追求利润的经济主体，没有利润就没有企业长期存在的理由；另一方面，由于企业这种经济组织比个人、家庭或政府有更低的交易费用支出——通过深化分工、专业化协作，以及对利润的激励和对损失的惩罚机制等手段达到的[1]，因此，在现代经济中，企业的整体盈利能力是高于个人和中间组织的。这样，我们就可以得出一个结论：投资于全部企业，回报增速会高于 GDP 名义增速[2]。

虽然上市公司并非全部都是优秀企业，但由于有利润、盈利能力、后续融资可能、上市费用支出等多种门槛的筛选，加上便利的融资渠道及股市交易带来的相关广告效应，总体来说，上市公司的盈利能力高于全社会所有企业的平均水平。无论是中国证券市场 20 多年的运行情况，还是发达国家更长时间的实践，都证明了这一点。

比如，著名投资者沃伦·巴菲特 1977 年曾经在《财富》杂志上发表过一篇文章，题目叫《通胀是怎么诓骗投资者的》，文中也谈到上市公司的净资产收益率长期以来都很稳定地保持在 12% 左右，无论是高通胀时期还是低通胀时期，原文如下。

---

[1]　对这部分内容感兴趣的朋友，可以阅读诺贝尔奖得主、新制度经济学鼻祖罗纳德·科斯的《企业的性质》——这是他 1991 年被授予诺贝尔经济学奖的主要贡献。

[2]　我们通常所听到的 GDP 数据，指实际 GDP。实际 GDP 可以简单理解为名义 GDP 扣除通胀。

二战后的 10 年，一直到 1955 年，道琼斯工业指数里的公司的净资产回报率是 12.8%；战后的第二个 10 年，这个数字是 10.1%；第三个 10 年是 10.9%；财富 500 强数据显示了相似的结果：1955—1965 年净资产回报率 11.2%，1965—1975 年 11.8%，有几个特殊年份里非常高（最高值是 1974 年的 14.1%）或者非常低（1958 年和 1970 年是 9.5%）。但是，过去这些年，总体上，净资产回报率基本维持在 12% 左右的水平，无论是高通胀时期还是低通胀时期。

国内也有研究表明，1995—2014 年的 20 年跨度里，我国全部企业的净资产收益率（ROE）保持着年均近 10% 的水平，而同期上市公司的净资产收益率则实现了年均大于 12% 的水平——别小看 2% 的收益率差距，20 年时间里，12% 收益率资产赚到的利润是 10% 收益率资产所获利润的 150% 多。这意味着，如果买下全部上市公司，将能够获得超越全社会所有企业的平均回报率。

接下来还可以更简单地推理：所有上市公司中净资产收益率高于 12% 的企业，其盈利能力会高于上市公司整体平均水平。这看似是句废话，所以往往被人忽略。但这句废话意味着，如果将所有 ROE > 12% 的企业视为一个整体，它的盈利能力 > 所有上市公司的平均水平 > 全社会所有企业的平均水平 > 国家 GDP 增长速度——这其实就是巴菲特投资框架的全部奥秘。

巴菲特投资理论被太多人弄复杂了。简单说，他只不过认为：

（1）一个优秀的企业，能跑赢社会财富平均增长速度。就好比班上的前三名成绩会高过全班几十人的平均成绩一样明显。

（2）如果能够以合理乃至偏低的价格参股这些优秀企业，长期看，财富增长速度也会同样超过社会平均增长速度。古今中外有不计其数的成功商人，都是这么干的，毫不神秘，也不难懂。

（3）他找到了市场先生这个经常提供更好交易价格的愚蠢对手。

（4）他很早就发现并利用了保险公司这个资金杠杆。

于是，"股神"就这样炼成了。对我们普通投资者而言，第 4 条可能接触的机会很少，但懂了前三条，专心寻找优秀企业，等待合理或偏低的价格，也许我们确实永远也成不了巴菲特，但想不富也是很难的。

融资增值

持有上市公司股票，还有一项额外的利润来源，那就是上市公司具备从市场融资的特殊权利。当上市公司以高于净资产的价格向其他股东增发新股，或者按照高于净资产的价格拆分某部分资产独立上市融资，对于原股东而言，新股东的投入导致自己持有的企业每股净资产增加，会提升回报率。

在我国股票市场，首次发行新股上市以及上市后的增发新股，基本都是以远高于净资产的价格发行，给老股东带来巨大的投资回报，是非常常见和容易理解的事情。至于拆分旗下资产或子公司独立上市，虽然国内还相对少见，但道理上就是将公司的某一块资产拨出来高价卖掉部分股权，股份公司原股东扮演了拆分下属公司上市时的原始股股东角色，也会获得巨大的财富增长。这也不难理解。

不过，必须要补充一点，上面说高于净资产值融资会增加企业净资产，但并非意味着高于净资产融资，老股东就是划算的。

可以假设一个极端例子来说明。贵州茅台 2013 年市价 100 元的时候，每股净资产约 40 元，总股本 10.38 亿股。假如当时茅台意图向某新股东增发 3 亿股，每股 120 元（新股东投入 360 亿元，总股本变成 13.38 亿股），增发价不仅是净资产的 3 倍，也高于市价 20%。如果孤立地以增加净资产就占便宜的角度看，似乎 120 元定向增发挺划算，应该投赞成票。

然而，从公司所有权角度看，老股东相当于将茅台公司定价 1605.6 亿元（120 × 13.38），新股东出资 360 亿元，买走 22.42% 的所有权（3/13.38 = 22.42%）。2013—2017 年，茅台公司现金分红合计 396 亿元（归属股份公司股东所有的净利润总和 898 亿元），新股东拿走约 89 亿元；同时，截至 2018 年上半年，新股东拥有的市值约 2060 亿元。新股东的 360 亿元，五年变成 2149 亿元（现金分红 89 亿元 + 市值 2060 亿元），五年六倍。

如果抛开市值，将公司看作未上市公司，只看经营利润。在过去五（年），新股东拥有 898 亿 × 22.42% = 201 亿元利润，而茅台公司未来每年还要赚三四百亿乃至更多的现金，每年都有 22.42% 的利润是属于新股东的。伴随着持有期的拉长，新股东获得的回报，可能会是一个天文数字。

无论是五年六倍还是天文数字，这些超高回报率，本应该是老股东的，却被新股东通过"高"价认购新股，只付出 360 亿元就从老股东口袋里永久性地"买"走了。

以上是题外话，老唐只想说明一个道理，高于净资产的融资会增加企业净资产，但不一定对老股东有利。只有明显高于企业内在价值的融资，才会增加老股东利益。至于什么是企业的内在价值，本书第二章会细谈。

短期内股价的无序波动

股市最诱惑人的，恰恰是这个短期内的无序波动。自股市诞生几百年来，无数顶级聪明人花费心血，力图找到股价波动的规律。理论上说，只要找到一种把握股价波动的方法，哪怕每个月有高抛低吸获利 10% 的能力，靠 10 万本金，也能在 10 年变成百亿富豪，登上福布斯排行榜。然而，无数人通过无数理论和实践，总结出各类关于短期股价波动的技术图形或指标工具，可谓汗牛充栋，却没有任何有效的证据能证明曾经有某人通过短期股价波动致富的。

有"华尔街教父""证券分析之父"之称的本杰明·格雷厄姆，不管在《证券分析》还是在《聪明的投资者》里，都曾写下清晰的嘲讽或批评投机者的言辞。

在《证券分析》里他说："投资者是否应当设法对市场趋势作出预

测，努力在上涨刚刚开始之前，或者在上涨的早期阶段购买，并在下跌之前相应的时候出售。在这里我们可以武断地说，所有的投资者都不可能掌握这种时机的选择，任何一个典型的投资者，都没有任何理由相信，他可以获得比正追逐着镜花水月的无数投   年里

指导。更进一步地说，投资者需要考虑的主要   年里

或者出售，而是以什么价格购买或者出售。"

在《聪明的投资者》里他说："这类所谓'技术面方法'几乎都引用了一项原则，即某只股票或行情已经上扬，所以应该买进。某只股票或行情已经下跌，所以应该卖出。这完全违背了商业常识，而且几乎不可能以这种方式在华尔街获得持续的成功。根据我们在股票市场超过50年的经验与观察，我们不曾见过任何人依照这种所谓跟踪趋势的方法获得持续的成功。我们毫不犹豫地提出一个论点，这种投资方式的错误程度就如同它的普及程度一样。"

以这两本书的广泛流传和在投资界的地位，几十年来居然没有市场人士拿出任何有效的数据和实战案例来驳斥格雷厄姆"武断"的结论，也真是一个奇迹。

不说价值投资者对高抛低吸赤裸裸的鄙视，就说宏观经济学的创始人约翰·梅纳德·凯恩斯，也曾亲笔写下这样的观点："我们未能证明，有人有能力利用经济的周期循环，大规模系统性地买进卖出股票。经验证明，大规模的买进卖出是不可行的，也不可取。试图这么做的人，不是卖得太迟，就是买得太迟，或者二者均沾，这导致交易成本大规模上升，并引发情绪的波动，这也引发了广泛的大规模的投机，加剧了波动的程度。"

我们赚的是哪种钱？

总的来说，上述三个利润来源，前两个因素整体是获利的，而且因为第二个因素的原因，获利率会高于上市公司平均净资产收益率，这是确定的。第三项追逐短期波动的人，因为印花税和佣金的存在，整体是

亏损的，这也是确定的。当然，其中必然有少部分人因为运气、内幕或者其他某些因素，收益率高于平均值，表现为获利甚至是暴利。

因此，如果目标是获取前两项利润来源，你仿佛位于水面不断上升的池塘里，只需要平均水平的智商、知识和运气，就能确定投资回报率＞全体企业平均回报率＞GDP 增长率，这就是股市投资一定获利的逻辑。

不仅前面谈过的 19 个主要国家数据如此，即便是我们身处其中，经常听说有人赔钱的中国股市，自诞生以来，整体回报率也是如此。在 2015 年 11 月 30 日出版的《中国基金报》第 9 版上，刊登过一组中国股市从 1991 年到 2014 年扣除通胀后的实际回报率数据：1991 年到 2014 年，中国股票、黄金、人民币三大类资产的年化回报率分别为 11.2%（深市）、10.1%（沪市）、2.9%、-4.1%。也就是说，1991 年投入中国股市的 1 元钱，23 年后，在深市能够变成 12.81 元，在沪市能够变成 10.05 元，投资黄金变成 1.97 元。如果持有人民币，则实际购买力大幅缩水成为 0.37 元。

用代表全部 A 股的 Wind 全 A 指数来计算最近十年（2007 年初到 2016 年底）中国股市整体年化回报率是 11.5%（采用 2008 年 10 月到 2018 年 9 月的数据，年化回报率约 11.6%，基本一致），远高于除核心城市房产以外的绝大多数投资品。

注意，上证综合指数是失真的，"十年前三千，十年后三千"之类的网红言论，是不明白指数编制规则造成的。比如，中石油、中石化及银行股比重过高；股票分红不做除权处理，视为自然下跌；新股上市后第 11 个交易日纳入指数；不覆盖深圳主板、中小板及创业板企业等规则漏洞，使上证综合指数严重低估了中国股市长期持续上涨的真相。

最简单的投资方法

股票的投资回报率不仅确定，而且最高，那么，最简单、省事儿、稳妥的投资，就是把所有股票全部买下来喽！有这么简单吗？还真是就这么简单。

本杰明·格雷厄姆在《聪明的投资者》一书的开篇里，关于这个最稳妥的投资，表述过一段重要性被严重低估的言论，他说："投资有一项特色，不为一般人所认同：门外汉只需要少许的能力与努力，便可以达到令人敬佩的——甚至非常可观的——收益；若试图超越这项唾手可得的成就，就需要无比的智慧和努力。如果你希望稍微改善正常的绩效，而在你的投资策略中加入一点额外的知识和技巧，你会发现自己反而陷入了一种糟糕的境地。"

指数基金

在《聪明的投资者》一书里，格雷厄姆建议普通投资者只需要选择10~30种大型的、杰出的、资产负债率低、具有长期的股息发放记录的企业持有，即可获得令人满意的回报。

格雷厄姆的这种思想，后来被金融市场技术人员发扬光大，成为目前全球最重要的投资品种——指数基金。所谓指数基金，就好比把格雷厄姆选出来的这 30 家公司，编制一个格氏 30 指数发布，每一只个股都是公开的，每一只个股所占权重（百分比）也是公开的。任何人将手头的金钱按照每只个股所占百分比，将这 30 家公司全部买下来，就可以获取等同于格氏 30 指数的收益。

由于交易所对每只股票的单次购买有最低数量限制，单个人的资金量可能无法完美模拟格氏 30 指数，于是指数基金就诞生了。其实就是大家把钱凑在一起，买下这 30 只股票，收益按资金比例分享即可。同样道理，如果按照沪深 300 指数构成比例购买成分股的基金，就是沪深 300 指数基金；如果按照中证 500 指数构成比例购买成分股的基金，就是中证 500 指数基金。

指数基金的优势

这种操作，对于基金操作人的能力、学历和经验，几乎无要求。因此无须付出高额提成和佣金雇佣什么特殊人才，任何会操作交易程序的普通职员都搞得定。

挂钩同一个指数的任何基金公司，产品基本没有差别。无差别产品，自然只能以价格竞争，所以指数基金公司收取的费用特别低廉。与之相比，依赖于基金经理选股和择时买卖的基金（一般称主动型基金），不仅要收取高额管理费（通常是每年收取管理资金总量的 1% ~ 2%），还要在获利后提取利润的一定比例（一般介于 10% ~ 50%，大部分是 20%）。遗憾的是，无情的数据显示，这些高额管理费和提成雇来的基金经理，大部分也是失败者。作为基金管理者闻名于世的彼得·林奇就在著作里多次写过：至少有 75% 的基金经理连市场平均业绩水平都赶不上。

由于指数成分股并不经常变更，于是指数基金除了有新资金继续按照比例买下全部成分股之外，几乎很少有交易产生。因此，指数基金不仅管理费低廉，连交易相关的佣金、印花税等税费成本也非常低。

这样的产品，追求的是搭上人类经济持续增长的顺风车，基本不需要投资者费心费力。而事实证明，这种做法的收益已经足以令我们惊讶了。

为期十年的百万美金赌局

被称为"股神"的沃伦·巴菲特，多次在公众场合推荐指数基金。他告诉普通投资者说："对于绝大多数没有时间进行充分调研的中小投资者，成本低廉的指数基金就是投资股市的最佳选择。我的导师格雷厄姆在很多年前就坚持这样的立场，而此后我经历的一切进一步证实了这一看法的真实可靠性。""通过定期投资指数基金，一个什么都不懂的业余投资者通常能打败大部分专业基金经理。"

巴菲特屡次夸赞指数基金，鄙视专业选手，华尔街基金经理们不乐意了。2007 年，华尔街某著名基金经理公开向巴菲特挑战，发起一个为期十年的百万美金赌局。赌注的一边是这位基金经理在华尔街选择的五家知名 FOF 基金①，另一边是沃伦·巴菲特选择的标普 500 指数基金。

10 年后的 2017 年，五家参赌基金，最高年化 6.5%（十年累计收益 87.71%），最低年化 0.3%（十年累计收益 3.04%），无一例外全部跑输标普 500 指数年化 8.5% 的收益率（十年累计收益 125.8%）。巴菲特一边笑纳百万赌资，一边挖苦这些基金管理人"Performance comes, performance goes, Fees never falter"，即，无论赚赔，收费永不客气。

投资要循序渐进：立足先赢，再求大赢

能认识到这一点，普通投资者便完全可以立足于先赢，而后再去求大赢：首先立足长远，理解因为类似沪深 300 指数基金代表上市公司群体中相对优质的企业群体，所以沪深 300 指数基金的回报 > 全部上市公司的平均回报 > 全国所有企业的平均回报 > 名义 GDP 增长率 > 实际

---

① FOF 基金指专门投资基金的基金，这五家 FOF 基金可以在华尔街 200 家主动型基金中任意选择优秀基金投资。

GDP增长率＞长短期债券回报＞现金及货币基金回报的这个逻辑链，大胆投资沪深300指数基金。在确保能够获取高于GDP增长速度回报的基础上，再去学习投资，通过学习资产配置和挖掘优质企业来进一步提升投资回报率。

这提升或许很微小，但在50年投资生涯里，其绝对值差异大得惊人，绝对值得我们付出精力和时间去学习。举例说，100万元本金，50年投资生涯，10%的回报率结果是1.17亿元，11%回报率结果是1.85亿元，12%回报率结果是2.89亿元，这6800万～1.72亿元就是市场先生付给你的奖学金，或许比你每天八小时努力上班报酬更高呢，你说值不值得花时间呢？更何况，伴随着工作年限和经验的增加，薪水及其他财富的增加，你还会不断有新增投入，最终的奖学金数目或许让你瞠目结舌。

提升投资回报率，主要有两大类途径，一是通过资产配置，二是通过自建预计回报率优于指数基金的股票组合。

前者的代表人物是有"耶鲁财神"之称的传奇人物、耶鲁大学捐赠基金管理人大卫·斯文森。在他的《不落俗套的成功——最好的个人投资方法》一书中，斯文森建议普通投资者应该按照"30%美国股票，15%国外发达国家股票，5%国外新兴市场股票，20%房地产，15%美国长期国库券，15%美国通胀保值国债"的比例配置资产，并在季度、半年度或年度进行动态再平衡。所谓动态再平衡，就是使各类资产恢复初始比例。大卫·斯文森的这本书，主要就是依靠数据和逻辑详细论证了三个核心问题：①如此配置的合理性；②择时交易不靠谱；③基金行业性失败的根本原因。

后者的代表人物是沃伦·巴菲特。巴菲特的一生，又分为前后两段，前期原汁原味地继承了本杰明·格雷厄姆在《证券分析》和《聪明的投资者》两本书里阐述的"烟蒂投资法"，后期在菲利普·费雪和查理·芒格的影响下，逐步走向与优质企业共成长的道路。本书主要侧重对巴菲特投资体系的学习和分享。

巴菲特对投资品的分类

巴菲特将投资品分为三个大类，并进行了详细分析。

第一类投资品是现金等价物，包括银行存款、货币基金、债券等。这些资产表面上看起来很安全，但巴菲特认为，事实上它们是最危险的资产——因为在法币时代，现金及现金等价物是少数"购买力确定会不断减少的资产"。也就是说，一个投资者如果持有现金等价物，"输"就是确定的，差别只是输多输少的问题。

第二类投资品，是那些实际不产生任何收益的资产，但买家认为其他人未来会以更高的价格买走。巴菲特特意拿黄金举例，说全球黄金储量约17万吨，熔化重铸的话，可以做成一个边长21米的立方体。人们把这个立方体从某处地底挖出来，提炼熔化后，再挖个洞埋起来，然后派一堆人站在周围守着（这个洞指银行的地下金库）。如果让外星人看见，一定会百思不得其解。这帮地球人挖出来又埋进去，究竟是在玩什么游戏呢？这个立方体永远不会产出任何东西，大家买它只是期望未来会有更多人想买它。

按照巴菲特谈这个立方体时的金价（1750美元/盎司），它的市价约9.6万亿美元。用这笔钱，投资者可以买下美国所有的农田、16家相当于埃克森美孚石油的公司，还能剩下1万亿美元左右的零花钱。全美的农田每年都会生产出大量的玉米、小麦、棉花和其他作物，16家埃克森美孚每年分红就可达上千亿美元，不断地增加拥有者的购买能力。而17万吨黄金的规模既不会膨胀，也不能创造任何产品，甚至你深情地抚摸她，她也不会对你回眸一笑。

不仅是黄金，艺术品、收藏品、古董等都属于此类"投资品"。事实上，我国股市绝大部分上市公司也是同类。他们的共同特点就是资产本身不产生回报或者回报少得可怜。你如果买了，唯一的期望就是有更多的人想要它，从而抬升它的价格让你退出。透彻一点说，就是披着各色外衣的庞氏骗局，依靠后来者的本金给前面的人兑现利润，一旦后来者的数量减少，价格就出现"闪崩"。这恐怕也是很多"正经"人士认为炒股这件事不够"正经"的原因吧！

庞氏骗局中，一样有人赚到钱，正如被称为"资本大鳄"的乔治·索罗斯所说："世界经济史是一部基于假象和谎言的连续剧。要获得财富，做法就是认清其假象，投入其中，然后在假象被公众认识之前退出游戏！"多么赤裸裸，多么精辟啊！不知道你读到这句话是什么感觉，反正老唐最初读到这句话时，立刻站在镜子前，问里面那位一脸呆萌的中年胖子："你有什么能力，能够让你抢在众人之前进入，并在崩塌之前退出呢?"胖子想了很久后回答："不知道!"

不知道自己有什么优势，还掺和到庞氏骗局里，那就是给索老师们当垫脚石。

第三类投资品，是有生产力的资产，也就是前面巴菲特所说的农地及公司股票等。这些投资品"能在通胀时期让产出保持自身的购买力价值"。所谓通胀，主要表现是产品和服务涨价。而这些产品和服务主要是由企业提供的，涨价本身会提升企业的利润水平，从而抵消通胀造成的损害。投资这类资产，长期收益将轻松超越无生产力资产和货币资产。

普通投资者的道路

对于大部分无法对上市公司实施重大影响的投资者而言，无论我们投资的出发点是获取企业经营回报、上市公司融资权利回报，还是股价无序波动回报，最终这些回报还是直接体现在股价的变化和股票的分红上。为便于观察，我们甚至可以将股票分红因素叠加回股价变化中去，那么，影响股价变化的核心因素是什么呢？

市值波动的源泉

计算股价变化的公式很简单。

股价（P）＝市盈率（PE）×每股盈利（EPS）

这是从"市盈率（PE）＝股价（P）／每股盈利（EPS）"转换而来的，逻辑简单，永不会错。从计算意义上说，没什么用，但它提供了一个思考角度。

为了忽略公司股本送转配等因素的干扰，可以将上面的公式前后同时乘以总股本，变成总量概念，变成"公司市值＝市盈率×净利润"。由这个公式我们得知，公司市值的变化有两个源头，一个是市盈率的变化，一个是净利润的变化。如果将这两个因素进行组合，可得矩阵如图1-4所示。

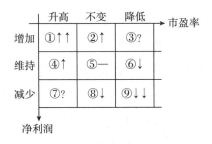

图 1-4　公司市值变化

这张图可以帮助我们思考：钱从哪里来，我有能力获取哪部分利润？

钱从哪里来？很明显，①②④就是来钱之处，其中尤以①最过瘾，净利润和市盈率双双提高，在投资界被称为"戴维斯双击"；而⑥⑧⑨比较惨，属于"送财童子"。

投资者画像：你属于哪种？

你有能力获取哪部分利润呢？换个说法，在这个九宫格里，你准备脚踏何处安身立命？根据老唐的观察，市场参与者主要有三种选择类型。

类型一：来股市花钱打发时间的

大部分人属于这一类，没有自己的投资体系，不知道自己要在哪里安身立命，将股市投资视为博彩，主要依赖别人分享代码或者干脆跟着感觉走，输赢听天由命。天，也很厚道，求仁得仁。这些人通常的结果是钱确实花了，时间也确实打发了。这里的别人，主要包括亲朋好友、传说高手、网络神人、电视股评家、券商员工、媒体写手等。

类型二：赚取市盈率变化的钱

由于持股期限短（以月或日为单位），一般预期企业利润不会在短期内发生大的变动，或者对企业利润变化持不可知态度，主要意图站在位置④，获取市场情绪变化导致的市盈率升高带来的股价增长利润。此类还可分为 A、B 两种。

A 型，侧重选择市盈率低于甚至是远低于市场平均水平或该公司历史平均水平，意图获取市盈率回归平均水平带来的股价上涨。

市场上常见的师从本杰明·格雷厄姆、沃尔特·施洛斯、约翰·邓普顿等人，以及网格交易派、以 PE 位置来决定对某些指数或 ETF 投资仓位的，指导思想大体都属于本类。主要特点是依赖低估、分散和常识，不追求局部得失，乐意承受概率损失，获取总体上的回归利润。

B 型，不在意当前市盈率高低，依赖某种判断，认为未来市盈率会提升，意图获取市盈率升高带来的股价变化。市场常见的技术图表分析流派——无论是跟随派或逆转派，以及预测和追逐基本面热点的流派、"新闻联播"派和宏观牛熊派，基本属于这一类。B 类也是网络上最容易受到追捧、股神故事最多、最容易换来粉丝的类型。

类型三：赚取企业净利润变化的钱

这一类型又可分为 C、D 两种类型。

C 型，以伴随企业成长为核心，以收获市盈率变化为意外。又可大略地分为选择低市盈率、更强调安全边际的价值投资者，和更注重企业未来成长、在市盈率方面放得比较松的成长投资者两种。其目标是占领①和②区间，特点是注重对行业前景、企业财报及同行竞争等领域的深度研究。

D 型，重组或逆转股投资者，以企业利润水平即将发生根本性逆转为前提，进行投资。这类投资，专业预判和灵通消息兼而有之。所谓专业预判，指对企业重组或行业逆转的可能性进行研究，通过广泛埋伏于具备重组或逆转可能的目标企业中，守株待兔等待重组发生或者宏观环境变化，获取企业净利润大幅变化带来的利润。所谓灵通消息，大家都懂。每一桩重组案里面，几乎不可能少了内部人吃肉的机会，关键问题是你是否有资源交换到这样的消息，以及是否有能力承担交换的后果。

以上类型，就是老唐眼中的股市众生。对于这些模式，从获利概率上排列，我的排序是从大到小：A、C、D、B、类型一；从学习难度上排列，我的排序是从易到难：类型一、D、A、C、B。无论从全球以及中国的历史经验上看，或是从背后的逻辑支撑上推理，成功者主要集中在 A、C 两类。

至于选择走哪条路，建议每个人都好好花点时间想透这个问题。打破砂锅问到底，理一理自己的爱好和优劣势，掂量掂量自己乐意在哪方面付出努力，哪方面可能取得对其他人的局部优势，哪种方法可以支撑自己在这个市场生存？

要规避做"送财童子"的命运，你必须得在这个问题上花时间。相信我，这问题比几个涨停板的代码重要一百倍。老唐个人走的 C路线。

投资无须"接盘侠"

前面说大部分人的投资回报主要体现在股价变化上，有朋友就会问：抛开"包输"的第一类投资品不谈，投资第三类投资品和投资第二类投资品有什么区别呢，不都是依靠后来者推高股价获取回报吗？既然都是靠后来的"接盘侠"推高股价，那就乌鸦不要笑猪黑，谁也不比谁高明，什么东西能吸引"接盘侠"，我就买什么！错，这是个严重的误解，足以误导你整个投资体系的建立。

你真的需要"接盘侠"吗？

以巴菲特为代表的第三类资产投资者，还真不是依赖"接盘侠"来获取回报的。虽然表象上看，第三类资产也经常被抬高价格，甚至到达疯狂的程度——此时，巴菲特及其同伙一样会笑纳"接盘侠"奉献的财富。

资本的逐利性是其天性，正所谓"Money Never Sleeps"，金钱永不眠。东城土豆两毛一斤，西城土豆八毛一斤，一定会有资本去买进东城土豆，到西城卖出，最终缩小两边土豆的差价。同样，若是盈利能力一样的资产，甲资产便宜、乙资产贵，必然会有资本买甲而卖乙，这也是不以人的意志为转移的经济规律。第三类资产之所以被抬高价格，原因恰恰在于它的高回报，而不是因为被抬高价格而产生了高回报。

为了澄清这个问题，我们可以假设一个荒诞的例子：如果有一家经营上很赚钱的企业，它的股价就是不涨甚至一直跌，完全没有"接盘侠"接手，结果会如何？

比如我们拿泸州老窖这家企业的数据来看。选它的原因，除了因为老唐相对熟悉它之外，还有这么三点原因。

其一，泸州老窖上市比较早，至今有 24 年，相比贵州茅台、海康威视、格力电器、洋河股份等上市较晚的优秀企业，数据更丰富，更利于展示。

其二，若拿老唐最熟悉的贵州茅台说事儿，容易引起"茅台是独一无二的顶级企业，没有代表性"的疑惑。泸州老窖这家企业，产品竞争对手多，企业经营动荡大，在上市公司中并不算顶好的，最多算是中等偏上，有代表性。

其三，因为泸州老窖股价波动比较大。上市至今，仅腰斩以上的跌幅至少有 7 次以上，平均每三年腰斩一次，堪称完美的"过山车"。

泸州老窖 1994 年 5 月 9 日上市，上市当日开盘价 9 元，全年最低价 5.7 元，最高价格 21.2 元。假设你在 1994 年 9 月投入 20 万元，在 20 元的天价位置买入 1 万股，买入后一个月时间内，股价就跌至 10.50 元，这 20 元的买入价够烂了吧！

请先不要忙着感叹 1994 年没有 20 万元巨款，你可以将其缩小为 2 万元或 0.2 万元，结论一样。此处使用 20 万元的假设，是为了后面方便与买房的投资回报做比较。

现在来假设，你买入后持有不动至今，既没有在 76.6 元的大顶逃掉，也没有在 3.1 元抄到大底。简单说，就是你完全忘记了股价的波动，满仓经历了所有的腰斩。你所做的，只是在每年收到分红时，直接按照当时的股价"无脑"买入。

为方便计算，老唐假设年度分红送转均在次年 6 月 30 日当日到账，中期分红送转（若有）均在当年 12 月 30 日到账，买入一律以当天收盘价格成交。同时，保守起见，红利税一律按照10%假设（目前实际是持有时间超过1年的免税），买入股票的交易税费则按照0.5%标准超额扣除。将历年分红送转数据录入Excel，并统计年度及半年度收盘价后，结果如表1-5所示。

表1-5　1994—2018年投资泸州老窖推演（真实市场状况）

时间	10送x股	10派y元	10转z股	收盘价	红利	红利买入	持股量
1994	3	8.5	0	11.9			10000
1995H	5	0	0	10.49	7650	726	13726
1995	0	6	0	14.1	0	0	20588
1996H	0	0	6	19.68	11118	562	21151
1996	2	5	0	21	0	0	33841
1997H	0	0	0	28.99	15228	523	41132
1997	3	3	0	25.2	0	0	41132
1998H	0	0	0	16.95	11106	652	54123
1998	0	0	0	11.42	0	0	54123
1999H	0	0	0	13.92	0	0	54123
1999	0	4.6	0	9	0	0	54123
2000H	0	0	0	11	22407	2027	56150
2000	0	0	0	12.39	0	0	56150
2001H	0	2.5	0	11.86	0	0	56150
2001	0	0	0	8.68	12634	1448	57598
2002H	0	1.5	0	9.48	0	0	57598
2002	0	0	6	7.92	7776	977	58575
2003H	0	0.6	0	8.3	0	0	93720
2003	0	0	0	4.09	5061	1231	94951
2004H	0	0	0	4.06	0	0	94951
2004	0	0.4	0	3.56	0	0	94951
2005H	0	0	0	3.61	3418	942	95893
2005	0	0.4	0	4.34	0	0	95893
2006H	0	0	0	14.63	3452	235	96128
2006	0	3.5	0	25.34	0	0	96128
2007H	0	0	0	42.1	30280	716	96844

续表

时间	10送x股	10派y元	10转z股	收盘价	红利	红利买入	持股量
2007	2	5.6	4	73.5	0	0	96844
2008H	0	0	0	30.09	48809	1614	156564
2008	0	6.5	0	18.2	0	0	156564
2009H	0	0	0	28.7	91590	3175	159739
2009	0	7.5	0	39.04	0	0	159739
2010H	0	0	0	28.22	107824	3802	163541
2010	0	10	0	40.9	0	0	163541
2011H	0	0	0	45.12	147187	3246	166787
2011	0	14	0	37.3	0	0	166787
2012H	0	0	0	42.31	210152	4942	171729
2012	0	18	0	35.4	0	0	171729
2013H	0	0	0	23.78	278201	11640	183370
2013	0	12.5	0	20.14	0	0	183370
2014H	0	0	0	16.38	206291	12531	195901
2014	0	8	0	20.4	0	0	195901
2015H	0	0	0	32.61	141048	4304	200204
2015	0	8	0	27.12	0	0	200204
2016H	0	0	0	29.7	144147	4829	205034
2016	0	9.6	0	33	0	0	205034
2017H	0	0	0	50.58	177149	3485	208518
2017	0	12.5	0	51.58	0	0	208518
2018H	0	0	0	60.86	234583	3835	212354

　　截至 2018 年 6 月底，可持有 212354 股泸州老窖，按照收盘价 60.86 元计算，市值 1292 万元，按 24 年计算，年化回报 18.97%。如果我们将回报分解，会发现 18.97% 的复合增长中，企业净利润增长贡献 17.09%（从 1994 年的 0.58 亿元，到 2017 年的 25.58 亿元，年化增长 17.09%），市盈率提升贡献 1.88%。

　　有朋友又说，这呆坐不动的回报率虽然可观，但一者是因为企业争气，二者也是因为股价上涨，所以才有这么好的回报。如果市场一直是熊市，回报还能这么好吗？

现在我们就来假设一种恐怖的情况：你买入后遇到一个长达 24 年的超级大熊市，泸州老窖今天的股价不是 60.86 元，而是 1 元左右。

为方便计算，老唐直接假设泸州老窖的复权股价从 1994 年收盘价 11.9 元开始，每半年下跌 5%，直到 2018 年 6 月 30 日跌至 1.07 元，其他条件不变。

经历一个持续 24 年的超级恐怖大熊市，你的 20 万元，究竟会有多糟糕呢？下面老唐将用数据展示两个"骇人听闻"的观点：

（1）如果有幸赶上超级大熊市，你的投资回报率将高到难以想象。

（2）其他投资手段，甚至包括上杠杆按揭北京房产，24 年的回报率也低于傻傻地持有一个中等偏上的公司股权。

表 1-6　1994—2018 年投资泸州老窖推演（超级大熊市）

时间	10 送 x 股	10 派 y 元	10 转 z 股	收盘价	红利	红利买入	持股量
1994	3	8.5	0	11.90			10000
1995H	5	0	0	11.31	7650	673	13673
1995	0	6	0	10.74	0	0	20510
1996H	0	0	6	10.20	11075	1080	21590
1996	2	5	0	9.69	0	0	34544
1997H	0	0	0	9.21	15545	1680	43133
1997	3	3	0	8.75	0	0	43133
1998H	0	0	0	8.31	11646	1394	57467
1998	0	0	0	7.89	0	0	57467
1999H	0	0	0	7.50	0	0	57467
1999	0	4.6	0	7.12	0	0	57467
2000H	0	0	0	6.77	23791	3497	60964
2000	0	0	0	6.43	0	0	60964
2001H	0	2.5	0	6.11	0	0	60964
2001	0	0	0	5.80	13717	2352	63316
2002H	0	1.5	0	5.51	0	0	63316
2002	0	0	6	5.24	8548	1624	64940
2003H	0	0.6	0	4.98	0	0	103904
2003	0	0	0	4.73	5611	1181	105085

续表

时间	10送x股	10派y元	10转z股	收盘价	红利	红利买入	持股量
2004H	0	0	0	4.49	0	0	105085
2004	0	0.4	0	4.27	0	0	105085
2005H	0	0	0	4.05	3783	929	106014
2005	0	0.4	0	3.85	0	0	106014
2006H	0	0	0	3.66	3816	1038	107052
2006	0	3.5	0	3.47	0	0	107052
2007H	0	0	0	3.30	33721	10165	117216
2007	2	5.6	4	3.14	0	0	117216
2008H	0	0	0	2.98	59077	19731	207278
2008	0	6.5	0	2.83	0	0	207278
2009H	0	0	0	2.69	121257	44875	252152
2009	0	7.5	0	2.55	0	0	252152
2010H	0	0	0	2.43	170203	69793	321945
2010	0	10	0	2.31	0	0	321945
2011H	0	0	0	2.19	289751	131650	453595
2011	0	14	0	2.08	0	0	453595
2012H	0	0	0	1.98	571530	287733	741328
2012	0	18	0	1.88	0	0	741328
2013H	0	0	0	1.78	1200951	669928	1411256
2013	0	12.5	0	1.69	0	0	1411256
2014H	0	0	0	1.61	1587663	981327	2392583
2014	0	8	0	1.53	0	0	2392583
2015H	0	0	0	1.45	1722659	1179798	3572381
2015	0	8	0	1.38	0	0	3572381
2016H	0	0	0	1.31	2572114	1951872	5524253
2016	0	9.6	0	1.25	0	0	5524253
2017H	0	0	0	1.18	4772954	4013296	9537548
2017	0	12.5	0	1.12	0	0	9537548
2018H	0	0	0	1.07	10729742	9996684	19534232

模拟结果：截至2018年6月30日，你持有泸州老窖1953.4万股，股价1.07元，对应市值2090万元，年化回报21.38%。2090万元市值

超出实际股价为 60.86 元时的真实市值 60% 多。

这不是核心。核心是最近一笔的税后红利是 1073 万元（若考虑实际红利税率为 0，到手红利金额约 1192 万元）。24 年前投入 20 万元，现在年收现金红利 1192 万元。此时，若有人出价 2090 万元，你会将你的 1953 万股泸州老窖卖给他吗？老唐打保票，只要你精神正常，铁定会让他看口型：No!

更可怕的是，若是股价继续每半年下跌 5%，预计不久的将来，你会买光泸州老窖全部股份，将其私有化退市，从而将每年数十亿的净利润装入自己的腰包。

实际上，老唐还真模拟过另一个计算，若是每半年股价下跌幅度是 10%，其他条件不变，你会在 2009 年上半年拥有超过 10 亿股，成为泸州老窖控股股东。并在 2014 年上半年，买光了泸州老窖所有股份，手头还剩余 4 亿多分红款没地方花。

从此，泸州老窖成为你 100% 持股的全资子公司，每年数十亿净利润全是你的，不存在所谓分红多少的问题。至于市值，只能等每年福布斯排行榜发布时，留给他们估算了。

上面这假设实在美好的不像真的，事实上，它确实不是真的。这种企业真实盈利增长，而股价一直下跌的情况，不可能在现实中发生。这种变态级的高回报，你永远不要妄想。为什么呢？

因为资本是逐利的，除你之外的资本一定会参与抢购，从而抬高股价，降低你的回报。这是不以人的意志为转移的经济规律——注意，是抬高股价，降低你的回报。

核心只有一个：企业的盈利增长

这就是老唐想说的：投资者真正要关注的，是企业真实盈利的增长，只要它是增长的，股价的波动，只是给你送钱多少的区别。股价上涨导致你的短期回报上升，长期回报下降；股价下跌导致你的短期回报下降，长期回报上升——股价只是一个可有可无的影子，偶然也客串一下"送财童子"。如果你爱的只是这虚幻的影子，眼泪，将成为你唯一的奢侈……

作为优质企业的股权持有者，毫不矫情地说，内心真的不欢迎"接盘侠"到来。然而，无论你怎么不欢迎，他们却一定会来抬高股价，"逼迫你"收下股价上涨的钱，这才是第三类资产投资者与"接盘侠"之间的关系。

所以，投资真正重要的，是寻找未来长期利润增长近似于乃至优于泸州老窖的企业，一个两个三四个，五个六个七八个……

时间是我们最好的朋友，伴随年龄的增长，伴随我们的学习、研究和跟踪，能理解的企业和行业越来越多，面临局部过分高估或某些基本面变化时，可腾挪和接力的机会也越来越多。其他的，真心不重要。

但是，必须泼盆冷水，不要小看了"寻找未来长期利润增长近似于乃至优于泸州老窖的企业"的难度。理解一家企业的商业模式和竞争力所在，并确认其未来利润确定会增长，并不简单。它不是点点鼠标，看几个指标就可以搞定的。它是投资者需要一辈子深入学习的东西，是投资当中最有趣味性的部分，也是投资者永远需要日拱一卒的方向。

股权与其他投资品的对比

24 年前投入 20 万元买入一家中等偏上资质的企业股权，完全忽略股价波动，通过分红再投入，当前市值为 1292 万元，年化回报率 18.97%。若是运气好，股价不断下跌的话，回报率会高到令人瞠目结舌。

这样的计算，必然会有朋友说，1994 年的 20 万元是一笔巨款，如果投资别的，说不定回报更高！事实真的是这样吗？

数据比较

我们选择有代表性的几种投资方式来做对比：一是购买理财产品；二是购买传说中可以保值的黄金；三是购买二三线城市房产；四是购买一线城市（比如北京）房产；五是按揭加杠杆购买北京房产。

下面老唐来逐项分析。

（1）购买理财产品。这种方式在长期通货膨胀的情况下，其实连投资也算不上，勉强算是一种缴纳保管费用的财产保管方式。比如，全部按照 5% 的理财回报来计算，24 年后本利合计 64.5 万元。

（2）购买黄金。按照泸州老窖上市时间金价约 112 元/克计算，20 万元可以买 1785.7 克黄金。按照 2018 年 6 月 30 日约 270 元/克的金价，价值约48万元，年化回报3.72%。吃惊吗？传说中能抵抗通胀的黄金，实际投资回报少得可怜，甚至输给了理财产品。

（3）购买二三线城市房产。1994年，在很多二三线城市，按800元/平方米算，每套再加2万元简单装修费，大约可以买两套100平方米的住房。当年月租约400元，2001年以后有比较明显的增长。持有房产到现在，属于老旧房，月租按1200元计算，两套房20年租金约40万元。房价最高时可能单价2万元左右，现在作为24年的老旧房屋，假设按照单价1万元能卖掉，值200万元。合计总值240万元，年化回报10.91%。

（4）如果运气超好，买的房子位于北京。根据网络资料，1994年北京市三环通车，当时房价约4000元/平方米。如果全款，20万元大约可以购买并简单装修一个45平方米的三环小套用于出租。租金数据不详，就按照24年间累计收到的房租及其再投资回报，抵扣期间维修及三到四次简单装修支出后，净剩余100万元估算。现在北京三环二手房房价大致是4万~6万元。我们假设这套24年的"老破小"，今日可以按照5万元/平方米出手，总价225万元。加上租金再投资累计净剩余100万元，合计回报325万元，年化回报12.32%。

（5）如果当时更聪明，不仅买的是北京房产，而且还是三成首付按揭购买，可以购买约140平方米三环房产。假设历年房租抵扣期间的还贷及历次装修维护费用，净剩余300万元。目前按照5万元/平方米卖掉，得款700万元。合计总值1000万元，24年50倍，年化回报17.7%。

傻傻地持有一家仅能称得上中等偏上企业的股权，实际年化回报18.97%，终值1292万元。如果期间股价下跌，回报率会更高。与此相比，即便是搭上了传奇的北京房产牛市，如果不使用杠杆，回报不足13%，终值325万元；哪怕承担更大风险，使用三倍杠杆，获得终值1000万元，回报率也低于不加杠杆的股权投资。

数据告诉我们：优秀股权的投资回报是最高的，远高于其他投资手段，甚至超过了北京那传奇般的房价涨幅。

如何面对"铁公鸡"？

以上数据是用企业盈利增长且分红再投入的情况举例。如果企业盈利很多却拒不分红，或只分少量红利，还会有这样的高回报吗？

如果我们将所有上市公司的股票视为一个整体，它大体拥有约10%～12%的净资产回报率，这个净资产回报率类似债券的"息率"。从这个意义上说，股票可以被视为一种特殊的债券，然而它和真实的债券还是有些重要的区别。

首先，除永续债之外，大部分债券无论时间长短，终究会到期。到期后，如果新息率不能让投资人满意，投资人可以拒绝继续购买债券（永续债一般也有重新议定息率的条款）。而股票这种特殊债券却永远不到期，投资者作为一个整体无权退出，也无权与公司商讨息率的高低。

其次，债券投资人一般拿到的是约定息率下的全部现金。股票则只有部分以红利的形式分给投资人，另外部分会被留存于公司做再投入。这种公司净利润的一部分会留存再投入，对于投资者而言，可能是好消息，也可能是坏消息。

很明显，假如市场真实债券息率仅4%，另一种息率高达10%的"债券"必定不缺买家，且会在溢价情况下交易，这也是投资者很难以净资产值买到优质企业股权的根本逻辑。当你用两倍或三倍价格去购买一份息率为10%的债券时，实际收益率是低于10%的。

留存部分利润，相当于首先分掉全部利润，然后股东再优先按照净资产值（面值）认购某息率为10%～12%的特殊债券，整个过程免税。对于非股东而言，这种息率为10%～12%的特殊债券是需要付出净资产值的两倍、三倍甚至更多倍代价才能购买到的。此时留存利润成为了一种股东特权。

这种有权以净资产值（面值）购买高息债券的特权，类似中国股市诞生初期的认购证，本身是有价值的。因而股市投资者会发现自己将收获三重回报：首先，投资者享受了远超真实债券息率的公司经营回报；其次，这些回报的大部分又以特权形式，重新认购了他人无权认购的高息债券；最后，当前面两点好处被广泛认知的时候，股票会受到资本追捧而造成股价攀升。

然而，这一切要建立在公司的留存再投入本身会继续产生高于真实债券息率的假设下。例如，伯克希尔·哈撒韦公司，自巴菲特取得控股权至今50多年，仅分红一次，且数量微不足道。其原因就是巴菲特认为将资金留在自己手上投资，带给股东的回报率会高于分红后股东自行投资。事实上，股东也确实因为这种留存而获利丰厚。

但是，如果上市公司并没有将留存利润产生高回报的投资途径，仅仅因为管理层或大股东意图掌控更多资金而不分红或低分红，那么，这就不是特权，而是一种价值的损失。这种情况令人讨厌，但不难规避。

首先，如果公司在无合理理由的情况下不分红或低分红，我们需要怀疑公司利润的真实性及管理层诚信问题，可以作为对公司估值的扣分项。

其次，如果公司很赚钱，控股股东也没有必要冒着违法违规的风险去占用本来可以通过分红合法使用的资金。这种想法会驱动对管理层的制约。

再次，在资本市场，如果一台收银机里堆积的钱多了，总会有各种各样的资本想办法取出来，这种博弈本身会纠错或者推升股价。过去一两年围绕万科展开的一系列精彩资本大战，就是这种博弈的体现。

最后，在我国资本市场，证监会对上市公司分红尤其是现金分红，有一些规则上的强制要求。所以，目前绝大部分优秀企业，都有股东回报规划，有按年现金分红的比例约定，这也算是我国资本市场的制度优势。同时，我们也可以在选择投资对象的时候，有意识地给历史分红记录及分红率更多权重，从而获取分红再投入的回报。

通过上面的分析，不知道是否能够帮助朋友们理解巴菲特的"不介意买入股票后股市关门"的思想？能否打掉部分朋友心中对股价患得患失的心态，真正建立"股票代表企业的部分所有权"的投资体系基石？

事实上，上市时间超过20年的企业中，盈利增长水平达到或超越泸州老窖的并不罕见，感兴趣的朋友可以自行统计计算。同样，今天的A股里，未来盈利增长水平可能超过泸州老窖的公司也不会少。当然，也不要过于乐观，优质企业永远是珍稀品种。挖掘和研究这些企业，才是帮助投资者长期盈利的正事儿。

优质企业的特征

投资者应该如何寻找这些优质企业呢？通常有两种路径，一种是自上而下式筛选，一种是自下而上式筛选。

两种思路

自上而下式，选择的路径是先选行业再选企业。思考路线是首先前瞻性地找出未来发展空间较大的行业，即先找到一张可能越来越大的饼；然后再寻找这个行业内某家或某几家具备优势或潜在优势的企业，相当于找到未来在这张大饼中可能获取较大份额的企业。如果有条件的话，还可以在选择行业之前，加上选择国家，首选经济增速可能会较快的国家，然后在这些国家内去选择发展空间大的行业。

这种方法，对投资者个人商业前瞻能力要求较高，投资者需要具备识别产业机会的能力，能大概率判断出未来某产业的腾飞。大部分成功的风险投资家，以及大部分成功的企业家，都是因为选择了正确的行业，站在了风口。你是一只天鹅，大风会助你翱翔天空；你是一头笨象，大风也会推你化身飞天神象。

自下而上式，也有两大类投资方法，一种侧重寻找严重低估，一种是侧重寻找优秀企业。

寻找严重低估的思想，来源于本杰明·格雷厄姆的《证券分析》及《聪明的投资者》两本著作。

格雷厄姆曾经在《聪明的投资者》第五章第二节明确提出他给予普通投资者的股票投资四条建议：①充分但不过度的分散投资，将资金分散在少则 10 只，多则 30 只股票上；②只选择大型、杰出而且举债保守的企业；③购买对象应具有长期持续的股息发放记录；④只买低市盈率股票，建议用过去数年的平均净利润，例如购买市值不超过过去 7 年的平均净利润的 25 倍，如果用最近四个季度净利润，则买入上限为 20 倍市盈率。

这种思路，其实就是帮助投资者构建了一个低估值的指数，通过分散来规避财报数据造假，利用市场情绪，相信悲观过后一定会有乐观，周而复始。

此类投资的代表人物是沃尔特·施洛斯。他严格坚守格雷厄姆投资原则，在漫长的 47 年投资生涯里，通过不断寻找严重低估的股票这一简单清晰的投资手法，获得了 1 变 5456、年化 20.09% 的成绩，可谓世界级大师水平。

除了寻找严重低估以外，还有一种自下而上式投资方法，侧重寻找优秀企业，代表人物就是沃伦·巴菲特。这种自下而上式选股，一般从企业的净资产收益率指标开始。巴菲特曾经说过，如果只能挑选一个指标来选股，他会选择净资产收益率。

净资产收益率，缩写为 ROE，ROE = 净利润/净资产。一家企业如果长时间维持较高的净资产收益率，意味着它赚同样多的利润，相比同行及其他公司用了更少的资本。或者用了同样的资本，赚到了更多的利润。注意，与股价无关。股价高低，是股东之间的交易行为，并不改变企业经营中掌控的资源数量和质量。

优质企业的特点

同样多的投入，获取了更多的利润，这不科学，不符合资本逐利性特征！投资者可以沿着这个问题向下追问：凭什么？为什么同行或其他资本没有投入资本参与竞争，最终抢走它的超额利润？

沿着这条思路想下去，最终我们一定会发现某种没有被计算在报表净资产里面的特殊资源，然后恍然大悟：原来超额利润是这种资源带来的。

通常而言，这种资源可能是能干的管理层，可能是很难模仿的独特产品，可能是品牌或其他无形资产，可能是地理条件或者其他原因造成的成本优势，可能是规模门槛，可能是客户离开很麻烦的服务，可能是越多人用价值越大的网络效应，甚至可能是某种中国式关系……

当投资者发现了这种独特的资源后，就可以展开思考：这种带来利润的资源，未来是能够保持乃至越来越强大，还是可能被其他行业或者本行业内的同行削弱？如果答案是前者，那我们就发现了一个具有竞争优势的企业。

通常而言，这些优势企业提供的产品或服务都具有三个特性：①被需要；②很难被替代；③价格不受管制。

逻辑上也很容易推理，如果一家企业的产品或服务不被需要，那肯定没钱赚，结局只能是破产。如果一家企业的产品或服务没有差异性，就容易被替代，同质化产品的结局必然是价格战。杀敌一万、自损八千，生生便宜了买方，企业不死也只能苟活。如果一家企业的产品或服务的价格被政府管制，它想获取高额利润就相对比较困难。

可以拿贵州茅台、国投电力和民生银行三家公司来对比说明。

首先，他们的产品或服务无疑都是被需要的，白酒、电力、资金及财富管理。

其次，就被替代的难易程度而言，贵州茅台作为高端酱香酒，被替代的难度最高，竞争对手提供的产品与其有明显的口味差异性。国投电力的水电部分也比较难以替代，因为替代品的生产成本均远高于水电。火电部分则很容易被替代，近于无差异化产品。民生银行的资金及服务，被替代的难度介于水电之后，火电之前。一般来说，民生银行能提供的金钱或服务，绝大部分也能在其他银行获得。

价格管制方面，茅台酒价格无管制①；银行服务价格以前大部分被管制，目前存贷款利率基本市场化，但仍接受央行的窗口指导，加上部分服务价格依然有管制，总体算轻度管制；国投的电力产品价格，除极少量市场化交易以外，绝大部分属于完全管制，无论水电还是火电。

因此，从被需要、难以替代、价格管制三个角度评价，贵州茅台的优势远远大于国投电力和民生银行。

分析企业的绝佳助手：波特五力模型

这种思考角度，在 20 世纪 80 年代，由哈佛商学院教授迈克尔·波特在其经典名著《竞争战略》一书中细化并提出，命名为"波特五力模型"。

波特五力模型认为，每个行业中都存在决定竞争规模和竞争惨烈度的五种力量，分别是潜在竞争者进入壁垒、替代品威胁、买方议价能力、卖方议价能力以及现存竞争者之间的竞争，如图 1－5 所示。

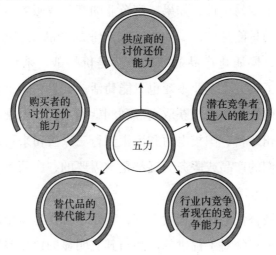

图 1－5　波特五力模型

---

① 2013 年被发改委罚款，并非出厂价被管制，而是因为茅台公司限定经销商向消费者销售茅台酒的最低价格，涉嫌违背垄断法。

波特五力模型，是现代 MBA、EMBA 必修课。它对于投资者而言，同样重要。投资者可以在模型的引导下，努力寻找在这五个方面尽可能多占据优势的企业。

波特五力模型应用：以茅台为例

熟悉老唐的朋友都知道，老唐从来不掩饰自己对茅台的喜爱，这里还是以茅台为例，进行简要说明。

潜在竞争者进入壁垒

对茅台而言，至少存在三大进入壁垒：①白酒生产许可证。目前国家已经不批，潜在竞争者只能通过收购现有白酒企业的许可证进入。②酱香白酒生产周期长，需要资金大，对熟练酒师的数量和质量要求都很高。③高档酱香白酒需要数十年老酒参与勾兑。由于历史原因，竞争者无论用多少金钱也无法购买到足量的老酒。结果是，要追求类似茅台的质量就无法形成有威胁的数量，要追求有威胁的数量就无法达到类似茅台的质量，无法形成有效竞争。

供应商议价能力

供应高粱和小麦的农民，议价能力非常小。能够种植满足要求原料的农民，播种前就已经和茅台签订了长期供应合同。且由于茅台历史悠久、资金雄厚、信用卓著，种植户没有意愿为了短期利益终止与茅台的合约。

购买者的议价能力

购买产品的经销商缴纳保证金，接受茅台公司管理，提前打款按照配额拿货。在产品供不应求的状况下，经销商议价能力近于零。茅台公司有能力按照自己对市场的估计和公司战略，灵活调整出厂价，获取超额利润。

替代品的威胁

相同档次内，没有可以完全替代茅台的酱香型白酒。近似替代品有五粮液、梦之蓝、国窖1573、青花郎等，然而无论是自饮还是请客，替代品和茅台无论在口味、习惯或档次定位上，均有明显差距，只能作为退而求其次的备选。

行业内竞争程度

高端白酒市场处于差异化竞争状态，各自有不同的口味和情感定位，各自锁定自己的忠实客户，全行业均处于高毛利状态，竞争程度较浅。

综上所述，经过波特五力模型分析，茅台公司在以上五个方面均占有竞争优势，可供公司选择的盈利模式很多。

如果我们再拿这个模型套用分析国投电力和民生银行，会发现他们在某一方面甚至某几方面，是处于竞争弱势的，因而可供公司选择的盈利模式有限。

学习了"波特五力模型"后，当我们新接触一个企业时，就有了一套章法去应对，不至于老虎吃天——无处下爪。通过多次拿模型去"生搬硬套"，不仅能够更加深刻地理解企业竞争力所在，也会慢慢发现，原来这世界真的存在一些"结果必然如此"的企业。当然，数量是稀少的，而且常常不便宜。

面对无数的可能性，如何正确抉择？

如果我们按照波特五力模型将市场上的企业分为优质、普通和垃圾三大类，然后按照买入和卖出时市场给的估值分别处于高估、合理和低估三种状态，就可以模拟出一个具有81种可能的矩阵，其中能够导致亏损的有21种情况，与优质企业相关的有11种，如表1-7所示。

表1-7 买入优质企业后可能面对的情况

买入时企业	买入时估值	卖出时企业	卖出时估值
优质	高估	普通	合理
优质	高估	普通	低估
优质	合理	普通	低估

买入时企业	买入时估值	卖出时企业	卖出时估值
优质	高估	垃圾	高估
优质	高估	垃圾	合理
优质	高估	垃圾	低估
优质	合理	垃圾	高估
优质	合理	垃圾	合理
优质	合理	垃圾	低估
优质	低估	垃圾	合理
优质	低估	垃圾	低估

在这 11 种亏损可能中，又有 5 种情况是高估买入造成的。如果我们附加一条简单的规则：凡是市盈率高于市场无风险利率倒数的一律不碰。即假如市场无风险利率为 4%，所有市盈率高于 25 倍的股票，一律不碰。那么，还有几种亏损可能呢？答案是 6 种，全部是由企业变质引起的，如表 1 - 8 所示。

表 1 - 8　市盈率约束条件下投资优质企业亏损的情况

买入时	卖出时
优质 + 合理	普通 + 低估
	垃圾 + 高估
	垃圾 + 合理
	垃圾 + 低估
优质 + 低估	垃圾 + 合理
	垃圾 + 低估

仅仅使用两条最简单的规则——①只买具有某种或某几种显著竞争优势的公司；②市盈率高于市场无风险利率倒数的一律不买——就站在了大概率赢的一面。躲过了 81 种组合中 21 种赔钱姿势里的 15 种，还需要担忧能不能挣到钱吗？

因而，老唐的个人建议，要在股市里生存和获利，应先以"求不败"的姿态入手：①只与波特五力模型显示具备某些竞争优势的企业为伍，拒绝垃圾股、题材股击鼓传花游戏暴利的诱惑；②拒绝在高市盈率水平买入；③认真跟踪持仓企业信息，对企业竞争优势受损、可能导致变质危险的动态保持敏感。

难吗？不难。理论上说，一点也不难。只要在贵得不明显的价格以下，选择几个净利润含金量高、被替代可能小的"印钞机"，分散各入一小股，然后该吃吃、该喝喝、爱忙什么忙什么，财富自然会以高于社会资金平均收益率的增幅成长。假以时日，静待伟大的复利规则发挥威力，金钱自动就来，完全不需要每日被股价波动弄得紧张兮兮。

七亏两平一个赚的原因

然而，这么简单的事情，为什么实践中是"七亏两平一个赚"的残酷分布呢？老唐认为核心问题是：市场里经常有逻辑明显破成筛子的行为，却居然有大把财富进账。绝大部分亏损者，都是因为没有抵挡住这样的诱惑。

比如，整日里张家长李家短的陈大姐跟上一个网络收费"股神"，只交了888元就换到一个必涨代码，奥拓进去奥迪出来；你从来瞧不起的隔壁老王神神叨叨地数波浪，转眼间资产后面加上了零；一贯智商不在线的小马痴迷电视股评，高抛低吸有乐趣，菜市场卤鸭子生意也不做了，收入超过脚后跟不沾地的高级金领……你选的优质企业死气沉沉，各类垃圾股、造假股、亏损股、题材股天天暴涨。

此时，市场流传的口号是"赚钱才是硬道理""你负责正确，我负责赚钱""你越来越聪明，我越来越有钱"……这些话的含义是：管它投资投机，管它因为什么，只要能赚到钱就是对的，买的股票涨了才是最重要的，账户里的市值增长就是投资的最强逻辑。

是啊，听上去很有道理，我们是来股市赚钱的，不是比谁讲得更有道理，也不是比谁的理论更正统。然而，这种认识，忘记了"如果你手持火把穿过炸药库，即使毫发无损，也改变不了你是一个蠢货的事实"，必将导致投资人妄图在错误的逻辑中，依赖侥幸获取利润。于是踩中地雷也就成了迟早的事，而且越晚踩中危害越大：越晚踩中，投资额越大，损失额也越大，压力自然越大。更要命的是，投资增长的绝密武器——时间——也被浪费了。

巴菲特曾强调，"投资很简单，但并不容易"。不容易的核心原因，是因为市场经常会重奖错误的行为，以鼓励他们下一次慷慨赴死。而坚持做且只做正确的事，并愿意为此放弃市场颁发给错误行为的奖金，这就是股市长久盈利的核心秘诀，是投资的核心之"道"。与之相比，研究公司、财务估值，都只能算"术"。

什么是正确的事？理解并坚信可持续的投资收益主要来自于企业的成长，而不是市场参与者之间的互摸腰包，这就是正确的事。一旦你以这种思路考虑问题，股市绝大多数亏损，都会与你无关。

被误读的巴菲特思想

巴菲特给自己定的投资规则里有这么两条：规则一，绝对不要亏损；规则二，千万别忘了规则一。他就是靠坚持做正确的事做到不亏损的吗？难道他买进的股票都是立刻涨吗？

其实不是，他也经常亏损，经常处于赔钱的状态——如果按照"市价低于买入价就是亏损"的定义。从股价波动的角度看，可以说巴菲特的两条规则完全是骗人的鸡汤。

比如巴菲特经常拿出来炫耀的爱股：富国银行。1989 年，巴菲特买进约 85 万股，每股买入成本约 70 美元，市盈率约 7 倍，市净率①约 1.5 倍。1990 年，股价大幅下跌，巴菲特继续买进 400 多万股，买入成本约 55 美元/股。注意，前面 70 美元买进的已经"亏损"超过 20%，"亏损额"超过千万美元。这还没完，直到 1992 年，巴菲特依然在持续买进富国银行，而且买入价格依然在 70 美元以下。直到 1993 年，富国银行股价飙升，巴菲特的这些股票才转为"盈利"状态。盈利约一倍多，年均 20% 上下。也就是说，巴菲特在富国银行这笔投资中，持

---

① 市净率简称 PB。PB = 市值/账面净资产。

续"亏损"时间至少长达三年。

注意，这可是他特别有信心、特别有把握的一笔投资。巴菲特曾在2009 年 5 月 2 日的股东大会上说过这样一句话，足以证明他对富国银行的喜爱程度："如果我所有的资金只能买入一只股票，那我就全部买入富国银行。"对于自己特别有信心的一笔投资，亏损长达三年，幅度超过 20%，就这还说"规则一：绝对不可以赔钱。规则二：千万别忘了规则一"，这不是打自己的脸吗？

富国银行的案例，巴菲特通过常见的"摊低成本 + 死扛"熬过大跌，最终盈利，还可以用"浮亏不算亏"来自慰。老唐再举两个彻头彻尾的亏损案例，一个非上市公司，一个上市公司。

1993 年，巴菲特看上了德克斯特鞋业公司，以 4.33 亿美元的价格（市盈率 15 倍左右）收购了这家鞋业公司，并在 1993 年年报里盛赞"德克斯特是查理和我职业生涯中见过的最好的公司之一"。不仅如此，巴菲特还干了一件后来让自己终身后悔的蠢事儿：巴菲特没有使用现金支付，而是向德克斯特原股东发行 25203 股伯克希尔的股票，按市价折合 4.33 亿美元收购德克斯特鞋业股份。

很不幸，巴菲特、芒格两位大神被"职业生涯中见过的最好的公司"打脸。这家公司在被收购后一年，净利润就开始持续稳定地——下滑。主要原因是受到以中国为代表的发展中国家廉价鞋的冲击。到1999 年，德克斯特的年度净利润就只有 1100 万美元，大约为 1993 年净利润的 40%。2001 年，干脆就爆出 4500 万美元的亏损。

从 2000 年的致股东信，巴菲特开始很客气地批评自己，向股东承认错误，批评力度也随着德克斯特经营恶化的程度不断加强。到 2007年的致股东信里，巴菲特直接把自己骂得狗血淋头，他说："我在 1993年用价值 4.33 亿美元的伯克希尔股票买下了德克斯特鞋业。我当时认定它具有的持续竞争优势，在后来短短几年内消失了。但那只是开始，使用伯克希尔的股票作为收购对价，我严重扩大了这个错误。这一次收购花掉的不是 4 亿美元，而是 35 亿美元。实际上，我是用一个优秀公司——现在的价值是 2200 亿美元——的 1.6%，换来一个毫无价值的烂公司。到目前为止，买进德克斯特公司是我最糟糕的决策。"

时光飞逝，到 2018 年 1 月，伯克希尔市值已经突破 5000 亿美元，它的 1.6% 价值超过 80 亿美元。

此外，2014 年致股东信里，巴菲特自曝投资英国著名零售上市企业 Tesco 的经历：2012 年前，花了 23 亿美元买进了 Tesco 公司股票 4.15 亿股，2014 年清仓，亏损合计 4.44 亿美元，亏损幅度近 20%。并在此发出了他那句著名的感慨：如果你在厨房里发现了一只蟑螂，伴随着时间流逝，你一定会继续遇到它的亲戚们。

这俩案例是彻头彻尾的"亏损"，此时巴菲特怎么解释自己的"绝对不要亏损"规则呢？其实，这只是理解错误，巴菲特从来没吹嘘过自己永远抄大底，永远买了就赚，永远没有判断错误。绝对不要亏损的意思也不是要确保买在最低点。巴菲特所说的"亏损"和炒股人士的"市价低于买入价算亏损"定义完全不同。

如果我们做过企业，就能很容易理解巴菲特心中的亏损概念。假设你家开个小饭馆，怎么样就是亏损，怎么样就是盈利呢？它是由隔壁小馆子或者同城其他饭馆的转让价格决定的吗？不是。

盈利或亏损，由你家小饭馆每天的营业额、采购的原料、支付的其他成本等因素决定。简单说，每天的营业额减去人工、房租、材料、税收、装修及设备折旧等费用，算下来还有现金剩余，小饭馆就有了会计意义上的盈利。这笔现金剩余在投资领域就被叫作自由现金流。

会计意义上的盈利和投资意义上的盈利是不同的。你家这笔钱不用来开饭馆的话，还可以有其他次优选择（比如买理财产品），次优选择也会产生收益。只有饭馆的现金剩余量超过次优选择能带来的现金量，才算产生了投资意义上的盈利。

换成高大上的表述就是：如果这家企业（饭馆）能创造的自由现金流，超过你的次优选择所能带来的回报，你就有了投资意义上的盈利。这笔盈利，与这家企业股权在其他人之间以什么价格成交完全无关。

关于投资的三个要点

从上述巴菲特的亏损案例以及巴菲特对"亏损"的定义与认识中，老唐认为有三个要点对我们做好投资至关重要。

第一，投资者的思考要摆脱股价波动的影响。股市是产生股价的地方，它存在的价值是为了服务你，而不是左右你的决定。巴菲特说："对我而言，股市只是一个观察愚蠢行为的地方。"他多次谈到一个农场的例子，透彻地表达了股价波动的本质以及投资者应有的态度。

如果有一个喜怒无常的人拥有一个农场并恰好与我的农场相邻，每一天他都提出一个报价，或是想买入我们的农场，或是想卖出他自己的农场，价格则随着他的心情好坏而忽上忽下。那么我除了利用他的疯狂还能做些什么呢？

如果他的报价低得可笑，而我又有些闲钱，我就会买入他的农场。如果他的报价高得离谱，我要么把自己的农场卖给他，要么不予理会继续去种自己的地就是了。

第二，关注企业的未来产出。饭馆的盈利由饭馆的营业额和成本决定。投资者的决策，取决于对企业未来产出及成本的判断。如果这家企业的产出，能够确定高于包括存款、购买理财产品等在内的次优选择的产出，那么这笔投资就是合适的。

基于此，投资者应倾向于选择那些在稳定行业中，具有长期竞争优势的企业，以便于自己有能力估算出其大概价值。只有能估算出大概价值，我们才可以通过与"隔壁农场主"的报价对比，确定自己是不是有便宜可捡。对于没有办法估算大概价值的企业，那就远离，因为你无法确认自己是否在出价的瞬间已经造成亏损。

第三，一旦发现对企业价值判断错误，企业价值实际是低于买入时付出的价格的，这就产生了巴菲特投资体系里的亏损。巴菲特虽被称为"股神"，却并非无所不能的真神。他看中的"持续竞争优势"也会"在后来短短几年内消失"。

当原本看中的持续竞争优势正在或者已然消失的时候，当该行业或者企业发生本质变化的时候，企业未来的自由现金流数量就会与原来的预测值发生巨大的偏差。若由此导致企业价值低于当下市值时，无论市价高于还是低于买入价，对于巴菲特而言，亏损已经出现了。此时，要尽快认错，正如对待 Tesco 一样，他说："如果你发现自己已经陷在烂泥里，最重要的是尽快想办法不要再继续下陷。"

是不是非常违反人性呢？是的，否则市场不会有那么多人赔钱。投资这条路，要说难，也真就难在：第一，人的本能，是用股价和买入价差额来衡量赚赔，赚了愉悦，赔了痛苦。而投资需要我们穿透股价的干扰，去关注企业内在价值；需要我们利用股价的波动，而不是让股价波动来影响我们的情绪和行为。第二，投资需要我们懂得计算企业的内在价值，只有明确了企业的内在价值，才有办法判断交易是否应该发生，而不是在交易发生后听天由命。

那么，这个内在价值，究竟是个什么神秘东西，怎样才能算出它的数值呢？让我们进入本书第二章：如何估算内在价值。

PART 2

第二章

如何估算内在价值

格雷厄姆奠定的理论基石

股票除股价以外，还有一个与股价不完全同步的"内在价值"，这个视角来自于被称为"华尔街教父""金融分析之父"的本杰明·格雷厄姆。

混乱的华尔街：股票等同于投机的时代

本杰明·格雷厄姆出生于 1894 年，以我们熟知的纪年方式表述，那是著名的中日甲午战争爆发的大清光绪二十年。

格雷厄姆 1914 年从哥伦比亚大学毕业，然后在华尔街谋到一份证券分析的工作——当时这种职业被称为"统计员"，主要工作是债券投资价值分析，顺带也会关注股票。

不过，那时候华尔街的基本认识是"债券是投资者的首选，而股票则是投机者的出没之地"，当时主流言论是"绅士们都倾向于债券。债券是为了收益，股票是为了差价"。在格雷厄姆所著《证券分析》一书出版之前，市场畅销书籍里清清楚楚地写着："只有债券才被当作投资，股票本质上是投机性的。"[1]

---

[1]　摘自劳伦斯·张伯伦的著作《投资与投机》。他还著有《债券投资原理》，是本杰明·格雷厄姆入行时华尔街的标准教科书。

有此表述，也不奇怪。那时的华尔街不仅混乱，而且缺乏法律规范。美国证券交易委员会（SEC）和格雷厄姆的传世巨著《证券分析》同年诞生。在此之前，投资者想从公司获取信息还有种与虎谋皮的感觉。公司对外只披露极其简单的财务报表——经常是一种四页纸对折的小册子，而且被公司管理层名单占据了大部分版面。为了防止外人窥探，一些家族企业会通过有意的会计技巧来隐藏公司资产和收益，而另一些公司则经常虚报各种数据以便使自己的公司看上去更强大。即便如此，对于这种信息量极其缺乏的财务报表，大部分投资者也只能大费周章地去纽约证券交易所的图书馆查看。

这种情况下，证券分析行业的"统计员"们，天然地对公司财务报表数据信心不足。相反，谁在买卖这些公司的股票才是最重要的研究对象。在内幕交易未被禁止的年代，投资者能够事先知道公司重组、并购或其他能够影响市场股价走势的内幕消息，才是赚大钱的可靠路径。

正如格雷厄姆所回忆的那样："在老华尔街人看来，过分关注枯燥无味的统计数据是非常愚蠢的行为。"很多当时的华尔街大亨们的回忆录里，都承认当时操纵市场是很平常的事，"3M"——内幕（Mystery）、操纵（Manipulation）和差价（Margins）——才是指导市场运行的准则。

正是因为这些原因，那个时代的分析师们更多是通过他们所接触到的各类信息，加上自己的直觉，形成对市场的某种判断，并根据市场趋势来预测证券的未来价格走势。他们甚至会直接给出这样的"投资"建议："从当前的价格水平及最新信息判断，这只股票很大可能会吸引投机者追捧，后市有望进一步走高。"

这种环境下，股票被普遍认为是一种投机，也就不奇怪了，因为事实确实如此。投资者的兴趣主要是收入既丰厚又可靠的债券。债券的市场价格波动很小，基本以已知的红利为基础。即使在市场波动较大的年份，债券收益也不会有太大变化。如果投资者愿意，他完全可以不管价格变化，而只考虑其红利收入的稳定性和可靠性。

股票是一种特殊债券

然而，通过格雷厄姆大量的思考和整理工作，以及不断在报纸和杂志上发表文章，他逐渐建立了一种全新的思想：股票也是一种债券，只不过票面利率不固定而已。通过一套科学的方法，投资者可以寻找到安全性媲美债券，同时收益率却能比债券更高的股票作为投资对象。

在格雷厄姆看来，股票是一种特殊债券。二者的差异在于债券每年利息多少、持续付息多少年，是提前约定的固定数字；而股票每年能够收到多少"利息"，取决于这家公司能够赚多少、能持续赚多少年以及公司如何处理赚到的钱。它是一个不确定的波动数据，该数据可能高于甚至远远高于、也可能低于甚至远远低于债券约定的利息。然而，长期被投资者忽略的问题是，这种个体的不确定可以通过组合的方式对冲和规避。

格雷厄姆在后来发表的一篇题为《探寻证券分析的科学性》的文章里写道："股票本质上可以看作价值被低估的一种债券，这一观点脱胎于个体的风险与总体或群体的风险之间存在着根本性的差异。人们坚持认为投资股票带来的股息回报与收益应该远远高于债券投资的收益，因为投资个股所承担的损失风险要比单一债券投资所承担的损失风险高出许多。但是从充分分散化投资的股票组合历史收益来看，事实并非如此，这是因为作为一个整体，股票具有明显的向上动力，或者说它们的长期趋势是看涨的。导致这一现象的根本原因是一国经济的稳步增长，公司将未分配利润用于稳定的再投资，以及 20 世纪以来通货膨胀率的不断走高。"

这一思想，后来被大量的学术研究所证明，其中比较权威也比较知名的研究成果，就是前文谈到的沃顿商学院金融学教授杰里米·J. 西格尔的经典著作《股市长线法宝》和伦敦商学院的研究成果《投资收益百年史》等文献。

虽然坚实的逻辑和大量的数据，都证明股票投资相比债券投资有明显优势，但是，格雷厄姆一再提醒投资者注意，这种高收益率和不相上下的安全性，不是建立在对个体公司的判断上，而是建立在"总体或者群体"的基础上。

举例来说，2001年贵州茅台出让26%股权上市融资约20亿元，17年合计分配现金红利超过560亿元，其中145亿元以上由购买这26%股权的投资者获得。如果当初这20亿元由投资者借给贵州茅台（购买贵州茅台发行的20亿元债券），无论当时约定的利率水平如何，投资者所得本利之和，必将远远少于作为股东已获现金红利，更无法与未来可能继续获得的现金红利相比。从安全性的角度而言，借给贵州茅台的20亿元债券，与投资20亿元占贵州茅台26%股份，几乎没有分别，但收益率却有云泥之别。

安全边际

但是，上述的案例仅仅是优秀的个体。如果投资者不是认购贵州茅台这样的优质企业股权，而是买下了类似金亚科技、保千里、浪莎股份、中弘股份、乐视网等类型的企业，将投资者看作一个整体，不仅高收益无从说起，连本金也大概率会损失惨重。

任何一次本金大幅损失，对于投资者的打击都是灾难性的，也是格雷厄姆体系所不允许的。因此，格雷厄姆的投资体系里，分散组合投资是非常重要的前提。就格雷厄姆本人而言，经常持有超过75只个股，他给普通人的建议，也是至少保持30只以上的个股投资。并且，这30或75只股票也不是随意选择的，而是应该选择股价明显低于内在价值的股票持有。

格雷厄姆将买入价明显低于股票内在价值这种状况，称为"安全边际"。所谓内在价值，是一个不确定的概念，大致等于公司作为非上市公司出售给私人产业投资者的价格。准确数字很难计算，但它可以有一个可估算范围。

内在价值来自股票代码背后所代表的公司。购买股票的人，所拥有的并不是一串代码，而是该企业部分所有权的有效法律凭证。股东不仅享有企业经营良好时的未来收益分配权，还享有企业经营不善破产清算时偿还债务后的剩余资产分配权，后者能够为股票的价值兜底，这个兜底价值可以模糊视作内在价值的下限。在这个兜底价值以下买入股票，遇到最坏情况可以收回成本略有盈余，而结果若不是最坏情况，则可以获取丰厚的利润。

格雷厄姆喜欢将企业未来经营良好的预期看作——且仅仅看作——一种额外的馈赠。他的整个分析体系，主要锚定与破产和清算有关的兜底价值。这种思维方式与格雷厄姆在 1930 年前后美国股市崩盘中的经历有莫大关系。

1929 年 9 月 3 日美国道琼斯指数创下 381.17 点高点后，两个月时间里暴跌 40% 以上。跌势一直持续到 1932 年 7 月，最低跌至 41.22 点，跌幅超过 89%。25 年后，道琼斯指数才重新回到 381.17 点崩盘位置。

从 1929 年到 1932 年，美国国内有超过 10 万家企业及大量中产阶级和农户破产，近 1/4 的劳动人口失业。1932 年 9 月，全美有 3400 万成年男女和儿童，约占全国总人口的 28% 无法维持生计（1100 万户农村人口未计在内），200 万人四处流浪。

1930 年，也是作为基金经理的本杰明·格雷厄姆职业生涯最糟糕的一年，他打理的账户损失了 50%。尽管格雷厄姆和合伙人纽曼继续按季度支付 0.25% 的红利，可是许多损失惨重、惊恐不安的投资者依然坚持撤资，格雷厄姆非常沮丧，已经有了放弃的念头。幸亏合伙人的岳父注入一笔资金，使基金存活下来。

正是这样的生存环境，使格雷厄姆的《证券分析》体系充斥着大萧条的烙印。他不仅建议读者将资本分散到至少 30 只股票以上，且每只股票的买入价格应低于有形资产净值①的 2/3，最好可以低于净流动资产②的 2/3。

---

① 有形资产净值 = 总资产 − 总负债 − 商誉、专利权等无形资产。
② 净流动资产 = 总资产 − 总负债 − 固定资产及商誉专利等无形资产。

在格雷厄姆的眼里，只有这样的买入价格才可以保证即便这家公司破产清算，也可以在偿还全部负债后还有剩余资金足以归还股东的本金及产生少量收益。实际上，由于资本天然的逐利本性，这些低于重置价值或者清算价值的公司股票，其市价经常会大幅上涨，绝大部分都无须真的等待清算。即便如此，格雷厄姆还是建议至多将本金的 75% 投资股票（其余 25% 以上购买美国国债），且至少分散到超过 30 家公司。因为 30 家公司中，总有部分被市场错杀的公司可以给投资人带来额外的惊喜，创造满意的回报。

市场先生

这样的出价怎么可能买到股票呢？格雷厄姆用一个精妙的寓言解释了投资者在市场里的优势。他用一个拟人的"市场先生"来代表市场参与者群体永远不变的人性：贪婪和恐惧交替而来。对此，格雷厄姆有如下表述：

投资者应该把市场行情想象成一位亲切的市场先生的报价，他是你私人生意中的合作伙伴。市场先生从不失信，他每天定时出现并报出一个清晰的价格，然后由你决定是否按照这个价格买下他手中股份或者将你的股份卖给他。

虽然你们两人的生意可能存在某些稳定的经济特征，但市场先生的报价却是不可预测的。因为，这个可怜的家伙患有无法治愈的精神缺陷。有时，他很高兴，只看到生意中有利的因素，他会制定很高的买卖价格，因为他担心你侵犯他的利益、夺走他的成果；有时，他又很悲观，认为无论是生意还是世界等待人们的只有麻烦，他会制定很低的价格，因为他害怕你把自己的负担转嫁给他。

如果他的报价很低，你或许愿意买进；如果报价很高，你或许愿意将你的股份卖给他；又或者你也可以干脆对他的报价不予回应。

市场先生还有一个可爱的性格：他不在乎被你冷落。如果你今天对他的报价不感兴趣，他明天会再给你一个新的，交易与否完全由你决定。很显然，他的狂躁抑郁症发作得越厉害，对你就越有利。

但是，你必须记住一个警告，否则无论做什么都是愚蠢的：市场先生只为你服务却不能指导你。对你有用的是他的钱包，而不是他的智慧。如果他在某一天表现得特别愚蠢，你有权选择忽视他或利用他，但如果你受到他的影响，那将是一场灾难。

因为有被贪婪和恐惧所左右的市场先生，遵循格雷厄姆投资体系的投资者，可以用远低于净有形资产甚至是净流动资产的价格买到股票，并在市场先生报价恢复正常的时候卖出去，收获利润。

格雷厄姆式投资的标准流程

格雷厄姆本人的投资很成功。1956 年，在道琼斯指数 400～500 点间，62 岁的格雷厄姆宣布清算基金，退休。虽然期间经历了恐怖的大萧条，但格雷厄姆基金存续 33 年里年化回报率超过了 20%。

退休后的格雷厄姆没有远离市场，他一边传播投资思想，一边关注股市的波动和发展。晚年，格雷厄姆回顾和总结自己毕生的经验后，甚至提出了一套毫无艺术空间的操作流程，直接可以用以指导买卖。

这套流程发布于 1976 年 9 月 20 日的一本杂志中（次日，82 岁的格雷厄姆去世）。原文是以访谈形式发表的，老唐将其提炼后如下：

（1）找出所有 TTM 市盈率低于 X 倍的股票（TTM 市盈率 = 市值/最近四个季度公司净利润）。

（2）X = 1/两倍的无风险收益率。例如，当无风险收益率为 4% 时，X = 1/8% = 12.5。

（3）找出其中资产负债率 <50%。资产负债率 = 总负债/总资产。

（4）选择至少 30 家以上，每家投入不超过总资本的 2.5%。

（5）剩余的 25% 资金及不足 30 家导致的剩余资金买入美国国债。假设当时市场只能选出 10 只符合标准的股票，则股票占比不超过

25%，国债占比75%；如果一只也选不出来，国债占比100%；能选出50只，国债占比25%，每只个股投入总资金的75%/50＝1.5%。美国国债可以用任何无风险收益产品替代。

（6）任何一只个股上涨50%以后，卖出，换入新的可选对象或国债。

（7）购买后的第二年年底前，该股涨幅不到50%，卖掉，换入新的可选对象或国债，除非它依然符合买入标准。

（8）如此周而复始。格雷厄姆说："这是一种以最少的工作量从普通股票中取得满意回报的安全方法。这种方法真好，简直让人难以置信。但我可以用60年的经验保证，它绝对经得起我的任何检验。"按照格雷厄姆的预计，该方法长期而言能够获得超过15%的收益率。

这套方法可以说对商业能力基本无要求，真正为没有什么研究能力和闲暇时间的普通投资者打造。这个体系中的内在价值，还谈不上估算，它实际是清晰的计算。整个体系关注的是兜底价值，是内在价值最保守的下限，是当前已经存在的资产和负债，是已经有记录的盈利和分红水平，其间很少甚至根本不涉及对前景的判断。

被实践证明行之有效

有公开业绩记录的，坚持格雷厄姆原则的成功投资者很多，他们被统称为"格雷厄姆和多德超级投资者部落"，其中最杰出的代表是前文提过的沃尔特·施洛斯。这位仅有高中学历，最初是华尔街一家经纪公司办公室打杂跑腿的小伙儿，因为参加了纽约证券交易机构赞助的格雷厄姆夜校课程，学习并掌握了格雷厄姆的投资体系。1946年初，从第二次世界大战战场归来的施洛斯（1941年底参军）获得了在格雷厄姆－纽曼基金公司工作的机会，九年半后他辞职开创自己的基金。

在基金存续的47年投资生涯里，施洛斯严格遵守格雷厄姆投资原则，寻找被市场先生报错价的公司股票，获得了47年5456倍，年化20.09%的惊人收益。在这47年中，施洛斯几乎从不做企业调研，只是阅读和统计企业财报数据，寻找符合格雷厄姆投资要求的公司股票。买下他们，静静等待价值回归，然后卖出，继续寻找，周而复始。

支撑这惊人回报的背后就是伟大的《证券分析》三大原则：股票是企业部分所有权的凭证；无情地利用市场先生的报价；坚持买入时的安全边际原则。即便是今时今日，仍然有很多格雷厄姆的忠实追随者，严格按照三大原则日复一日从市场获取利润。

格雷厄姆大概是有一颗悲天悯人的心。尽管在赚钱方面很成功，但他最大的乐趣并不是赚到多少钱——金钱对于格雷厄姆而言，更像是一种记录成绩的方法（对巴菲特也是如此），而是如何帮助没有什么天赋的普通人，也能通过证券市场获取满意的回报。因此，格雷厄姆《证券分析》体系始终建立在使用者没有什么商业能力的假设上，本质上还是一种统计学，一种叠加对价值投资基本原理理解和信赖的统计学。在此之外，只要具备足够的耐心和一点点阅读财报的基础知识就可以了。

一次例外引发的思辨

然而，格雷厄姆自己的投资生涯中，有一只无法用自己的体系清晰解释的投资对象，该股票的买入明显违背格雷厄姆投资体系标准，却造就了格雷厄姆投资生涯里最大的一笔获利，单这一笔投资的获利总额就超过格雷厄姆投资生涯里其他所有投资的回报总和。

如果去掉这一笔投资，格雷厄姆整个投资生涯的年化回报率会从超过 20% 降低为只有约 17%。或许就是从这个项目开始，格雷厄姆最看重的弟子沃伦·巴菲特的内心，已经悄悄埋下一颗对格雷厄姆体系怀疑的种子。这个项目叫政府雇员保险公司，简称 GEICO。

1948 年，GEICO 大股东因家庭原因考虑处置持股，派出两名代表到华尔街寻找"接盘侠"。经历多次失败后找到已经在华尔街很有名气的格雷厄姆。

就在 1948 年初，格雷厄姆在纽约金融学院还对学生们讲：保险业对每个人都有利——管理层、代理商、顾客——除了股东。他对保险公司的意见主要集中在两点：第一，它不能实现足够多的回报率，投保人的保费最终会因为赔偿而所剩无几；第二，它支付的股利也不够多，这既降低了总收益，也给股东增添了压力。

然而，由于某种未知原因，格雷厄姆对收购 GEICO 公司 50% 股权有一种本能的兴趣，虽然也有些惴惴不安。他曾告诉当时已经是雇员的沃尔特·施洛斯："沃尔特，万一这次收购效果不好，我们随时可以清算它收回投资。"最终格雷厄姆－纽曼基金公司以 71.25 万美元的价格买下了 GEICO 公司 50% 的股份。

格雷厄姆－纽曼基金合伙人纽曼在 1993 年接受记者采访时，曾感叹投资中的运气因素实在太重要了。之所以如此感叹，因为这次收购明显违背格雷厄姆一贯的投资原则。

首先，这次收购是按照公司账面净资产值作价的，明显违背格雷厄姆有形资产净值 2/3 的出价标准。

其次，最终财务报告显示净资产比报价少了 5 万美元，格雷厄姆经过一阵犹豫，还是以高于账面净资产的 71.25 万美元完成了交易。

再次，格雷厄姆－纽曼基金的这笔收购，占基金总资金约 20% ~ 25% 仓位，严重违背格雷厄姆自己的单只个股持仓上限。

最后，更严重的是，很明显格雷厄姆做决策时，连行业基本法规也没摸清楚。交易完成后才发现自己犯了一个大错误：早在 1940 年颁布的《投资公司法》就已经规定，投资公司拥有保险公司超过 10% 股份是违法的。

美国证券交易委员会（SEC）要求格雷厄姆－纽曼公司取消这次交易，把股份退给卖家。然而，当格雷厄姆找到卖家协商时，卖家拒绝收回这些股票。还好，后来公司获准以一种可以避开税收的方法，将超额的 GEICO 股票分给基金持有人。搞笑的低级失误解决了，一段传奇诞生。

为什么说是传奇呢？如得神助，GEICO 公司就在 1949 年开始以令人惊讶的高增速成长。到 1972 年，GEICO 成长为全美第五大汽车保险公司。

格雷厄姆承认对 GEICO 的收购违背自己的投资原则，但是也坚持认为其中不仅仅是幸运的因素。1973 年，在他的另一本传世巨著《聪明的投资者》第四版面世时，年迈的格雷厄姆亲自在书末补上一段后记，带有辩解味道地记录了关于 GEICO 的这笔投资，原文如下：

在本书的第一版出现的那一年，两位合伙人有机会收购一家成长型企业一半的权益。出于某方面的原因，当时这个行业并不被华尔街看好，因此这笔交易被好几家重要的机构拒绝了。但是，这两个人非常看好该公司的潜力。他们最看重的是，该公司的价格相对于其当期利润和资产价值而言并不算高。两位合伙人以自己手中大约五分之一的资金开展了并购，他们的利益与这笔新的业务密切相关，而这项业务兴旺起来了。

事实上，公司的极大成功使得其股价上涨到了最初购买时的 200 多倍。这种上涨幅度大大超过了利润的实际增长，而且几乎从一开始，股价似乎就显得过高——按两个合伙人自己的投资标准来看。但是，由于他们认为这个公司从事的是某种程度上"离不开的业务"，因此，尽管价格暴涨，他们仍然持有该公司大量的股份。他们基金中的许多参与者都采用了同样的做法，而且通过持有该公司及其后来所设分支机构的股票，这些人都成了百万富翁。

出人意料的是，仅从这一笔投资决策中获取的利润，就大大超过了合伙人 20 年内在专业领域里广泛开展各种业务（通过大量调查、无止境的思考和无数次决策）所获得的其他所有利润。

这个故事对聪明的投资者有什么教育意义吗？一个明显的意义在于，华尔街存在着各种不同的赚钱和投资方式。另一个不太明显的意义是，一次幸运的机会，或者说一次极其英明的决策（我们能将两者区分开吗？）所获得的结果，有可能超过一个熟悉业务的人一辈子的努力。可是，在幸运或关键决策的背后，一般都必须存在着有准备和具备专业能力等条件。人们必须在打下足够的基础并获得足够的认可之后，这些机会之门才会向其敞开。人们必须具备一定的手段、判断力和勇气，才能去利用这些机会。

老唐相信这个买入决策绝非运气那么简单，认真阅读格雷厄姆对这家"成长型企业"下重注的理由，既考虑到了"离不开的业务"——有点像后来巴菲特喜欢说的"护城河"，也考虑到了成长的因素会导致目前暂时的高价将回落为合理甚至低估。

然而，格雷厄姆一直对所谓成长的看法是这样的：我认为那些所谓的成长股投资者或者一般的证券分析师，并不知道应该对成长股支付多少价钱，也不知道应该购买多少股票以获得期望的收益，更不知道股票价格会怎样变化。而这些都是基本的问题。这就是为什么我觉得无法应用成长股那套理论来获得合理的、可靠的收益。

这桩公案，至今老唐没有在任何书籍上读到合理的解释。不过，老唐自认可以给出合理解释。

巴菲特的继承与思考

巴菲特的财富轨迹

GEICO 的股票，沃伦·巴菲特也买了。

正因为知道无比崇敬的老师本杰明·格雷厄姆是 GEICO 的董事长，21 岁的巴菲特在 1951 年 1 月的一个周末摸到 GEICO 公司办公室。除了门卫，当天办公室只有一个人：时任投资主管的洛里默·戴维森[①]。

经过长达四五个小时的"调研"后，巴菲特开始买进 GEICO 的股票，累计买入 350 股，总投入 10282 美元。注意，这里又有一个异常，按照巴菲特自己历次解释，这笔钱大约占当时巴菲特全部身家的 50%～75%。这个格雷厄姆的得意门生也违背了格雷厄姆的个股仓位原则。原因为何？

第二年，在 GEICO 股价上涨接近 50% 时，巴菲特清仓卖出，收回了 15259 美元——还记得格雷厄姆的卖出准则吗？上升 50% 卖出，如果第二年底前上升不足 50% 也卖出。所以，巴菲特卖出 GEICO 的决策，基本就是在伟大的格雷厄姆思想指导下做出的。但是，卖出后 GEICO

---

① 1958 年，戴维森出任 GEICO 董事长。

的股价就开始不停地上涨。也许就是从那时开始，巴菲特那颗聪明的大脑开始了质疑和反思。

不过，此时的 GEICO 事件，仅仅是一粒种子，生根发芽还要等待天意。从格雷厄姆大道上分叉的决定，并不容易做出，因为老师的教诲实在太值钱了，巴菲特每天都忙着从市场里捡钱——很多年以后，巴菲特反思自己很晚才改变，原因就是格雷厄姆投资体系的效果实在太显著了。有多显著呢？我们可以将一将巴菲特转型之前的财富数据轨迹。

股市有种谣传，以巴菲特为例，说价值投资者的钱都是老了以后才赚到的。老了以后赚钱有什么用呢？所以，必须要先投机，快速富起来以后，再考虑价值投资。这话以讹传讹，其中的逻辑和事实已经达到无知的地步。我们可以用有据可查的数据，来看看行走在格雷厄姆光辉大道上的年轻巴菲特，财富是按照什么轨迹增长的。

巴菲特 19 岁时全部身家 9800 美元，但这些钱不是靠股市投资积攒的，而是主要靠搞弹子球游戏机、送报纸、售卖二手高尔夫球之类的经营积攒的。按照巴菲特自己的说法，虽然 10 岁多就开始接触股票，但直到遇到《聪明的投资者》这本书，巴菲特和今天的股市小散境界差不多，也就是看图表做技术分析，猜趋势打听消息，炒股业绩相当一般。

1950 年，巴菲特读到人生最值钱的一本书《聪明的投资者》，顿悟投资之大道，随后申请作者本杰明·格雷厄姆教授的研究生继续深造。1951 年，巴菲特毕业，期望留在格雷厄姆的公司无偿工作被拒[①]，回到父亲的股票经纪公司工作了 3 年，期间巴菲特严格按照格雷厄姆的教诲从事投资，收益颇丰。

这三年里，巴菲特也不断和老师格雷厄姆通信，并将自己筛选研究的股票分享给老师，寻求老师的认同。到 1954 年，格雷厄姆－纽曼基金终于答应给巴菲特一个职位。巴菲特连工资都没有问，立刻动身到纽

---

① 被拒原因是格雷厄姆希望把更多的工作岗位留给犹太人。

约报到。当然，格雷厄姆没有亏待巴菲特，月薪 1000 美元，这在当时属于比较高的薪水，足够巴菲特在纽约郊区租一栋带花园的房子并养活已经怀孕的妻子了。很可惜，两年后格雷厄姆就宣布清盘退休了。26 岁的巴菲特回到家乡，一并带回来的是已经增值为 14 万美元的自有资金。[①]

此时的 14 万美元大概有多少呢？巴菲特在 1958 年买了他一直居住到今天的住房，当时成交价是 3.15 万美元。2018 年，该地段同样的房子售价为 80 万美元左右（年化 5.54%）。以这个参照价格推算，当时的 14 万美元大约相当于今天的 355 万美元，折合人民币约 2400 万元——不靠继承和赠予，在 26 岁时拥有 2400 万元，如果这也不被视为有钱，那有钱的标准是不是太高了？

实际上，就在巴菲特 26 岁准备开始自己的事业时，他已经非常清楚地知道自己未来会非常有钱，而且开始思考和担心以后的财富怎么处理。他害怕自己的财富过于庞大，让自己的孩子变成无所事事的纨绔。巴菲特非常烦躁地认为自己"可能找不到一种符合逻辑的处理这庞大金钱的方式"。

巴菲特当时写给一位朋友的信里有这么一段话："目前这还不成问题，但是如果公司经营越来越红火的话，这种担心就会变成现实，我想了很久也没有得出什么结果。我敢肯定自己不想给孩子们留下一大堆钱。除非等我岁数再大点，看看这些孩子是否已经成才再做决定。不过，要留给他们多少钱，剩下的钱该怎么处理，这个问题真是让我大伤脑筋。"

不了解巴菲特的人读到这段话，很可能觉得他是杞人忧天。但事实上，巴菲特只是因为清楚地知道投资的底层逻辑和未来必将到来的财富规模——等你彻底弄懂什么是投资，你也会知道自己必将富有，只是还需要你一边享受生活，一边等待它的来临，而已。

你我今天比巴菲特差，不差在他在美国你在中国，而是差在他 20

---

① 也有资料显示为 17.4 万美元。此处老唐采用了较为保守的数据。

岁就明白了什么是投资，然后在正确的道路上已经坚定行走 68 年。而你我或者明白得比较晚、行走的时间还短，或者干脆到今天还没明白。

伴随着年龄的增长，这种幸福的烦恼无时无刻不缠着巴菲特。自巴菲特回到奥马哈开启自己的合伙基金后，财富便高速增长。其原因当然是令人满意的投资回报，叠加年收益提成的复利增长，投资回报有多令人满意呢？如表 2 - 1 所示。

表 2 - 1　巴菲特历年投资回报

时间	道琼斯收盘	涨跌幅	基金收益率	基金净值	客户净值
1956	480.61			1.00	1.00
1957	446.91	-7.0%	10.4%	1.10	1.09
1958	560.07	25.3%	40.9%	1.56	1.44
1959	664.38	18.6%	25.9%	1.96	1.75
1960	594.56	-10.5%	22.8%	2.40	2.07
1961	728.80	22.6%	45.9%	3.51	2.82
1962	646.41	-11.3%	13.9%	4.00	3.15
1963	751.91	16.3%	38.7%	5.54	4.11
1964	864.43	15.0%	27.8%	7.08	5.03
1965	947.60	9.6%	47.2%	10.43	6.89
1966	789.75	-16.7%	20.4%	12.56	8.05
1967	879.16	11.3%	35.9%	17.06	10.34
1968	983.34	11.8%	58.8%	27.10	15.05
1969 - 5	949.22	-3.5%	6.8%	28.94	16.04
1969	805.04	-15.2%			
1970	794.29	-1.3%			
1971	846.01	6.5%			
1972	1023.93	21.0%			
1973	806.52	-21.2%	巴菲特重回股市		
1974	603.02	-25.2%			
1975	856.34	42.0%			
1976 - 9 - 21	1014.79	18.5%	格雷厄姆逝世		

　　注：巴菲特管理的多个合伙基金分成比例有差异，此处客户净值统一按照超6%提成25%计算。

截至 1969 年 5 月清盘，巴菲特基金存续的 13 年间，获利约 28 倍，年化回报 29.5%。基金客户在去掉给巴菲特的提成后，年化回报依然有 23.8%，相当惊人。

这种惊人的收益率，一方面带来本金的增值，另一方面也带来新资金的追捧。收益和分账两种原因的叠加，使得巴菲特在 31 岁（1961年）时个人资产突破 100 万美元，34 岁时突破 400 万美元。1969 年，39 岁的巴菲特解散合伙基金时，个人净资产已经高达 2500 万美元。

参照前面奥马哈房产价格推算，1969 年的 2500 万美元应该约等于今天的 24 亿人民币。39 岁 24 亿净资产，以后千万别再说"搞价值投资要很老后才会有钱"。

时代环境的巨大变化

为什么要谈巴菲特的财富值呢？因为这里面涉及推动巴菲特从格雷厄姆体系分叉的驱动力。

首先，在巴菲特创造巨额财富的过程中，政治经济环境正在发生变化。按照《巴菲特传：一个美国资本家的成长》的介绍，巴菲特是 11 岁接触股票的。如果我们以 1941 年道琼斯指数收盘点位 113.53 为起点，到 1969 年巴菲特合伙基金清盘时 949.22 点为终点，将每年指数收盘点位连起来，走势如图2－1所示。

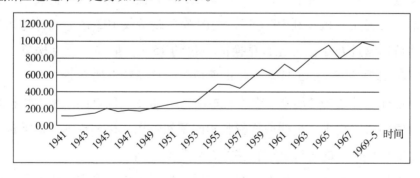

图 2－1　1941—1969 年 5 月道琼斯指数

后视镜里看，从巴菲特和股票的第一次亲密接触开始，虽然期间经历了可怕的二战、朝鲜战争、美越战争以及几乎造成地球毁灭的古巴核导弹危机，但股市却实实在在是大牛市，期间涨幅736%，大约相当于是上证综合指数从2000点上升到16700点的过程。

推动这个牛市产生的动力有很多，但美元和黄金脱钩，导致美元进入法币时代，无疑是其中不容忽视的一股重要力量。1944年7月，在二战形势已经基本明朗之时，为推动资本主义世界战后经济的重建和发展，全球44个主要国家共同建立了以美元为核心的布雷顿森林体系，以推动全球自由贸易。其要点就是将金本位的美元作为国际储备和结算工具，由美国政府承诺以当时1美元兑换0.888671克黄金的含金量标准对其他国家政府承兑，其他国家货币和美元之间实施上下波动幅度不超过1%的固定汇率。

然而，由于这种体系天然存在悖论，一方面美元需要保持和黄金的对等比例，以维护世界对美元币值的信心，另一方面国际贸易和结算的需要，迫使美国大量发行美元到海外。加上美国先后陷入朝鲜战争、越南战争以及和苏联的冷战之中，财政的需要也使美元货币发行量不断扩大，最终导致兑换黄金承诺成为空谈。

比如1960年，美国黄金储备178亿美元，海外流动负债210亿美元，出现第一次美元危机；1968年，因为美越战争的缘故，美国国际收支进一步恶化，黄金储备121亿美元，海外流动负债331亿美元，引发第二次美元危机；到1971年，美国黄金储备仅102亿美元，而海外流动负债超过678亿美元，兑换能力仅约15%。最终，尼克松总统不得不于1971年8月15日宣布停止承担美元兑换黄金的义务。

这样一种市场环境下，金本位的美元开始变成仅靠国家暴力机构规定价值的法定货币，长期通货膨胀倾向昭然若揭。逐利资本从债类资产向更能抵抗通胀的股权资产转移的态势势不可当。

大量的资本涌入，加上电视、广播、报纸等信息渠道快速发展，以及美国证券交易委员会成立后相关信息披露规则的设立，很显然，伴随着长牛的持续，符合格雷厄姆原则的投资对象正在大规模减少。与之对应的，却是巴菲特手中资金不断增多，对投资对象的数量及单笔可投资额的要求都在持续增加中——1968 年巴菲特管理资金超过 1 亿美元。

这样的资金总量下，即便是大量分散到 100 个投资对象上去，每一个投资对象也是百万美元级别的投资，稍不小心，巴菲特就必须成为那个推动价值实现的人，比如进入董事会、更替管理层，敦促出售资产或者解雇员工。而且，巴菲特实际上并没有遵守格雷厄姆分散原则的意思，就在巴菲特基金早期的操作中，并不缺乏在一家公司投入超过 20% 乃至超过 1/3 以上资金的案例，并经常买成第一大股东甚至是控股股东。

巴菲特是说一套做一套吗？

此时，我们回想格雷厄姆在 GEICO 上的违背原则，以及巴菲特的个股高仓位，似乎是说一套做一套。但我认为中间只隔着一层薄薄的窗户纸，老唐戳破它，各位看看是否合乎逻辑？

戳破很简单，格雷厄姆始终强调的分散原则，是格雷厄姆写给"普通"投资者的。他认为"普通"投资者不具备分析企业资产负债及未来发展状况的能力，所以应该通过大量分散来规避买错的风险。但是，在他的内心，却默认自己不是普通投资者，而是能力和知识远远超过普通投资者的高阶投资者。自己有能力看见成长，自己有能力偏集中（包括巴菲特也是如此）。只是这种"鄙视读者智商"的说辞，显然不能放在台面上写出来。

引用后来巴菲特的话，就是"当投资人并没有对任何产业有特别的熟悉，就应该分散持有许多公司的股份，同时将投入的时间拉长。如果你是一位稍具常识的投资者，能够了解企业的经营状况，并能够发现 5 ~ 10 家具有长期竞争优势的价格合理的公司，那么，传统的分散投资就毫无意义，那样做反而会损害你的投资成果并增加投资风险"。

这就如同网上随处可见的自己炒股却建议别人销户，自己买个股却建议别人只投指数基金的人，内心的隐藏独白是："个股是我这种高智商聪明人干的，至于你那个智商水平，还是买指数混个平均数算了，甚至销户保命才是对的。"

伴随着一个又一个成功的格雷厄姆式投资案例，巴菲特发现自己确实赚到钱了，但却陷入一种很不舒服的状态里：每次费心费力研究，然后花费大量时间，处理公司资产，解雇公司员工，最终带走的除了金钱，还有企业员工及相关利益人浓浓的憎恶——破产清算人走到哪儿都遭人讨厌，形象就是个吸血鬼、破坏者。

巴菲特极其反感别人把他叫作"破产清算人"。按照《滚雪球》记载，巴菲特说这段痛苦经历已经让他绝对不想再重复这种销售资产和解雇员工的工作，还曾发誓自己以后绝对不会再解雇员工。

巴菲特想做的事是什么？1993 年 10 月巴菲特接受福布斯采访时，曾说过："世界上对我影响最大的三个人是我的父亲、格雷厄姆和芒格。我的父亲教育我要么不做，要做就去做值得登上报纸头版的事情……"而且，巴菲特早在 21 岁时，就曾经自费参加过一个关于如何在众人面前公开演讲的培训班。你说他想做什么事？很显然，巴菲特想做那些能够登上报纸头版，能够引起人们关注，能够让自己站在台上侃侃而谈的事情。

格雷厄姆体系做不到。格雷厄姆体系下的投资人生存状态是什么？看杰出代表沃尔特·施洛斯。1955 年带着 19 名客户委托的合计 10 万美元建立基金，连秘书也不请，自己一个人（18 年后，儿子的加入使公司人员增长一倍）窝在一个被巴菲特"嘲笑"为"壁橱"的小办公室里几十年。几乎从不和上市公司管理层打交道，对推动公司价值实现也没什么兴趣。每日的工作就是读报表，核对数据。

投资极度分散，经常持股超过 100 只。由于投资品种数量有限，施洛斯不发新基金，每年都把利润全部分给基金持有人，除非投资者主动要求继续投资。虽然回报率很不错，但最多的时候基金客户也就 92 人。虽然一生累计获得 5456 倍的总回报，算回报率很惊人（基金投资回报 20.09%，扣除提成后客户回报率 15.25%），但直到 2002 年清盘时，施洛斯基金规模最大值也就 1.3 亿美元——这实际意味着期间很多资金都没有参与复利增长，因为以 10 万美元起步资金计算，它的 5456 倍也该有 5 亿多美元。

与之对应的，比施洛斯晚一年多起步的巴菲特，同样以 10 万美元理财规模开始，到 2002 年仅仅属于巴菲特个人的资产已经有 350 亿美元，完全不是一个数量级的。

因而，此时有至少三个问题需要巴菲特去思考和抉择：第一，时代变了，符合格雷厄姆标准的股票越来越少，怎么办？第二，不想做被人讨厌的破产清算人，想得到公众喜欢，怎么办？第三，自己是依靠可靠的收益率小富即安，还是要追求能够登上富人榜的财富规模？

然而，直到巴菲特最烂的一笔投资产生，这个分叉才算真正开始。这笔最烂的投资就是收购伯克希尔·哈撒韦。这次收购中，巴菲特坚持格雷厄姆投资原则，以远低于净流动资产的价格买进，以为捡了大便宜。结果经历了卖资产、更换管理层、裁员等一番苦苦挣扎后，最终仍然以远远低于净流动资产的价格卖出。近于免费获得的机器，卖出的时候也是免费，连运走它们的运费也不够。更惨痛的是，资本在一个烂泥潭里挣扎，所丧失的机会成本大到难以计算。对此，巴菲特后来忏悔道：

在经过多次惨痛的教训之后，我们得到的结论是，所谓有"转机"的公司，最后鲜有成功的案例，所以与其把时间与精力花费在购买廉价的烂公司上，还不如以合理的价格投资一些体质好的企业。

——1979 年致股东信

虽然在早期投资这样的股票确实让我获利颇丰，但在 1965 年投资伯克希尔后，我就开始发现这终究不是个理想的投资模式。如果你以很低的价格买进一家公司的股票，因为股票市价的波动，应该有机会以不错的获利出手，虽然长期而言这家公司的经营结果可能很糟糕，我将这种投资方法称之为"烟蒂投资法"：在大街上捡到地下有一截还能抽一口的雪茄烟蒂，对于瘾君子而言，只是举手之劳。然而，除非你是清算专家，否则买下这类公司实在是一种愚蠢的行为。

首先，看似便宜的价格可能最终根本不便宜。一家处境艰难的公司，解决一个难题后不久，便会冒出另一个难题。就像厨房里如果有蟑螂，就不可能只有一只。

其次，你先前得到的价差优势，很快地就会被企业的低回报所侵蚀。例如你用 800 万美元买下一家清算价值达 1000 万美元的公司，若你能马上把这家公司给处理掉，不管是出售或是清算都好，换算下来你的报酬可能会很可观。但是如果这家公司最终是在十年之后才处理掉，即便收回 1000 万美元和每年有那么几个点的分红，那么这项投资也是非常令人失望的。相信我，时间是好公司的朋友，但却是烂公司的敌人。

或许你会认为这道理再简单不过了，不过我却不得不付出惨痛的代价才搞懂它。实际上，我付出了好几次代价。在买下伯克希尔不久后，我又买了巴尔的摩百货公司——霍克希尔德·科恩公司。

从账面资产看，我的这些收购价格拥有巨大的折扣，这些公司的员工也是一流的，而且这些交易还隐藏有一些额外的利益，包含未记录在账面的房地产价格上涨价值和后进先出法会计原则导致的存货价值低估。我怎么会错过这样的机会呢？哦……还好我走狗屎运，三年后，我又抓住一个机会以最初的买入价卖掉了它。在卖掉科恩公司的那一刻，我只有一个感想，就像一首乡村歌曲的歌词所述：我的老婆跟我最好的朋友跑了，我是多么地怀念他！

这个经历给我上了一课，优秀的骑手只有在良马上才会出色地表现，在劣马上也会毫无作为。无论是伯克希尔的纺织业务，还是霍克希尔德·科恩百货业务，都有能干而忠诚的管理层。同样的管理层在那些具有优秀经济特征的公司里，会取得优异的成绩。但是，如果他们是在流沙中奔跑，就不会有任何进展。

——1989 年致股东信

被巴菲特称为"西海岸哲学家"的挚友查理·芒格，用自己做律师的经验告诉巴菲特："律师这行有个固有的缺点，就是你喜欢与之共事的人通常不会卷入法律纠纷，而需要你帮助的人则通常是那些在品德方面有瑕疵的人……你不可能通过和烂人打交道做成一笔好生意。"

巴菲特经过深思，认为自己已有大把金钱，没有必要为赚钱去勉强自己干不喜欢的事，比如和"垃圾人"打交道，和时间赛跑去处理烂公司的资产存货，解雇人员，被人仇视等。自己想做的事情，是跳着踢踏舞上班，每天都和自己喜欢、信任和尊敬的人打交道，并同时得到别人的尊重和喜欢。

思想分叉：菲利普·费雪的影响

鱼与熊掌可否兼得呢？过自己喜欢的生活方式，是否能够照样赚钱？能！另一位大师的思想撕开了巴菲特的困惑，它就是菲利普·费雪。费雪以重视公司的产业前景、业务、管理及盈利增长能力，把公司的管理阶层必须诚实且具备充分的才能作为选股的前提而闻名。

格雷厄姆认为，投资组合应该多元化，如果只买入一只或两只股票也可能业绩很差，仅有安全边际并不能保证获利。而费雪则认为，人的精力有限，如果过度分散化，势必买入许多了解不充分的公司股票，结果可能比集中还要危险。费雪指出，不要只顾持有很多股票，只有最好的股票才值得买。

格雷厄姆认为，如果一只股票买入后获利50%应该卖掉，买入第二年末不能获利50%也应该卖掉。而费雪认为，只有在三种情形下才考虑卖出：①原始买入所犯下的错误情况越来越明显；②公司营运每况愈下；③发现另一家更好的公司。否则，卖出时机几乎永远不会到来，仅仅因为市场波动来决定卖出是荒谬的。

巴菲特分叉了。尤其是经过和芒格一起，以超过2.3倍净资产、超过20倍市盈率的价格收购喜诗糖果后，巴菲特发现买下显而易见的好业务并陪伴它成长，远比买个烂生意整日里想着怎么把它清理掉换些钱进来愉快得多。而且，只要你愿意去寻找好企业，你总会发现现实世界确实有那么一些生意，它们简直就是"注定如此"，稍加学习你就能几乎确定地预料到它必然持续产生现金利润，完全不需要处理设备、清空存货，也不需要解雇员工，甚至往往还需要增加员工，增加薪水，多发奖金；也总有些人，你几乎可以百分百地确定他/她的能力就是会比行业对手更强，比如著名的内布拉斯加家具店 B 夫人，大都会的汤姆·墨菲等。为什么不专投这些生意呢？为什么不只和这些人建立长期的友谊呢？

巴菲特说："在犯下一系列的错误之后，我终于学会了只与那些我喜欢、信任和尊敬的人做生意。正如我之前提到过的，这条原则本身或许并不能保证成功，一个二流的纺织厂或百货公司固然不会仅仅因为管理层是你想嫁女儿的人而变得繁荣昌盛。但是，股东如果能设法将自己与那些经济特征不错的公司及优秀的管理层结合在一起，却能够成就奇迹。"

巴菲特清楚直白地承认过："如果我只学习格雷厄姆一个人的思想，就不会像今天这么富有。"原因很简单，格雷厄姆体系或许可以让收益"率"很高，但却会让自己生活得很狼狈，而且可管理资金规模受限，财富总值会大大缩小，满足不了巴菲特的报纸头条梦。

巴菲特说："我要选择适合我个性及我想要的方式度过一生。英国前首相丘吉尔先生曾说过：'你塑造你的房子，然后，房子塑造你。'我知道何种方式是我所希望被塑造的。"

那么，分叉后的巴菲特是看见好公司买下它，然后就创造了天文数字一般的财富吗？显然不是。他建立了一套完全不同于格雷厄姆的估值体系用以指导自己的投资。

格雷厄姆式的估值体系：烟蒂股估值法

谈论巴菲特的新估值体系，我们有必要先回顾作为格雷厄姆忠实信徒时，他是怎么给企业估值的，这里以巴菲特实战并记录下详细数据资料的"邓普斯特农具机械公司"为例，观摩学习。

邓普斯特公司建立于 1878 年，主要生产风车、水泵等以风或水为动力的灌溉装置，是西部地区名声卓著的农具公司。其制造的风车，是平原之上到处可见的巨大景观，也是移民垦荒种田的必备大型工具。这种产品没多大技术门槛，区域内竞争者很多。

在 20 世纪五六十年代，对邓普斯特而言，一种无法抗拒的降维攻击来到西部大平原：电网和电泵。以电力作为驱动力，很显然比风力和水流更可靠，要求条件更低，更方便。因此，市场给予邓普斯特的看法就是没前途，例如 1961 年公司财务报表的净资产数据是 460 万美元，折合每股约 76 美元（总股本 60146 股），而股价则波动于 16～30 美元，为账面净资产的 2～4 折。

1956 年开始，巴菲特逐步开始在 25 美元左右买入。最终持有公司总股本的 70%，并通过合作伙伴间接持有了 10%。平均买入成本约 28 美元（显然没有抄到底），大部分仓位在 1961 年买进。

当时巴菲特合伙基金规模约 700 万美元，这笔投资所占仓位约为 20%。对巴菲特而言，算是重仓了。那么巴菲特是如何做出重仓决定的呢？

邓普斯特是少见的巴菲特直接在致股东信里列出过财务资料和估值的企业，虽然列的是 1961 年数据——巴菲特最早看的肯定是 1956 年的，但由于公司是缓慢滑坡，资产负债表变化应该不大。这里就拿 1961 年年报数据，来看看巴菲特是怎么给烟蒂估值的，如表 2－2 所示，数据的细微差异因老唐四舍五入造成。

表 2－2 邓普斯特估值　　　　　单位：万美元

科目	账面价值	估值	折扣率
现金类资产	21	21	100%
应收账款	104 ☆	88	85%
预付费用	8	2	25%
存货	420	252	60%
工厂及设备	138	83	60%

续表

科目	账面价值	估值	折扣率
总资产	692	446	
应付票据	123	123	100%
其他负债	109	109	100%
总负债	232	232	
净资产	460	214	47%

注：☆应收账款账面价值是计提了坏账准备之后的净值。

按照公司当时 60146 股的总股本计算，每股账面净资产为 76.5 美元，而巴菲特给的估值是 35.6 美元。在此基础上，巴菲特最高买入价格为 30.25 美元，平均买入价 28 美元，大体在账面净资产的三到四折之间，为自己所做估值的 78% 以下。

这个案例中，巴菲特几乎是教条般地执行格雷厄姆"低于净流动资产的 2/3"的买入原则：公司净流动资产约 322 万美元（692 - 232 - 138），巴菲特最高介入价格 30.25 × 60146 = 182 万美元，为净流动资产的 57%。表 2 - 2 中"折扣率"一列数据，对今天的烟蒂投资者而言，依然可以直接当作模板套用。

巴菲特控股该公司，炒了原管理层，聘请新 CEO 哈利·巴特勒。通过哈利·巴特勒的经营管理，邓普斯特公司逐步收回应收账款，将存货（零配件）提高定价变现，然后将现金配置在巴菲特看中的低价证券上。通过这些措施，1962 年，邓普斯特公司的资产负债如表 2 - 3 所示。

表 2 - 3　1962 年邓普斯特资产负债　　单位：万美元

科目	账面价值	折扣率	估值	1961 年值	变动
现金类资产	10	100%	10	21	-11
应收账款	80	85%	68	104	-24
投资	76	100%	83☆	0	+76
预付费用	1	25%	0	8	-7
递延所得税资产	17	100%	17	0	+17
存货	163	60%	98	420	-257
工厂及设备	95	60%	57△	138	-43

续表

科目	账面价值	折扣率	估值	1961 年值	变动
总资产	442		333	692	−250
应付票据	0	100%	0	123	−123
其他负债	35	100%	35	109	−74
总负债	35		35	232	−197
净资产	407		298	460	−53

注：☆投资估值 83 万美元，为 1962 年 12 月 31 日市值。
△巴菲特在 1962 年致股东信里，按照预估市场拍卖值，将工厂及设备估值为 70 万美元，此处老唐依然按照 1961 年的折扣比例计算。

简而言之，就是通过积极回收应收账款、低于账面值变卖存货和设备收回现金（同时产生可抵扣的亏损，增加递延所得税资产），然后将变现所得现金拿来做投资。

通过这些手段，公司的账面净资产虽然从 460 万美元降低为 407 万美元，缩水约 12%，但使用 1961 年同样的折扣率，我们会发现公司的内在价值从 214 万美元增加到了 298 万美元，增幅 40%，每股估值也从 35.6 美元提升到约 49 美元（摊入给新 CEO 股票期权 2000 股，30 美元的行权价）。

1963 年通过同样的措施，使内在价值提升到每股 65 美元。在 1963 年底，通过一次私募收购，巴菲特按照每股 80 美元的价格退出，一共获利 230 万美元。

这就是典型的格雷厄姆式烟蒂股的估值方式，寻找市值低于有形资产净值或者流动资产净值的股票。可以说，这一方法清晰明白，可以直接录入数据在 Excel 表格中精确计算。

格雷厄姆式的估值体系：成长股估值法

如果对格雷厄姆的认识仅限于此，那就狭隘了。格雷厄姆也并非只盯住烟蒂，对于优质企业，他也有自己的认识。

在《聪明的投资者》一书中，格雷厄姆曾建议普通投资者同样可以在分散原则下，选择大型的、杰出的、资产负债率保守的、有良好股息发放记录的企业。而且，对于这些企业，格雷厄姆给出的分散度建议，尺度有所放松，显示他也对此类企业具备某种信赖。这类企业他建议分散在 10 只以上，最多不超过 30 只（烟蒂投资分散度建议是最少30 只）。

在对大型企业的思考中，格雷厄姆给出过自己清晰的估值建议，他说："我认为道琼斯指数成分股或者标准普尔指数成分股的收益率至少应相当于 AAA 级债券收益率的 4/3 倍，这样与债券相比，才有一定的吸引力。"[1]

就是说，假设目前 AAA 级债券的收益率是 4.5%，则道琼斯指数成分股或者标准普尔指数成分股的收益率应该在 4/3 × 4.5% = 6% 以上，即市盈率低于 16.6 倍（1/6% = 16.6）属于合理位置。格雷厄姆解释说："股票投资应比债券投资多要求至少 1/3 的收益，因为股票投资比债券投资麻烦得多。"并且，格雷厄姆曾给出清晰的买点："我设定的买点就是当前 AAA 级债券利率水平的两倍，同时市盈率倍数不超过7 ~ 10 倍。如果当前 AAA 级债券利率水平低于 5%，买入最高市盈率倍数设定为 10 倍；如果当前 AAA 级债券利率水平高于 7%，则买入最高市盈率倍数设定为 7 倍。"

这个买点为当前 AAA 级债券利率水平两倍的思考，源于格雷厄姆的一个研究结果。他说："我发明了一种简单有效的方法来确定道琼斯工业平均指数的中间价值，即，以 AAA 级债券利率的 2 倍为比例将十年平均盈利资本化。这种方法假设，一组股票在过去十年中的平均盈利可以成为确定其未来盈利的基础，但这种保守的估计会偏低。它还假设，把 AAA 级债券的资本化比例提高一倍，可以适当抵销优质股票和债券之间存在的风险差异。虽然人们或许会在理论上反对这种方法，但是它实际上已基本正确地反映出 1881 年以来工业普通股票平均的中间价值。"

---

[1] 摘自本杰明·格雷厄姆 1974 年发表于《金融分析师》杂志的文章《普通股投资的未来》。

对于卖出股票的时点，格雷厄姆也毫不含糊地给出自己的看法："作为一个粗浅的常识，投资者应该在主要指数（例如，道琼斯指数和标准普尔指数）的收益率低于优质债券收益率时离开股票市场。"

这种投资方法，实际上算是当前世界最流行的投资产品"宽基指数基金"的雏形了。所谓宽基指数，指类似沪深 300 指数，中证 500 指数、香港恒生指数、标普 500 指数等包含多个行业的指数，跟踪宽基指数的基金就称为"宽基指数基金"。与之对应的是行业指数基金，比如白酒业指数基金、军工业指数基金、银行业指数基金等。将格雷厄姆的估值技巧套用在宽基指数基金投资上，便可算是指数基金投资的加强版，与定时定额买入指数基金有异曲同工之妙，都可达到估值便宜时多买，估值昂贵时少买（或不买）的效果，从而获取比市场平均水平更高的投资回报。

师徒之间分歧的核心

相比格雷厄姆简单而清晰的价值计算方法和买卖原则，从免费烟蒂进化到陪伴伟大企业共同成长的巴菲特，所要面对的企业价值计算就要复杂多了，对能力的要求也更高。师徒两人在是否对优秀企业进行深入研究的问题上，有着尖锐的冲突。格老始终思考的是"适合普通人的投资方法"，哪怕是针对大型的、杰出的企业，格雷厄姆也尽量用组合和分散去面对，而不是引导读者去深度研究企业。而巴菲特则寻找着适合自己的、可以百尺竿头更进一步的投资方法。

这种分歧，在《巴菲特传：一个美国资本家的成长》中有清晰的记载，原文写道：

大约是在政府雇员保险公司陷入困境的时候，本杰明·格雷厄姆让巴菲特和他合著《聪明的投资人》修订版。他俩通过写信互相联系，但是巴菲特发现自己和老师之间有一些根本性的分歧。

巴菲特希望在修订版中有一个章节专门论述何为"优秀企业"（例

如喜诗糖果公司），而格雷厄姆认为这样的内容对于一般读者太过艰深了。

而且，格雷厄姆建议一个人投资于股票的资产占个人总资产的比例上限为75%，而巴菲特更加激进，他认为如果某只股票价钱合适的话，他会押上全部家当。巴菲特执意坚持自己的观点，因此放弃了这本书合著者的身份。

关于巴菲特的进化，查理·芒格在《穷查理宝典》中这样写道：

我们起初是格雷厄姆的信徒，也取得了不错的成绩，但慢慢地，我们培养起了更好的眼光。我们发现，有的股票虽然价格是其账面价值的两三倍，但仍然是非常便宜的，因为该公司的市场地位隐含着成长惯性，它的某个管理人员可能非常优秀，或者整个管理体系非常出色等。一旦我们突破了格雷厄姆的局限性，用那些可能吓坏格雷厄姆的标准来定义便宜的股票，我们开始考虑那些更为优质的企业。伯克希尔数千亿美元资产的大部分来自于这些更为优质的企业。

按照老唐的理解，巴菲特的进化主要体现在对格雷厄姆的"股权代表企业的一部分"原则做了细微调整：从"股权代表企业（现有资产所有权）的一部分"，调整为"股权代表企业（未来收益索取权）的一部分"。

在格雷厄姆体系里"股票代表企业（现有资产所有权）的一部分"，因此关注点是企业资产真实性和可变现价值。格雷厄姆体系之所以特别强调计算价值时要去掉商誉、无形资产，只计算净有形资产价值，甚至某些时候还要去掉固定资产和设备，只计算净流动资产，其核心原因并非格雷厄姆认为商誉、无形资产不是资产，而是认为它们或者无法变现，或者变现非常困难——包括非通用设备及固定资产也是同理。

一旦将思路调整为"股权代表企业（未来收益索取权）的一部分"

后，企业今天账面上拥有多少资产，就没那么重要了。重要的是企业靠什么赚钱，今后能够赚到多少钱，其中多少钱可以拿来供股东分配？思考的重心自然而然地从"现在拥有"转向"未来盈利"。

这两者的差异，可以用电影《功夫熊猫》里乌龟大师的一句台词完美解释，这句台词巧妙利用 present 既有"现在"的含义，也有"礼物"的含义，一语双关，令人拍案叫绝。乌龟大师说："Yesterday is a history, tomorrow is a mystery, but today is a gift, that is why it's called the present——昨天已是历史，未来充满谜团，只有今天是天赐礼物，所以它被叫作现在（礼物）。"

是的，昨天是历史，今天是礼物，而未来则充满谜团。回顾历史和收下礼物都很简单，而看透谜团则需要能力。幸运的是，巴菲特不仅学习了菲利普·费雪的理论和逻辑，还遇到一位好朋友，用真实的投资实践给巴菲特演示合理价格买入好公司的成功之道。这位好朋友就是查理·芒格。

芒格与费雪推动的突破

两种风格，究竟哪种更好？

巴菲特 1957 年开始运作基金，1959 年认识芒格。芒格 1962 年也做了一个合伙基金。巴菲特的基金于 1969 年 5 月清盘，芒格的基金于 1975 年清盘。俩人在 1962—1969 年间重合，两种投资风格也有了比较的可能。这八年二人的基金回报率如表 2-4 所示。

表 2-4　1962—1969 年巴菲特与芒格基金收益比较

时间	道琼斯	道琼斯涨跌幅	巴菲特基金收益率	芒格基金收益率
1962	646.41	−11.3%	13.9%	30.1%
1963	751.91	16.3%	38.7%	71.7%
1964	864.43	15.0%	27.8%	49.7%
1965	947.60	9.6%	47.2%	8.4%
1966	789.75	−16.7%	20.4%	12.4%
1967	879.16	11.3%	35.9%	56.2%
1968	983.34	11.8%	58.8%	40.4%
1969−5	949.22	−3.5%	6.8%	
1969	805.04	−18.1%		28.3%
年化收益率			30.2%	35.6%

从基金成立开始，芒格的风格就是集中持有少数几只优质企业的股票。在共存的八年里，虽然关注重点不同，但俩人的业绩都相当惊人，而芒格在八年里有五年超过巴菲特，年化收益率也比巴菲特高出5.4%。这5.4%的差距，会导致8年跨度里，巴菲特将1万美元变成8.25万美元，而芒格将1万美元变成11.46万美元。

而且，考虑到芒格使用的"伴随优质企业成长"的思维，完全没有经历巴菲特投资烟蒂企业伴随的处理资产、更换管理层、解雇员工等一系列烦心事，这对于烦透了"破产清算人"角色的巴菲特而言，具备显而易见的吸引力。

思想进化的核心：经济商誉

不想继续扮演破产清算人的角色，加上以直言不讳著称的芒格经常在耳边提醒"格雷厄姆教的很多东西很愚蠢，你该重新想想对老师那么尊敬是否有必要"，格雷厄姆烟蒂投资法渐渐无法让巴菲特满意，那些立足长远的投资才能让巴菲特兴奋。那时的巴菲特就已经坦言："尽管自己是一个格雷厄姆式的低价股猎手，但这些年凡是能真正让我产生激情的，都是那些更加注重品质的投资方案。"

进化水到渠成。巴菲特说："芒格绝对是独一无二的，他用思想的力量，拓展了我的视野，让我以非同寻常的速度从猩猩进化为人类，否则我会比现在贫穷得多。"

进化的核心标志，是开始摆脱对账面资产的关注，转而寻找"经济商誉"。巴菲特后来在1983年致股东信里如此描述自己的转变：

我现在的想法与35年前相比，已经有了明显的改变。当时老师告诉我要注意有形资产，避开价值对其经济商誉依赖性很大的公司。这种偏见虽然在经营中很少出错，却让我犯了许多重大的选择性错误。

凯恩斯早就指出了这一问题，他说"困难不在于要有新观念，而是如何摆脱旧观念的束缚"。我的摆脱进程之所以比较缓慢，部分原因在于我的老师所教导的东西一直让我感到非常有价值（未来也会如此）。幸好，直接或间接的企业分析经验，使我现在特别倾向于那些拥有金额很大、可持续的经济商誉且对有形资产需求很小的企业。

在 1985 年致股东信里，巴菲特再一次阐述了经济商誉的价值。

这三家公司①运用少量增量资金便能大幅提高盈利能力，它很好地解释了经济商誉在通胀时期的巨大魅力。这些公司身上所具有的财务特质，使得我们可以将他们所得利润大部分用在其他用途上。其他美国公司则很难做到这一点：为了大幅提高利润，绝大部分的美国公司需要投入大量的新资本。平均来看，美国公司每创造 1 美元的税前利润大约需要投入 5 美元的新资本。如果套用在我们这个例子上，等于额外需要投入 3 亿多美元才能达到我们这三家公司目前的获利水准。

商誉是个会计名词，指一家企业收购另一家企业时，成交价超过被收购企业可辨认净资产公允价值的部分。巴菲特借用了这个词汇，创造了"经济商誉"这个概念，用来代表没有被记录在一家公司财务报表资产科目里，但却实实在在能够为企业带来利润的隐藏资产。

举个最简单的例子说，你开个面馆，账面记录的资产是房租、装修、锅碗瓢盆，但你做出来的面就是好吃，特别招顾客喜欢。那么你这个做面的手艺，就是面馆的"经济商誉"，是"不记录在企业资产负债表上，但却能够为企业带来利润的隐蔽资产"。

1990 年 4 月 18 日，巴菲特在斯坦福商学院演讲时说："如果一家企业赚取一定的利润，其他条件相等，这家企业的资产越少，其价值就越高，这真是一种矛盾，你不会从账本中看到这一点。真正让人期待的企业，是那种无须提供任何资本便能运作的企业。因为已经证实，金钱

---

① 指喜诗糖果、水牛城晚报和内布拉斯加家具商城。

不会让任何人在与这个企业的竞争中获得优势，这样的企业就是伟大的企业。"

这种经济商誉之所以宝贵，就在于他构成了一条仅靠金钱填不平的护城河。在资本逐利天性的驱使下，仅靠金钱就可以填平的护城河，一定会被金钱填平。拥有金钱无法购买的经济商誉，企业才有成为伟大企业的可能性。

经济商誉在哪里？

这个经济商誉藏在哪里，该如何寻找呢？巴菲特其实已经多次公开告诉我们寻找方法了，那就是顺着净资产回报率（ROE）指标去寻找。他说："我选择的公司都是净资产回报率超过 20% 的企业。"

大部分投资者对于 ROE 指标的使用有误解，以为 ROE 很高的企业，账面资产有什么神秘之处，值得市场以很高的价格购买。其实不然，当我们看见一家公司财务报表里用很少的净资产就创造了很高的利润（即 ROE 很高），它的含义并不是这家公司的账面资产有什么神奇之处，而是代表一定有些什么能带来收入的东西，没有被记录在财务报表上。

所以，ROE 指标实际上需要我们倒过来看：看到高 ROE，要去思考这家公司有什么资产没有记录在账面上？看到低 ROE，要去思考这家公司的什么资产已经损毁，却还没有从账面上抹去？

倒过来的意思，是首先要从逻辑上假设，由于资本无时无刻的逐利行为，当下所有资产的回报率实际是一致的，全部都是常数 N（否则会导致套利行为发生，直至达到一致或差异小于套利成本）——N 可以取值无风险收益率，例如国债、AAA 级债券收益率或者银行保本理财产品收益率等。

让我们列个小学数学方程式阐述它，那就是：

（净资产 A + 经济商誉 G）×N = 净利润 = 净资产 A×ROE

这个方程里，未知数只有一个 G，简化后可得一个关于 G 的等式：

$$G = (ROE/N - 1) \times A$$

它表明经济商誉 G 和 ROE 之间的一个对应关系：ROE 越大，G 值越大；ROE 越小，G 值越小；当 ROE ＜ 无风险收益率 N 时，G 值为负。因此，巴菲特说首选 ROE 指标，意思是 ROE 就像路标，指引他去发现那些具备高经济商誉＋低有形资产的企业。

能力圈原则

那么，是不是具有高经济商誉的公司，就是可以投资的对象呢？显然不是，具备某种经济商誉，和这种经济商誉是否能够继续存在，这涉及对具体生意的理解问题。

于是，在格雷厄姆投资体系三大原则的基础上，一条新的投资原则顺理成章地演化出来，那就是"能力圈原则"。

所谓能力圈原则，就是指将自己对企业估值和投资决策限定于自己能够理解的企业。通过这个原则，所有企业可以简单地划分为八类，如图 2-2 所示。

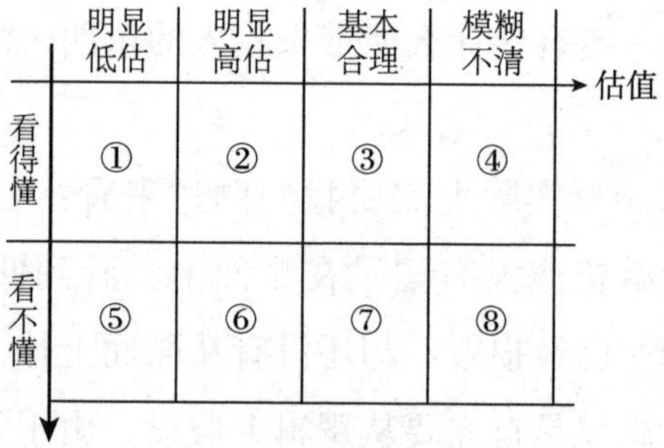

	明显低估	明显高估	基本合理	模糊不清
看得懂	①	②	③	④
看不懂	⑤	⑥	⑦	⑧

图 2-2 企业分类

这些企业如同一个一个的网球飞过来，而巴菲特和芒格则手持球拍，永远等待球进入①和②的甜蜜区才出手：①买入，②卖出。股市的迷人之处在于，它从来不会因为你没有行动而惩罚你，你有绝对权力等到最有把握的时候再出手击球。

那么，什么是看得懂，什么是看不懂呢？

所谓看得懂，简单说，就是能够理解高 ROE 企业的生意模式和经济商誉的可持续性。换成通俗的表达就是：①这家公司销售什么商品或服务获取利润？②它的客户为何从它这里购买，而不选其他机构的商品或者服务？③资本的天性是逐利。为什么其他资本没有提供更高性价比的商品或服务，抢占它的市场份额或利润空间？更高性价比，既可以是同样质/数量＋更低售价，也可以是同样售价＋更高质/数量。

这三个问题，实际上就是找"公司究竟靠什么阻挡竞争对手"，这个"什么"就是投资理论书籍里常用的词语"护城河"。这些护城河通常可能是差异化的产品或服务、更低的成本和售价、受法律保护的专利或秘不外传的技术、更高的转换成本或者所占据的优越位置等。总之，总得有一样或几样东西，是竞争对手需要非常高的代价才能获得，甚至是无论多高代价都无法获得的东西。

找到企业的护城河之后，代表看懂这家企业了吗？依然没有。历史上企业靠着这条河挡住了其他竞争者，但未来呢？竞争者有没有办法填平这条河，或者给这条河搭上桥，甚至用飞翔空降的方法绕过这条护城河，直接进入企业的城堡（争夺用户）呢？也就是说，你是否能够确定或至少大概率确定，这条护城河未来依然能够阻挡其他竞争者的进攻？这样我们就需要添加一条问题了，即问题④：假设同行挟巨资，或者其他产业巨头挟巨资参与竞争，该公司能否保住乃至继续扩张自己的市场份额？

能够逻辑清楚地回答这四个问题，就基本意味着看懂一家企业了；反之，则可以暂时归为看不懂的行列，或者排除或者归为待学习对象。

能力圈原则的核心不在于投资者懂多少企业，而在于如果无法确定自己能够理解该企业，就坚决不去投资，哪怕为此将所有企业均排除在外。

如果排除了所有企业，那还投资什么呢？别忘了，前面已经谈过的，普通投资者完全可以立足于先赢，而后再去求大赢。首先立足长远，理解因为沪深 300 指数基金代表上市公司群体中相对优质的企业群体，所以沪深 300 指数基金的回报 > 全部上市公司的平均回报 > 全国所有企业的平均回报 > 名义 GDP 增长率 > 实际 GDP 增长率 > 长短期债券回报 > 现金及货币基金回报，大胆投资沪深 300 指数基金。在确保能够获取高于 GDP 增长速度回报的基础上，再去学习投资，通过学习资产配置和挖掘优质企业来进一步提升投资回报率。

巴菲特心爱企业的特质

看懂企业容易吗？当然不容易，所以巴菲特一直强调自己喜欢简单的、变量少的企业。关于这些企业的特质巴菲特有如下描述：

投资者应当了解，你的投资成绩与奥运跳水比赛的计分方式并不相同，高难度并不能得到加分……我们偏爱那些变化不大的公司与产业。我们寻找的是那些在未来 10 年或 20 年内能够保持竞争优势的公司。快速变化的产业环境或许可以提供赚大钱的机会，但却无法提供我们想要的确定性……我们宁愿要确定的好结果，也不要"有可能"的伟大结果。

我从那些简单的产品里寻找好生意。像甲骨文、莲花、微软这些公司，我搞不懂它们的护城河十年之后会怎样。比尔·盖茨是我遇到的最棒的商业奇才，微软也拥有巨大的领先优势，但我真不知道微软十年后会怎样，无法确切地知道微软的竞争对手十年后会怎样。

我们试着坚守在自认为了解的生意上，这表示它们必须简单易懂且具有稳定的特质。如果生意比较复杂且经常变来变去，就很难有足够的智慧去预测其未来现金流。

我知道口香糖生意十年后会怎样。互联网再怎么发展，都不会改变我们嚼口香糖的习惯，好像没什么能改变我们嚼口香糖的习惯。肯定会有更多新品种的口香糖出现，但白箭和黄箭会消失吗？不会。你给我 10 亿美元，让我去做口香糖生意，去挫挫箭牌的威风，我做不到。

我就是这么思考生意的。我自己设想，要是我有 10 亿美元，能伤着这家公司吗？给我 100 亿美元，让我在全球和可口可乐竞争，我能伤着可口可乐吗？我做不到。这样的生意是好生意。你要说给我一些钱，问我能不能伤着其他行业的一些公司，我知道怎么做。

我不喜欢很容易的生意，生意很容易，会招来竞争对手。我喜欢有护城河的生意。我希望拥有一座价值连城的城堡，守护城堡的公爵德才兼备。我希望这座城堡周围有宽广的护城河。

好生意，你能看出来它将来会怎样，但是不知道会是什么时候。看一个生意，你就一门心思琢磨它将来会怎么样，别太纠结什么时候。把生意的将来能怎么样看透了，到底是什么时候，没多大关系。

只要是好生意，别的什么东西都不重要。只要把生意看懂了，就能赚大钱。择时很容易掉坑里。只要是好生意，我就不管那些大事小事，也不考虑今年明年如何之类的问题。

……

好了，一路筛选下来，巴菲特找到那些"简单易懂的、具有我们能理解的经济商誉，且由德才兼备的管理层掌管"的企业，现在是不是可以立刻买入呢？不，现在需要做的是估值。

巴菲特的估值方法

好公司也需要一个合理的价格。巴菲特用什么方法对企业实施估值呢？一定有很多朋友满怀期望地等待着巴菲特绝密的估值公式。很遗憾，接下来老唐要奉上浓浓的失望之汤。

巴菲特从来没有清晰地解释过他的估值方法，他只是说了原则。

任何股票、债券或企业的价值，都取决于将资产剩余年限自由现金流以一个适当的利率加以折现后所得到的数值，它是评估某项生意或者某项投资是否具有吸引力的唯一合理方法。

对于任何一项生意，如果我们能够计算出其未来一百年内的自由现金流，然后以一个合适的利率折现回现在，那么就可以得到一个代表内在价值的数字。这就像一个一百年后到期的债券，在债券的下面会有很多的息票。生意也存在"息票"，唯一的问题是那些"息票"并不是像债券那样打印在其下面，而是需要依靠投资者去估算未来的生意会附带一个什么样的"息票"。

对于高科技类的生意，或具有类似属性的生意，会附带一个什么样的"息票"，我们基本没有概念。对于我们了解得比较深入的生意，我们试图将其息票"打印"出来。如果你想要计算内在价值，唯一可以依靠的就是自由现金流。

你要将现金投入到任意一项投资中，你的目的都是期望你投入的生意在此后能够为你带来更多的现金流入，而不是期望把它卖给别人获利。后者仅仅是谁战胜谁的游戏。如果你是一个投资者，你的注意力集中在资产的表现上；如果你是一个投机者，你的注意力集中在价格会如何变化——这不是我们擅长的游戏。

自由现金流是个模糊的概念，它不在财报上。财报上只有经营现金流、投资现金流和筹资现金流。所谓自由现金流，指从企业通过经营活动获取的现金里，减去为了维持生意运转必须进行的资本投入，余下的那部分现金。也就是企业每年的利润中可以分掉而不会影响企业经营的那部分现金（是不是真的分，和本问题无关）。

之所以对企业估值要用自由现金流概念，而不是用净利润概念，主要为了规避两种情况：

第一种情况，公司赚的是假钱。什么叫赚的是假钱呢，主要有两种情况：①利润主要来自应收账款。也就是说商品或服务卖出去了，但没收到钱，只是赊账。按照会计规则可以产生报表净利润，但那只是个数字。②利润靠变卖资产或者一些资产重估获得。资产重估只见数字不见钱，这类情况下使用报表净利润就会高估企业价值。

第二种情况，虽然公司赚的钱是真金白银，但其商业模式需要不断投入资本才能继续。这种模式，芒格曾经很清楚地表达过，老唐直接引用如下：

世界上有两种生意，第一种可以每年赚12%的收益，到年底股东可以拿走所有利润；第二种也可以每年赚12%，但是你不得不把赚来的钱重新投资，然后你指着所有的厂房设备对股东们说："这就是你们的利润。"我恨第二种生意。

因此，自由现金流的数量，无法从财报上直接获得。只能在你理解公司售卖什么、如何获利、如何抵御竞争之后进行估算，不需要很准，但不能错得离谱。

如果硬是要找个公式的话，可以用报表上的"经营现金流净额减去购建固定资产、无形资产和其他长期资产支付的现金"来保守模拟。之所以说是"保守"模拟，是因为"购建固定资产、无形资产和其他长期资产支付的现金"金额实际上包含部分为业务扩张而产生的资本再投入，这部分并不属于"维持原有获利能力所必需的投入"。

总之一句话，对于你能理解的公司，你必然能够估出一个大致的自由现金流数字。如果估不出来，证明你尚未理解这家公司。

折现是一个常见的金融概念，如果确定的年收益为10%，那么一年后的110万和今天的100万等价，两年后的121万和前两者等价，依次类推。这个110/110%及121/110%^{2}的计算过程就叫折现，10%就是折现率。

理论上，可以将企业未来每年的自由现金流，按照某折现率（无风险收益率+风险补偿）逐笔折现到今天。所有年份现金流的折现值加总，便是该企业的价值。

实践运用中，又有两段式自由现金流估值和三段式自由现金流估值。前者是将估值分为可准确预计的前段和大致估算的后段，前段一般采用三年或五年，逐年估算自由现金流数值；后段则直接采用"价值＝自由现金流/（折现率－永续增长率）"计算。然后将前段和后段分别折现加总，得出企业内在价值。

三段式和两段式的区别，是将前段又分成高速增长期和低速增长期两部分，其他不变，依然是将三段分别折现加总，得出企业内在价值。

然而，老唐认为，这些计算方法的可靠程度几乎为零，它更像一种精确的错误。投资者只要调整企业每年自由现金流估算值、折现率和永续增长率三个变量中的一个、两个或全部，几乎可以得到想要的任何数据。

在老唐看来，自由现金流折现法其实只是一种思考方法，它是筛选投资者能够理解的、产生大量自由现金的高确定性企业的工具。这个筛选过程可以用一张流程图表示，如图2－3所示。

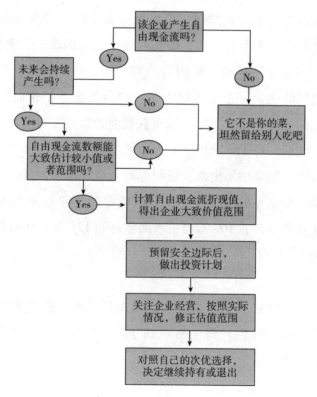

图2－3 自由现金流折现在现实中的运用

　　通过这个思路，我们可以去寻找和甄别那些可以持续产生现金利润，且未来不依赖大量增量资本投入仍可继续产生，同时又属于我们能够理解的企业。至于精确计算的公式，建议还是忘了它吧！全球私募巨头黑石集团的创始人彼得·彼得森说："华尔街有句老话，只要掌握小学二年级的数学，就可以在华尔街生存了。"复杂的公式，超过小学二年级水平的，忘掉最好。

　　在 2002 年股东大会上，有位提问者直接问巴菲特："您平时使用什么估值指标？"巴菲特的回答是："生意的合理估值水平与标准普尔 500 指数相比的优劣，取决于生意的净资产回报率和增量资本回报率。我不会只盯类似像 PE 这样的估值指标看，我不认为 PE、PB、PS 这些指标能告诉你什么有价值的信息。人们想要一个计算公式，但这并不容易。想要对某门生意进行估值，你需要知道它从现在开始直到永远的自由现金流量，然后把它们以一个合理的折扣率折现回来。金钱都是一样的，你需要评估的是这门生意的经济特质。"

应用于实战的快速估值法

也许很多人都渴望拥有那种一看就懂、一学就会、一用就灵的估值公式，但是看到巴菲特如此总结估值，有没有一点小失望？对此，老唐感同身受，因为我也曾经沉迷于寻找一个可以用来计算的估值公式，直到有一天突然想明白了，原来巴菲特说的"All cash is equal"就是他的估值大法。

以长期或者永恒的视角看待投资

"All cash is equal"意思就是"金钱都是一样的，比较它们就是了"。老唐用一张图来示意，图2-4外面那个圈指能力圈，圈里有个天平，投资者就是随时将自己有意向的资产摆上天平，用手头现有的资产去参与比较，然后选择投资收益率明显较高的那种持有就可以了。就好像在两个苹果之间选择较大的那个，并不需要知道两个苹果各自分别的重量是多少克一样。

这就需要投资者具备一种长期甚至是永恒的视角。长期或永恒的视角，并不是指我们一定要持股数十年，穿越牛熊，而是哪怕我们只是进行短到三五年的投资，也需要以一种永远放置财富的思想去对待。对于绝大部分投资者，如果能理解投资是一件持续终身的事，那就应该建立

图 2 - 4　金钱的对比

目标：以当前社会的财富水平而言，自己在股市赚到 8 位数乃至 9 位数以前，主要还是扮演一个放置财富进股市的净买家身份，顶多是期间有过短暂的、不得已的离场。

市值是资产盈利能力的资本化，是资产盈利能力的市场交易价格。只要我们的财富始终放置在能力圈范围内、盈利能力最强的资产上，获取更高的市值是必然的结果。因为市场长期是一台称重器，参与者的恐惧和贪婪可以影响短期投票，但不会影响长期称重，资本的逐利天性必将推动股价反映资产盈利能力的差异。

长期视角和长期持股不是一码事。实际上，将价值投资等同于长期持股，是市场中常见的谬误。价值投资的本质是寻找由于市场先生的癫狂而产生的市价与内在价值之间的差异。正如格雷厄姆所言："市场就像一只钟摆，永远在短命的乐观（它使得股票过于昂贵）和不合理的悲观（它使得股票过于廉价）之间摆动。聪明的投资者则是现实主义者，他们向乐观主义者卖出股票，并从悲观主义者手中买入股票。"这钟摆左右摆动的时间并无定数，有时长，有时短，但长短不是本质特征。从金钱的时间价值上说，同样是市价反映内在价值，即便是最彻底的价值投资者，内心也是期望过程越短越好。

通过长期甚至是永恒的视角，我们需要忘记将资产变成现金的需求（以供自己或家庭的消费），以这笔钱永远只是用来投资增值的思路去考虑问题。这也需要我们使用的投资资金在期限上具备一定的活动空间。虽然永恒对于绝大多数投资者是做不到的，但至少要保证这笔资金不会在短期内被迫因某种原因必须变成现金——经验上说，这期限至少要有三到五年以上。这样我们可以有很大概率只在类现金资产回报率更高的时候，才使用股票去交换类现金资产。

一旦以这种长期或者永恒的视角看待投资，关注短期股价就失去了意义，因为我们并不需要抓住某个间不容发的关键时刻，将投资品变成现金退出股市。即便我们卖掉了某投资品，依然需要买入其他投资品，所以它依然只是一个比较的过程，只是不断在资产目标中权衡哪一种资产收益率明显较高的过程，自然也就不需要用哪一种资产短暂的市价表现来评判自己投资的胜或负。投资者只是在"遇到"市场明显高估时，换入其他资产罢了。

会遇到吗？一定会。何时遇到？没人知道。

估值：简单说就是比较

我们可以将盈利能力更高的资产，想象成一块更肥沃的农田。市场先生的收购出价如果不是"明显较高"——足以吸引你将农田变卖后所得资金投资无风险产品，如国债，获利等于或者高于农田产出——我们就安心种自己的地，安心收自己的粮便是。它的出价如果不是明显较高，就是噪音，不是评价你的投资成功或失败的标准——农田的产出是否如你所料，才是标准。

这样，我们要做的，只是在市场先生平静或者悲观时，依赖资产的高盈利能力获取高于市场平均回报水平的财富积累，这些积累或可继续以利滚利的方式做大我们的财富总值，或可在市场先生亢奋时，给我们交换来届时回报率"明显更高"的类现金资产。

何为"明显较高"，巴菲特也有过清楚的解释："如果国债收益率为2%，那么收益率低于4%的企业我们是不会投的"，这句话同样脱胎于格雷厄姆"股票买点为收益率高于无风险收益率两倍"的研究结果。

老唐理解，它的含义还包含：估值是个区间，而且可能会错，所以若没有一倍以上空间，就算不上"明显"。没有明显空间就保持原样，6%、7%的预期收益率，不足以吸引投资者从5%收益率产品上转换，预期10%以上收益率的产品，才构成转换的吸引力。

当我们完全没有任何能力圈的时候，这个天平的一头就是类现金资产，比如目前回报率约3.8%的货币基金。而在我们理解本书前面谈到的股票回报的逻辑后，至少可以将当前市盈率约11倍（2018年10月初，11倍市盈率相当于投资回报率约9.1%）的沪深300指数基金纳入比较，于是沪深300指数基金就可以登上天平的一端。期待三到五年内，沪深300指数里300家公司的盈利总额不断提升的同时，市场先生能推动沪深300指数投资回报率下降（投资回报率下降即市盈率上升，市盈率=1/投资回报率），两者叠加，给我们带来满意的回报。

比如未来三年时间里，假设GDP年增长6%，CPI年增长2%，名义GDP为8%，保守假设沪深300成分股盈利增速与名义GDP增速同步，则三年后沪深300成分股利润总额提升26%（$1 \times 108\%^3 = 126\%$），若同时投资回报率从9.1%下降到6%（即市盈率从11倍上升至16.7倍），投资者将产生91%的回报：（16.7×1.26）／（11×1）＝191%。

若投资回报率继续高居9%甚至更高怎么办呢？凉拌！继续拿着，一边坐看盈利增加，一边等待投资回报率向无风险利率靠拢。如同一位朋友的微信签名：做一件有价值的事情，一直做，然后等待时间的回报。

这期间，如果通过我们的研究学习，发现某种投资回报率明显高于沪深300指数基金的品种，就换入新品种。同样，如果由于盈利下降或者市盈率上升的原因，导致沪深300指数基金或者某股票的回报率明显低于类现金资产，那就换入类现金资产。从这个思路考虑，自然就失去所谓半仓、空仓等仓位概念。类现金资产也是候选投资品，投资者只是永远在自己能够理解的候选投资品范围里，选择投资回报率明显较高的那个。

估值就这么简单，只是一个比较，比较不同资产之间的盈利能力。正如芒格在回答"您是怎么估值的"时说："估值没有一种固定的方法。有些东西，我们知道我们的能力不行，搞不懂，所以我们不碰。有些东西，是我们很熟悉的，我们愿意投资。我们没有一套固定的规则，也没什么精确的公式。现在我们做的一些投资，我们只是知道，与其他机会比起来，这些机会稍微好那么一些。"

我们只是知道，与其他机会比起来，这些机会稍微好那么一些——这就是估值的全部。好的盈利能力，逐利的资本必将推高其价格，这与你我是否想赚股价上涨差价完全无关。正如巴菲特在 1987 年致股东信里引用的《财富》杂志研究成果："1977 年到 1986 年间，每 1000 家企业中只有 25 家可以通过两项有关企业是否杰出的测试：①10 年内的平均净资产收益率达到 20%；②没有任何一年低于 15%。这些生意上的超级明星同时也是股票市场的宠儿。在这 10 年里，25 家中有 24 家的股价表现超越了标普 500 指数。"

老唐的实战经验

在大师思想的照耀下，老唐将实战中的估值简化为一句话："三年后以 15~25 倍市盈率卖出能够赚 100% 的位置就可以买入，高杠杆企业打七折。"

这里有两个概念要解释。

（1）这里说的高杠杆企业，指有息负债超过总资产 70% 的企业。有息负债就是需要企业支付利息的债务，通常出现在短期借款、一年内到期的非流动负债、长期借款、应付债券、其他非流动负债科目。金融类公司通常还会有向央行借款、吸收存款及同业存放等科目。

（2）打七折，指对于高杠杆企业，要求三年后以 10.5 倍市盈率（简化为 10 倍）卖出就能赚 100% 时，才会考虑买入。打折的原因是高杠杆企业更脆弱，对于宏观经济及意外情况更加敏感，所以需要更高的风险溢价作为补偿。

这种简化的估值法，同样需要首先确定三大前提：利润为真否？可持续否？维持当前盈利需要大量资本投入否？这是理解企业的范畴。不能回答这三个问题，属于看不懂的企业，无法谈论估值，直接淘汰。

在确定了这三大前提后，老唐的简化估值法实际上是两段式自由现金流折现法的极简版本，即：

第一步，估算最近三年企业所能产生的自由现金流。由于已经确定该企业利润为真，可持续且持续不需要大量的资本投入，所以直接借用报表净利润近似替代自由现金流，即假设公司每年计提的折旧和摊销费用，足以支持企业资本支出，维持当前盈利水平。再次强调，必须要确认企业能够满足三大前提，才能使用如此替代法。

第二步，保守地将三年后的该企业视为等同于债券的资产，由于目前无风险收益率大致在4%～5%，则对应合理市盈率20～25倍；或者看作永续增长率等于无风险收益率，而要求回报率（折现率）为无风险收益率两倍假设下的估值。两种情况分子都是自由现金流，分母前者为无风险收益率，后者为"2×无风险收益率－无风险收益率"，所以两种视角计算出来的结果实际是相同的。

对于某些确定性稍微差点儿，或者净利润可能并非全部是自由现金流的企业，做粗略的折扣调整，按照15～20倍市盈率计算（实际是模拟了市盈率不变，但自由现金流数额降低的情况）。最终得出三年后合理估值为15～25倍市盈率区间——所谓合理估值，指假设市场认同该资产相当于一份债券的情况下给出的估值，或者假设该企业永续增长率等于无风险收益率，同时要求回报率两倍于无风险收益率的情况下给出的估值。

这个合理估值的市盈率倍数，不区别行业特性或企业历史市盈率数据，它只受无风险收益率变动影响。不同的行业或企业，或许在自由现金流与净利润的比例关系上有不同，对此，投资者需要做的是调整自由现金流估算值。至于合理市盈率，别忘了 All cash is equal，没有哪个行业赚到的金钱比其他行业低贱或者高贵，它们赚到的自由现金流，对投资者只有数量多少的差异，没有质地优劣的差异。

实质上，符合前述三大前提的企业，几乎确定长期价值高于债券，将其等价于债券估算合理估值，或者在债券的基础上折扣计算合理估值，具备一定的保守因素——也有极少的案例，企业自由现金流可以预期长期略高于报表净利润，老唐会将三年后的合理估值对应市盈率从25倍上调至25~30倍区间，以体现该企业自由现金流高于报表利润的特点。但这种情况需要非常谨慎。截至目前，老唐仅对贵州茅台和腾讯两家公司实施过这种上调。

第三步，即便如此，也要考虑有估算错误的可能，预留下足够的安全边际。因此将两段估值折现加总后再给予50%左右折扣，确定为买入价格。实战中，为简单起见，老唐会大概地以前段自由现金流抵扣后段自由现金流因折现导致的减少部分，直接以第三年未折现估值的50%做简易估算。

例如，假设一个企业符合三大前提，无风险收益率为4%，折现率为两倍无风险收益率，2018年可以用于模拟自由现金流的报表净利润基数为100，未来三年净利润分别为120、140、180。将这家企业视为一份债券，按照两段式折现法计算，今日价值可以表达为：

$120/104\% + 140/104\%^2 + 180/104\%^3 + 180/（8\%-4\%）/104\%^3$

$=115.4+129.4+160+4500/104\%^3$

$=404.8+4000$

$=4404.8$

如果我们预留50%安全边际，买入点应该在4404.8/2=2202.4。实践中，我为口算方便，直接用三年后未折现过的180/（8%-4%）=4500（即180×25=4500）打五折得到4500/2=2250。

例子中的404.8即"前段自由现金流"，4500-4000=500即"后段折现导致的减少部分"。直接以4500的50%估算出的2250，相当于4404.8的51%，与标准五折2202.4接近，这就是老唐估值法的简化口算法。

这个买入价格，基本保证自己的估算即便出了偏差，也很难造成亏损。

这个简化估值法虽然没有使用自由现金流折现法的具体计算公式，但它和自由现金流折现法同样具备如下特点：

（1）都需要考虑三大前提，在确信目标企业符合三大前提的情况下，才可以使用。我们必须要坦率承认，大部分企业我们是无法估值的，无论能算出什么数字，都是瞎蒙。

（2）从这个意义上说，这两种估值法与其说是"估值公式"，不如说是一种选股原则，是将大部分企业拒绝在股票池之外的工具。

（3）都使用了约8%～10%的要求回报（折现率）和约4%～5%的永续增长率假设。对于永续增长率难以确定超过无风险收益率的企业，排除。

（4）都坚持长期的思考方式，忽略受到各种短期因素影响的股价波动，以至少三年的时间长度和资金占用时间，去看待企业内在价值的变化。

（5）都认定自己会有估算错误，坚持安全边际要求，留下容错空间。

那么，估算出来以后，是不是就等待三年或更短时间内翻倍然后卖出呢？不是。别忘了，投资者应该用长期乃至永恒的视角看待投资。

买入后，老唐做的事情，就是每年（或有重大事件发生时）继续按照简化估值法对持有企业估值，然后与手边潜在的各种投资品种——不仅包括已持有企业、新涉及企业，也包括指数基金及债券、货基、理财等类现金资产——进行收益率比较，如果无法看出某品种收益率明显更高，则持有不动；反之，则调换——若调换品种恰好是债券、货基、理财等类现金资产，就表现为我们日常所说的减仓卖出。任何持股，只有一个结局：被其他更高收益率的投资对象替代。而替代的原因可能有两种，一种是价格上涨导致收益率下降后被替换，一种是有证据证明之前的估值错误导致被替换。就这么持续，直到永远。

准备出发

至此，投资需要学习的两门课程"正确面对股价波动和如何估算内在价值"全部阐述完毕。

这两门课程可以用巴菲特 2013 年致股东信里分享过的农地案例完整展示。

1986 年，巴菲特投资 28 万美元买下 400 英亩农地。巴菲特对农业一窍不通，只是从喜欢农业的大儿子口中，知道了玉米和大豆的产量、对应的运营成本。根据这些数据，巴菲特大致估算 28 万美元买下来，年净收益率约有 10%。同时，未来产量还可能提高，农作物价格还会有一定幅度上涨。

巴菲特解释说："我并不需要有特别的知识来判断此时是不是农地价格的底部。而且可以肯定，未来一定会有糟糕的年份，农作物的价格或产量都可能偶尔令我失望，但那又怎样？一样会有一些好得异常的年份。现在，28 年过去了，农地年利润翻了三倍，农地价格是我当初买价的五倍，我依然对农场一窍不通。而且，直到最近，我才第二次去过这个农场。"

这个案例中指出的投资相关要点有：

（1）你买入时需要关注的是农地产出。每年这块地产生的回报至少有 10%，比拿着一笔"钱"的回报率高，所以你选择买地。这个投资机会之间的比较过程就叫作估值。

（2）你的投资盈亏取决于农地的产出，不取决于同样地块在其他人手里的交易价格。隔壁张三脑袋"进水"，以 14 万元卖出同样大小的农场，但这并不代表你亏损。而你没有拿着 28 万元等张三脑袋"进水"，也很正常，因为你不是神仙，不能提前预知他的脑袋要"进水"。要去后悔这个，不如去后悔没有算出六合彩头奖号码，没有在 1 美元的时候买几千个比特币。这叫如何面对市场波动。

（3）有些朋友纠结于农地的收获可以颗粒归仓，而股票利润只分

116

很小一部分（如净利润的 30% 拿来分红）。实际上，如果你每年将农地收获的 70% 都卖掉，然后再拿去买地，结果就和只分 30% 利润的股票一样了。把产出的 70% 拿去买地，农地的价值和投资回报率就缩小了吗？这叫如何看待企业扩大再生产行为。

（4）因此，投资需要关心的就两件事：第一，农地产出是否持续令人满意；第二，拿 70% 粮食去买新农地时，有没有买贵？股票也是如此：第一，企业经营收益是否持续令人满意；第二，新投资的预计回报率如何。这就是投资需要聚焦的要点。

（5）农地市场里，很少有你花 28 万元买下一块地，很快有人出价 128 万元的事儿，因为买地时大家都不傻，知道考虑产出性价比。但股市有个巨大的优势：有傻子。真有完全不考虑产出性价比的傻子，而且是带着真金白银的傻子。

傻子高兴了，真拿出 128 万元甚至 256 万元来买你那块地。这时你发现 128 万元存银行可以得到 $128 \times 4\% = 5.12$ 万元，远高于每年 2.8 万元的农地净收入，挺划算的。这时可以考虑将地卖给傻子。这就是高估怎么办。

（6）那如果傻子不够傻，最多只肯出价 70 万元呢？70 万元存银行（假设你没有其他投资途径），只能拿到 $70 \times 4\% = 2.8$ 万元，和农地收入一样，又怎么办呢？很简单，让不够傻的傻子一边呆着去！这叫合理区间怎么办。

（7）只要不会被迫出售农地，从买下的瞬间开始，你就只有两种选择：第一，持有农地，获取高于无风险收益率的回报，赚！第二，傻子出价实在太高，满足傻子。拿钱去存银行，获取比持有农地还高的回报水平，更赚！这叫"第一绝不亏损，第二不要忘记第一条"。

什么时候会有压力呢？你本来打算买块地，高价卖给下一个傻子，结果发现你的前任也是这么想的，而且前任好像是最后一个成功做到的。那时你就有压力了。

不衡量投资性价比，不关心资产产出，只操心傻子什么时候来，或者拿去套傻子的本金是下个月娶媳妇要用的钱，甚至是借来的钱……这种情况下当然有压力，也应该有压力，必须有压力！

那么，投资者真的只有赚和更赚两种情况吗？也没那么容易，至少你还可能遇到两种情况：第一，买进农地时计算失误，后来发现农地产出比预计低，收益还不如拿本金存银行呢！第二，你买进后，农地突然盐碱化了，产出大幅下降。

那怎么办呢？"凉拌"。"股神"也不能保证百发百中，一样有犯错的时候。只能通过不断学习，每次都抛开对傻子的幻想，专注于研究地的产出（研究地，比研究傻子容易多了），让错误的机会越来越少，让单次错误造成的损失越来越小。不断重复，最后成"神"。这叫投资很简单，但并不容易。

因此，投资的真谛概括起来实际就六个字"别瞅傻子，瞅地"，所谓"瞅地"就是指对企业的深入研究。

如果我们选择格雷厄姆所提供的两条道路——持有一篮子市值低于清算价值的企业组合，或者持有一篮子投资回报率为无风险利率两倍以上的大型优质企业组合，以及以后者为基础延伸出的指数基金投资法，那么投资所需的知识储备到此已经足够。

老唐本人是强烈推荐投资者先从定时定额投资宽基指数基金开始，立足先赢，而后再根据自己的资金水平和兴趣爱好，决定是否更进一步，走继续深入研究企业的道路。

如果准备走深入研究企业的道路，就还需要面对一个难题：如何看懂企业？这个问题没有捷径，没有统一答案，如果有，那股市会是电脑模型的地盘，不会有我们的存身之地。看懂企业需要我们针对一个一个行业、一个一个企业去逐个学习，是投资者一生学无止境的课题，也是投资道路上最大的乐趣。

本书第三章记录了过去几年里老唐对部分企业的研究分析，全部为有据可查的实时记录。让我们一起结合实战来深度研究企业吧！

PART 3

第三章

企业分析案例

空谈理论无益，理论的价值就在于通过和实践结合，用以指导我们的投资。本章收录了老唐在本书所阐述的理论框架指导下，所做的部分企业分析案例。

开篇安排的是关于雅戈尔的文章。原因是针对这家企业，老唐不仅写过分析文章，同时还应读者要求写过一篇《诞生记》，记录老唐从拿到公司财报到分析文章诞生的全过程，可算是财报阅读方法的一次实况直播。

接着是三篇如何排除企业的分析文章。基于"财报是用来排除企业的"这一理念，"唐书房"发表过大量如何迅速排除一家企业的文章。受限于图书篇幅，这里只收录了老板电器、利亚德和长安汽车三篇作为代表，用以展示财报中哪些内容应该引起投资者的疑心和警惕心，从而避免在错误的时刻介入这些公司。

其中，尤其请读者注意关于长安汽车一文的末尾。该文的主要结论是老唐看不懂汽车行业，无法预测其未来发展。但在文章末尾，鬼使神差地，老唐认为只有长安汽车 A 股价格六成的长安 B 比较便宜，并做出买入观察仓的决策。虽然最终在 2017 年 9 月 14 日以微利卖出（唐书房有实时卖出记录），但卖出后一年时间里，长安 B 股价腰斩有余的惨状，着实让老唐出了一身冷汗。

收录该文，是要特意提醒自己，也提醒读者，"在看不懂企业的情况下，做出估值高或低的判断都是错的"，正确的做法是归入无法估值类，坚持不懂不碰。

之后收录的主要是老唐持有或曾经持有的企业分析。

其中第一大仓位贵州茅台的分析文章，老唐写过很多。但由于在

2015 年 1 月出版的《手把手教你读财报》一书中，已经系统分析过贵州茅台财报，所以本书仅收录四篇处于重要时间节点的文章，分别是 2014 年 3 月发表的《2014，茅台的倒春寒》、2016 年 4 月发表的《茅台的供给侧之忧》、2017 年 5 月发表的《2017，茅台的明牌》和 2017 年 10 月发表的《重估茅台》。

有关洋河股份的文章收录了三篇，分别为 2016 年 4 月发表的《解密洋河高成长》、2017 年 5 月发表的《从洋河的跌停说起》和 2017 年 9 月发表的《奋进中的洋河》。同时收录的还有其他主要白酒企业点评，涉及五粮液、泸州老窖和古井贡酒。

除白酒以外，还收录了老唐目前持有的腾讯控股、分众传媒、海康威视，以及曾经持有过的民生银行、招商银行、宋城演艺、信立泰等公司分析。

上述文章收录时，只精简了文中不相关的内容，修改了部分不适合正式出版物的网络用语，其他内容无论对错均不做修改，目的是想真实地展示当时老唐面对该企业时的思考方法和分析过程。

最后强调一点：文中所有分析与预测，均为基于公开资料做出的阶段性主观推理和判断，错误在所难免，与企业不断变化的实际经营情况发生偏离也在所难免。文中所有对公司的评判，或质疑或欣赏，均为老唐个人观点，不构成对他人的投资建议。请千万不要以书中判断作为投资决策依据。切切！

生人勿近雅戈尔[①]

基本结论：生人勿近

雅戈尔涉足服装、地产、纺织、电力和投资业务，其中纺织体量太小，电力已经剥离。纺织和电力 2016 年合计仅实现营业收入 1.67 亿元，亏损 2747 万元，可以暂时忽略。公司重点业务三大块：服装、地产和投资。

老唐的结论是：服装举步维艰，地产没有空间，只有投资是唯一希望。但雅戈尔的投资业务操盘者，风格飘忽、逻辑难懂，投资雅戈尔有巨大的赌运气成分。所以，除非对雅戈尔投资业务操盘人的体系有系统了解，或者对其投资对象有成熟认识，否则建议生人勿近。

服装板块：精打细算的苦命生意

基本经营数据

2016 年，雅戈尔服装板块取得营业收入 44.6 亿元，其中品牌服装生产销售 42.7 亿元；品牌服装销售中，主品牌 Younger（雅戈尔）完成

---

① 本文首发于 2017 年 6 月 24 日，精简后发表于 2017 年 6 月 30 日出版的《证券市场周刊》。

营收 37.9 亿元，其他子品牌 4.8 亿元。销售模式分为直营、加盟和团购三种，直营是主要形态，完成营收 36.1 亿元，同比增长 1.4%，占营收比例超过八成，是收入的主要来源。加盟和团购均是两三亿元的规模，不成气候，分别下滑 8% 和 14%。线下销售占比 97%，线上销售仅占 3%，依然是传统销售模式。

44.6 亿元营业收入，带来净利润 5.5 亿元，净利润率约 12%，貌似还不错。但如果学习私营老板，盘点一下自己的店面，情况却远比表面数字艰难。

公司推行大店战略，共有直营加盟等店面合计 2554 家，合计营业面积 38.2 万平方米，平均单店面积约 150 平方米。44.6 亿元销售收入，摊到每家店面，年均单店营收 175 万元，日均销售约 4800 元；5.5 亿元净利润，折合单店年利润 21.5 万元，每天不到 600 元。一个 150 平方米的店面，每天销售 4800 元，赚取不足 600 元的利润，算是个苦命生意了。

再来分析品牌服装中的产品结构，如表 3-1 所示，与印象不同的是，没看财报前，老唐以为雅戈尔主要收入来自西装。看后才知，原来自产的衬衣和外包的上衣（夹克）才是雅戈尔的最大营收来源。这张表展示的结论很清晰，基本零增长，且产品结构也大体固定。几乎可以忽略的少量营业额增长，来自营业面积的扩大——2016 年 38.2 万平方米，2015 年 34.9 万平方米，2014 年 34.3 万平方米。

表 3-1　品牌服装中的产品结构　　　　　　　　单位：亿元

	2016 年营收	占比	2015 年营收	占比	2014 年营收	占比
衬衫	14.1	33%	13.9	33%	13.6	33%
上衣	12.9	30%	12.7	30%	11.7	28%
西装	8.6	20%	8.7	21%	9.3	23%
裤子	6.3	15%	6	14%	5.6	14%
其他	0.8	2%	1	2%	1.1	2%
总计	42.7	100%	42.3	100%	41.3	100%

惊人的库存

而财报中的另一张表，看后就更令人担忧了。

（2）产销量情况分析表

单位：万件/万套

主要产品	生产量	销售量	库存量	生产量比上年增减（%）	销售量比上年增减（%）	库存量比上年增减（%）
衬衫	486.25	578.56	504.46	−0.56	1.41	−15.51
西服	70.30	77.28	121.94	1.30	−5.38	46.07
裤子	186.12	217.48	211.73	0.25	4.19	−12.66
上衣	219.53	251.15	252.62	7.65	9.86	−11.12
其他	73.45	104.08	127.06	−19.32	−10.68	−19.96
合计	1035.65	1228.55	1217.81	−0.32	1.86	−10.85

产销量情况说明

公司一方面"以销定产"，实施商品企划推进产品结构调整和供给侧改革；另一方面积极"促销量、去库存"，在确保毛利率保持稳定水平的前提下，存货去化率提升 2.86 个百分点至 12.52%。

以这张表的数据和表末的说明看，公司 2016 年是控制了生产，以尽力消化库存，体现为每种品类当年生产量都低于销售量。然而，年末各品类库存量均远大于当年产量，接近于全年的销售总量，其中西服库存甚至超过一年半的销售量。

单店平均库存衬衣约 2000 件，西服近 500 套，裤子 800 多条，夹克近 1000 件，其他约 500 件。存货价值 17 亿元，按照雅戈尔 64% 毛利率倒推，相当于对应着 47 亿元销售额。按照雅戈尔的存货跌价准备计提方法，服装存货只要不超过三年，就不计提跌价准备。这状况，如果我是老板，会冒冷汗的。

老唐咨询了一位服装行业（和雅戈尔定位近似的地方西装品牌）的从业者，其有二十多年的生产和销售经验，对方看了数据后说，以她对服装行业以及雅戈尔的了解，这个库存量是以直营为主的服装企业基本合理的库存。以批发为主要经营模式的服装企业，库存可以控制在年销量的 20% 左右。

这行业不好干啊！如果是老唐，看着一堆确定必将随着时间推移贬值的库存，绝对一个头两个大。

营收为何乏力？

回过头来说，为什么不断增加投入，扩张营业面积，而雅戈尔服装板块的营业收入却基本不动呢？

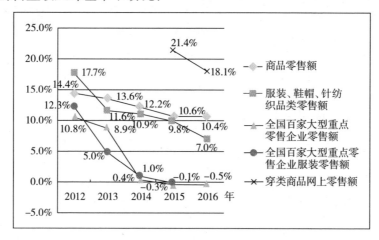

图 3 - 1 2012—2016 年零售额增速

资料来源：2016 年雅戈尔财报。

图 3 - 1 中的曲线可以说明三个问题：①服装、鞋帽、针织品零售额的增速呈现下滑趋势，但依然超过 GDP 平均增速；②穿类商品网上销售增速较快；③"大型"服装企业增长远远落后于行业平均增速。其中的原因也不难理解。网上销售的便利性我们都有亲身感受，网上销售的增长，对于雅戈尔这种线下销售占比 97% 的传统服装企业而言，挤压几乎是必然的。

大型企业不好过，可能是消费升级带来的个性化需求增长的体现。小型服装企业追赶流行潮流更快，决策环节更少，加上网络销售的展示和推广速度，满足了消费者求新、求变、求个性的心理需求。此种情况下，大型企业的规模化生产，反而容易变成规模不经济，加上决策链条长，对市场反应较慢，增速落后也实属情理之中。

此外，关于消费品市场的客群分析，有一个略微粗俗但又不失真实的分类与定位，有人将消费者分为六大类，按照购买力强弱和市场价值，由高到低分为：少女、儿童、少妇、老人、狗、男人。当然，这里有一定调侃的成分。但是，针对男性的服装消费品类市场的价值究竟有多大，值得投资者思考。

雅戈尔，一家主要以"线下经营为主"，目标消费者为"男人"的"大型"服装企业，行业三大不利因素占齐，怎么增长？

经营者的宏大战略

对于这个问题，估计董事长李如成也在不停思索，以前试图发展地产，大搞金融投资，而业绩却犹如那海上的波浪，有时起、有时落。这眼看地产和投资也是靠不住，67 岁的李如成老先生，在淡出企业管理很久后，2016 年秋天高调复出，宣布要在三年内投资 100 亿元——财报中写道，2015—2020 年间投资 100 亿元，其中 2017 年投 20 亿 ~ 30 亿元——再造一个雅戈尔。

百亿投资的重心是下注 Mayor 品牌，产品计划定价在 8000 ~ 15000 元，打造"中国管理者的新装"。其中 80 亿元投入实施平台战略，20 亿元投入实施会员战略、多品牌战略、供应链战略及信息系统建设。

Mayor 品牌过去三年的专卖店数量、营业收入和毛利如表 3 - 2 所示。

表 3 - 2　品牌经营数据

年	专卖店（家）	营业收入（万元）	毛利率	毛利润（万元）
2014	31	2099	64%	1324
2015	41	2829	42%	1184
2016	41	4756	59%	2812

注：毛利润 = 营业收入 - 原料及直接生产成本。

过去三年，Mayor 的毛利率均低于现有主品牌雅戈尔（雅戈尔 2014—2016 年分别为 69%、65%、64%），营业收入也暂时处于可以忽略的地位。它如何才能变成另一个雅戈尔呢？

李如成宣布，他将在三年时间内，投入 100 亿元，启动科技与创新战略，打造服装实体产业发展的加速度，成为中国服装行业乃至整个服务产业的时尚坐标。为此，雅戈尔挖来了乔治·阿玛尼的设计师龚乃杰，担任公司设计总监。新装修的雅戈尔之家，请来的是顶尖设计师Philip Handford——过去，他们只为 Burberry 等奢侈品牌设计门店空间。[①] 同样在这篇报道里，还披露了李如成董事长不计成本的大气魄：9 月 24 日，在无锡最热闹的三阳广场周边，占地面积近 3000 平方米的雅戈尔之家开张了，这是雅戈尔再次为百年老店投入的资产。这个大型专卖店地产的购入总价为 2.5 亿元，装修价格达到了每平方米 1 万元，因此这家卖场总计投入近 3 亿元。而李如成对这家新开卖场的销售预期，第一年只有 2000 万元。稍加计算便可得出，这家卖场的销售总额仅能与卖场折旧持平。

亏损只是李如成"千店战略"计划的一部分。李如成已在公司内部提出，近几年要在国内建立 1000 家类似规模的卖场，预期销售额均为千万级。

在上海的南京路，这家企业已经投资上亿元建立了第一个中心卖场。"南京路这家卖场的销售额为 4000 万元，但如果我们拿来出租，每年仅租金就可达到 3000 万元。"李如成说。

这个为中国管理者打造新装的豪赌，结果如何，现在很难预料，至少老唐预测不出来。但作为一个保守的投资者，看看过去五年（2012—2016）雅戈尔服装板块的净利润数据：7.9 亿元、6.4 亿元、6.5 亿元、6.5 亿元、5.5 亿元，掂量一下即将掏出去的百亿资本投入，感觉一身冷汗。

而且关键问题是，商务男装，能折腾出什么花样儿来？我怎么觉得是同质化非常严重的产品呢？老唐十多年前工作的时候，定制的那些观奇洋服（也是当年知名的香港品牌，也不知道现如今市场中是否还有），今天从衣柜里翻出来，感觉跟潮流也没啥区别。

---

① 摘录自 2016 年 10 月 21 日的媒体报道，《雅戈尔董事长李如成：宁波帮大佬的百亿新赌局》。

以公司的经营计划看，2017 年服装板块的目标是实现销售收入增长 10%～15%，即达到 49 亿～51 亿元，净利润率继续按照 12% 估算，净利润也就 6 亿元左右。

因此，对雅戈尔的服装板块，老唐的观点是：吃不饱、饿不着，靠精打细算抠成本，过点小日子。至于百亿再造的结果，是行业内高手的赌局，生人勿近。

精打细算的苦命生意，年净利润 6 亿元左右，面临巨额资本支出，赌局结果难以预料，这种生意，估值上限最多 10 倍市盈率，按照 60 亿元合理估值考虑。合理估值的六折，可以考虑买入。

地产板块：偏安一隅的小型房地产公司

财报展示

雅戈尔的地产板块很简单，财报里说：

2016 年交付结转面积 70.72 万平方米。

2016 年初，雅戈尔结存可售面积 51.58 万平方米，年内新推/加推宁波都市阳光、雅明花苑及苏州太阳城北超高层等项目，新增可售面积 20.02 万平方米。

报告期内，雅戈尔完成预售面积 39.45 万平方米（订单口径），去化率为 55.10%，较上年同期增加 7.31 个百分点；实现预售金额 584,381.37 万元。

截至报告期末，雅戈尔杭州区域项目已实现全部清盘；上海长风 8 号项目结存住宅 2 套、会所 1 套、车位 241 个①。

合作项目进入尾声，除水岸枫情二期（30%）剩余少量尾房、九唐华府三四期（35%）进行前期工作外，其余基本实现住宅清盘。

报告期内，雅戈尔以 116,026 万元竞得苏地 2016－WG－34 地块，

---

①　笔者注：该项目 2015 年末就只剩下住宅 12 套，会所 1 套，车位 288 个。

土地面积 3.15 万平方米，拟开发计容积率建筑面积 10.11 万平方米。截至报告期末，雅戈尔土地储备共 4 个，土地面积 40.94 万平方米，拟开发计容积率建筑面积 66.19 万平方米。

截至 2016 年末，公司结存可售面积 31.25 万平方米；2017 年计划新增可售面积 29.28 万平方米。2017 年，公司预计地产开发业务实现预售金额 70 亿元。

以上表述展示的画面非常清晰：原材料就这么多，2016 年交付结转面积 70.72 万平方米，实现营业收入 102.7 亿元，净利润 15.1 亿元。预售面积 39.45 万平方米（均价 1.48 万元/平方米），年底还余可售面积 31.25 万平方米，计划新增可售面积 29.28 万平方米。

公司计划 2017 年实现预售金额 70 亿元，加上 2016 年末的预收房款 45 亿元，意味着 2017 年完成 70 亿元计划后，且所有房屋均完成交付，一分钱预收款不留，最多也只有 115 亿元，同比增长不超过 12%。

此外，还有三个潜在问题需要注意。①2016 年全国商品住宅销售面积、销售额分别同比增长 22.4% 和 36.1%，如此形势大好的市场下，雅戈尔当年也仅完成了 58.4 亿元的预售。因此，2017 年的 70 亿元计划，有不确定因素。②房地产企业基本不可能做到当年预售房屋全部交付，全部计入当年营业收入。③2017 年 4 月 29 日，公司发布公告称，九唐华府项目预期将出现较大亏损，计提 2.55 亿元减值准备，将直接减少 2017 年净利润 2.55 亿元。

基于以上因素，12% 的增长，对于 2017 年的雅戈尔地产板块，已经是个太过乐观的期望值了。

土地储备

2016 年新购入苏州一块面积 3.15 万平方米、折合 47 亩的小地块，拟建面积 10.11 万平方米（容积率约 3.2），楼面地价 1.15 万元（苏州 2016 年商品房成交均价 18293 元/平方米）。加上手头原有的三块分别为 165 亩、350 亩和 51 亩的土地（均在宁波），全部土地储备合计不到

615 亩，可建面积 66.19 万平方米，不及大型地产公司一个楼盘的规模。除位于宁波慈溪的 165 亩老鹰山地块开工时间未定，其他三块地已经于 2017 年 1—3 月分别开工。正常推测，应该在 2018 年和 2019 年完工。

乐观估计，就算未来两三年内按照均价 2 万元/平方米全部清盘（2016 年，宁波房屋成交均价 14363 元/平方米），一共也就 130 亿元左右的营业收入，年均不到 70 亿元营收，天花板一眼看到头。过去五年，雅戈尔地产板块的营收和净利润如表 3 - 3 所示。

表 3 - 3　2012—2016 年地产板块营收与净利润　　单位：亿元

年	营收	净利润
2012	51.6	10.1
2013	98.7	11.7
2014	111	1.2
2015	98	10.2
2016	102.7	15.1

注：2014 年地产板块净利润超低，不仅因为项目毛利降低，还有整体出售亏损项目导致 1.3 亿元亏损的确认，以及计提两个房产项目的资产减值准备 10.2 亿元的因素。

偏安一隅的小型房地产公司

无论是经营数据，还是土地储备，均显示其就是一家偏安一隅的小型房地产公司，没有什么显著超出普通小房地产公司的经营能力。土地储备少，项目收益看天（房价）吃饭，想象空间有限。也正因为此，公司才会对地产板块提出"要深入探索养生、旅游、健康小镇等方向的转型工作"的规划。

即便考虑到雅戈尔部分房产铺面的隐藏增值，老唐认为这个仅有 615 亩土地储备，年净利润 15 亿元，未来三年看不出显著成长，缺乏核心竞争力的靠天吃饭型地方小型房地产公司，10 倍市盈率就是上限了，估值最多不超过 150 亿元，六折以下才值得考虑。

投资板块：略显混乱

财报展示

雅戈尔2016年财报17页披露，截至2016年12月31日，公司投资额累计313亿元，市值318亿元（其中未上市的36亿元，按照成本计算），明细如下所示。

截至报告期末，雅戈尔累计投资3,130,413.32万元，主要项目如下表所示：

单位：万股/万元

序号	股票代码	股票简称	股数/比例	投资成本	期末账面值	期末市值
可供出售金融资产（已上市）						
1	00267.HK	中信股份	145,451.30	1,821,627.74	1,444,178.69	1,444,178.69
2	600000	浦发银行	19,158.15	262,122.71	310,553.64	310,553.64
3	002470	金正大	15,140.00	41,862.10	119,606.00	119,606.00
4	300451	创业软件	2,404.29	3,206.42	88,718.15	88,718.15
5	002036	联创电子	2,910.53	65,457.77	55,765.71	55,765.71
6	002103	广博股份	1,444.50	290.02	25,033.19	25,033.19
	可供出售金融资产（已上市）小计			2,194,566.76	2,043,855.36	2,043,855.36
可供出售金融资产（未上市）						
7		中石油管道责任有限公司	1.32%	300,000.00	300,000.00	300,000.00
8		绵阳科技城产业投资基金	2.22%	20,280.84	20,280.84	20,280.84
9		宁波金田铜业（集团）股份有限公司	3.05%	13,320.00	13,320.00	13,320.00
10		银联商务有限公司	1.50%	11,683.33	11,683.33	11,683.33
11		中信夹层（上海）投资中心（有限合伙）	1.96%	10,000.00	10,000.00	10,000.00
12		江西联创硅谷天堂集成电路产业基金合伙企业（有限合伙）	10.00%	3,400.00	3,400.00	3,400.00
13		深圳中欧创业投资合伙企业（有限合伙）	15.00	495.00	495.00	495.00
14		其他项目		4,392.35	4,392.35	4,392.35
	可供出售金融资产（未上市）小计			363,571.53	363,571.53	363,571.53
	可供出售金融资产小计			2,558,138.27	2,407,426.88	2,407,426.88

序号	股票代码	股票简称	股数/比例	投资成本	期末账面值	期末市值
长期股权投资						
15	002142	宁波银行	11.64%	549,728.56	549,728.56	754,611.46
16		浙商财产保险股份有限公司	21.00%	14,152.52	14,152.52	14,152.52
17		无锡领峰创业投资有限公司	41.07%	4,049.68	4,049.68	4,049.68
18		其他项目		4,344.29	4,344.29	4,344.29
长期股权投资小计				572,275.04	572,275.04	777,157.95
合计				3,130,413.32	2,979,701.93	3,184,584.83

巧合的是，我们翻看资产负债表，会发现公司的有息负债也是318亿元，分为短期借款136亿元和长期借款182亿元。

站在现在这个节点上，雅戈尔的投资业务可以简单地这么看：借款318亿元，买入了当前市值318亿元的股票。很显然，这样借钱是借不到的，所以，在雅戈尔的货币资金项下会发现，有50亿元使用受限制的资金，同时，雅戈尔还购买了43亿元理财产品。

通俗理解，就好比你有保证金50万元，借款318万元，买入了市值318万元的股票，担保比例116%，券商才不斩你的仓。同时你还另外准备了43万元预备金，以防股市下跌，券商要求你追加保证金。

我们可以将雅戈尔这家公司分拆成两部分来看，其资产负债表可以简化为表3-4和表3-5。

表3-4　雅戈尔服装地产公司资产负债表　　　　单位：亿元

科目	金额	备注说明
现金	40	主要是银行存款
存货	117	地产存货100亿元+服装存货17亿元
固定资产	64	固定资产、在建工程、无形资产、投资性房产
其他	28	各类应收预付及联营、合营公司股权
资产总计		249
预收款	48	预售房款45亿元，预收服装款3亿元
其他	44	各类应付账款、税款、职工薪酬等

续表

科目	金额	备注说明
负债总计	92	
净资产	249 − 92 = 157	

表 3−5　雅戈尔投资公司资产负债表　　　单位：亿元

科目	金额	备注说明
现金	50	保证金，不可动用
理财产品	43	在其他流动资产科目内
上市股票市值	280	已上市可供出售金融资产 204 亿元 + 宁波银行 76 亿元
非上市公司成本	39	未上市可供出售金融资产 36.4 亿元 + 未上市股权 2.2 亿元
资产总计	412	
短期借款	136	主要是境内借款
长期借款	182	主要是为买入港股中信股份的境外借款
负债总计	318	
净资产	412 − 318 = 94	

注：这两张表合计净资产数据比公司财报数据高 21 亿多元，主要原因是此处将宁波银行按照年末市值计入，财报则是按照账面成本计入。

前文已经对服装和地产单独估值，于是雅戈尔这家公司究竟值多少钱，关键就看后面这张报表我们愿意出什么价了。

投资部分，雅戈尔展示的财技花哨，时不时地利用处置股权、改变会计计量方法等财务手段，调节当年合并利润表数据（当然，是合法的），例如 2016 年雅戈尔的投资收益就靠四条途径实现：

①改变宁波银行、浙商财险、联创电子的会计计量方法。②清仓出售所持宁波长丰热电 50% 股权。③炒股。减仓或清仓浦发银行、联创电子、中信证券、广博股份、金正大、中国平安、银联商务等上市或非上市公司股票。④获得分红和理财产品利息。

然而，无论其财技怎么展示，这个雅戈尔投资公司，就是一个股票账户，其价值必将由截至 2016 年 12 月 31 日合计持有的 412 亿元资产、318 亿元负债，以及背后这个操盘人士的能力所决定。

何人操盘？

看高管履历和职务，基本确定，上市公司总经理兼雅戈尔投资公司总经理李寒穷，是雅戈尔投资板块的总负责人。

李寒穷，雅戈尔实际控制人李如成的独生女儿，1977 年出生，美国加州州立大学工商管理学士。2015 年卸任上市公司副董事长的李如刚①对这位侄女的公开评价是：留过洋、学历高、视野开阔、头脑灵活。

李寒穷 24 岁在宁波某外贸公司做业务员，25 岁在一家中日合资企业驻欧洲分部做业务员，27 岁进上海实业集团（香港上市公司"上实控股"的控股股东）投资部任经理助理，28 岁进雅戈尔做董事。2007 年，30 岁的李寒穷担任雅戈尔投资公司总经理。次年雅戈尔挖来国内大型公募基金"富国基金公司"投资总监陈继武共同成立上海凯石投资公司，雅戈尔持股 70%，李寒穷出任凯石投资副总经理。2011 年凯石投资爆亏，将雅戈尔投入资本金折损过半，陈继武离职，李寒穷正式掌控雅戈尔的投资业务。

然而，观摩李寒穷 2012 年以来的操作，颇有些让人眼花缭乱，揣摩不出来其投资体系是什么。2012 年至今，不完全统计，雅戈尔至少买卖过以下上市公司股票：圣农发展、东方锆业、新疆众和、工大首创、杭州解百、浦发银行、中信证券、宁波银行、广博股份、上汽集团、海南橡胶、金正大、徐工机械、金种子酒、华鲁恒升、中金黄金、山煤国际、华新水泥、广百股份、海正药业、海利得、兴蓉投资、生益科技、精功科技、云天化、黔源电力、凌云股份、科大讯飞、泸州老窖、中信股份 H、新华保险、中国平安、创业软件、国信证券、中国平安 H、联创电子……长持短炒均有，赚赔不定。

这份股票交割单上，不同行业、不同板块、不同类型、不同估值的企业均有，看不出雅戈尔投资团队的能力圈是什么，投资体系是什么，

---

① 李如成的弟弟，俩人还有个弟弟李如祥任上市公司监事长。

更倾向于哪一类型投资。老唐还做了一张表，分别列出过去五年，每年确认获利和确认赔钱的股票名单，看后也没发现什么有价值的东西。只能说李寒穷投资风格飘忽、逻辑难懂。如果遇上这样一位基金经理，你依据什么敢把钱交给她呢？

账户持股

截至 2016 年底，雅戈尔 318 亿元市值的持股中，前五大持股是：中信股份 H，市值 145 亿元；宁波银行，市值 75 亿元；浦发银行，市值 31 亿元；金正大，市值 12 亿元；创业软件，市值 9 亿元。第一大持股仓位占比约 46%，前三大持股仓位占比 79%，前五大持股仓位占比 85%，属于集中持股类型。

统计这部分股票 2016 年 12 月 31 日至今的涨跌情况：中信股份 H +10%；宁波银行 +9%；浦发银行 +3%；金正大 -6%；创业软件 -16%；联创电子 -14%；广博股份 -23%。其中浦发银行、金正大、创业软件均在今年一季度有部分减持，广博股份一季度清仓，减持及清仓价位不详，粗略按照 2017 年新增浮盈约 20 亿元估算。

另外，未上市股权里面，或许隐藏有低估价值。例如雅戈尔比较自豪的投资银联商务公司 1.5% 的股权，在账面上是按照 1.17 亿元计入的，但依照公司 2016 年 11 月 4 日作价 6.51 亿元卖出银联商务公司 3.5% 股份来看，目前还剩余的 1.5% 股权市场价值约为 2.8 亿元，为账面值的 2.38 倍。

由于其他未上市公司没有可比市价，假设我们乐观地考虑雅戈尔所有未上市投资均是银联商务这样的优质品种，也就是说 39 亿元未上市投资品的市场真实价值按照 39×2.38 = 93 亿元计算，增值 54 亿元。

今天，面对这样一个净值 168 亿元的炒股账户，多少钱你愿意买？或者将其缩小一万倍，假设单位为万元，多少钱你乐意买下这个炒股账户？

表 3-6　雅戈尔投资公司资产负债　　　　　　　　　　　　单位：亿元

资产		负债	
上市公司股票市值	300	国内短期负债	136

资产		负债	
非上市公司股票市值	93	境外长期负债	182
现金及理财	50 + 43		

如果背后的操作者是巴菲特或者段永平，我愿意给溢价，然而不是；如果所持核心股票是我懂的，是我准备在此时买进的，我愿意给溢价，然而不是；如果投资风格清晰，支撑体系可靠，我愿意给平价，然而不是。对操作者本人不熟悉，对其操作体系不了解，对其核心持股没研究，这样一个投资账户，也只能是生人勿近。

于是，只剩下一种情况我愿买入，那就是：明显折价，让我有便宜占。所以，对雅戈尔投资板块，老唐的最高出价是：六折，不超过 100亿元。

分析结论：三个板块的合理值加总为 60 + 150 + 168 = 378 亿元，有买入价值的位置为 230 亿元以下。当前市值 365 亿元，无投资价值，上涨下跌靠博傻赌运气。

"生人勿近" 诞生记[①]

翻开财报第 1 页（后文称 P1，以此类推），看一眼第三条会计师事务所的标准无保留意见，再记录分红方案备用：10 派 5 元转 4 股。股票软件里找到雅戈尔，记录股本和市值情况：总股本 35.8 亿股，总市值约 358 亿元——都是概数，不需要特别精准到小数点后几位。轮廓性的印象有了，继续往下。

P4、P5（中间跳过的页码，代表没啥有价值的东西需要记录，下同）：释义部分，阅读一遍。对于一个新行业，财报里会有相关专业术语的诠释。例如，这两页里关于服装工艺和品牌的释义，了解这些重要术语，才能正常阅读财报，所以，此部分为必读项。

P7：三年主要财务数据，需要记录在纸上。老唐在记录时发现两个问题：①非经常损益较大，扣非 ROE 和 ROE 差异也很大，此时要记录，原因待查。②经营现金流净额和净利润差距颇大。什么原因，是经营成本支出过大？是销售没有在本期收到货款？还是净利润主要是非经

---

① 本文发表于 2017 年 6 月 27 日。起因是 2017 年 6 月 24 日老唐在"唐书房"发表了《生人勿近雅戈尔》上、中、下三篇文章后，很多读者期望老唐分享从拿到一份财报到整理出有结论的文章的全过程，遂有此文。本文是流水账，也考虑到本文主要侧重财报阅读技能学习，浮光掠影看一遍，等于没读，建议读者对照《生人勿近雅戈尔》及雅戈尔 2016 年财报，一起阅读。

营所得？需记录。

每股指标老唐一般不看，意义不大。作为一名投资者，建议大家养成从公司整体的角度去看盈利、市值和增长等数据，养成"买股票 = 收购公司的一部分"的思考习惯，而不是着眼每股收益、每股增长等炒家思维，后者容易受股本变动因素影响。

P8：注意到不同季节营收差距最高达三倍，什么原因，待查。

P9：记录非经常损益的主要构成，大头是卖固定资产、卖无形资产、转变联创入账方法、卖股权，合计增加约 19 亿元税前利润。

P10：看到了公司账上的可供出售金融资产①。看到了持有的可供出售金融资产是中信股份 H 股、浦发银行、金正大、创业软件、联创电子、广博股份，期末余额那一列，合计金额 204 亿元，规模是总资产的三成多，近乎净资产总值，意味着公司除了这些持股以外的部分，基本约等于债务，这个结构说明投资是公司的核心业务。

该页中间有些小额持股，数量和金额极少，明显是中签的新股，就不去管它了。2016 年内加仓了浦发银行、广博股份，减仓了中信股份 H、创业软件、金正大、中信证券。

联创电子，是从长期股权投资变过来的，因为什么变的，变动带来了多少当期利润？在财报 PDF 搜索框里输入"联创电子"搜索，找到 P166 的说明：

公司于 2016 年 4 月 7 日召开第八届董事会第二十二次会议，审议通过《关于变更对联创电子科技股份有限公司会计核算方法的议案》，2016 年 3 月 17 日起对联创电子科技股份有限公司的会计核算方法由长期股权投资变更为可供出售金融资产，该会计核算方法变更增加本期投资收益 1,240,776,940.08 元。

---

① 名词解释参看《手把手教你读财报》82 页。

查询雅戈尔公告，找 2016 年 4 月 7 日的公告下载，看变更理由是否合理，变更如何产生投资收益，以及产生了多少收益。

该公告显示，联创电子经过资产重组，雅戈尔持股由 30.08% 降低为 13.18%，从控股股东变更为第二大股东，董事席位由 2/7 减少为 1/9，变更理由合理。变更当日，持股 7845 万股，市价 17.6 亿元，股价约 22.4 元，变更增加当期利润 9.3 亿元。

回财报里搜索"联创电子"，P16 显示年底还剩联创电子 2910 万股，市值 5.6 亿元，单价约 19.2 元。股价跌了，公司也抛掉了大部分（跌和抛，可能互为因果），退居为第三大股东。看 P10 表格里对当期利润的影响一栏，减持价格还不错，总计卖了约 7845 – 2910 = 4935 万股，合计净赚约 5896 万元（相比约 22.4 元的记账成本），考虑到企业所得税，大约是卖在均价 24 元。

从长期股权投资变更为可供出售金融资产，怎么能产生投资收益？有些朋友可能对此不理解。而且老唐知道，即使你去百度，搜索出来的也是"天书"，非会计专业的看不懂。这里，老唐就用自己的语言插播一段介绍，简单解释一下。

变更的时候，账面价值与变更日股权的公允价值的差价，会计入当期利润表。同时，该股权以前放在资本公积里的变动（可能正，可能负），也会挪出来进利润表。

账面价值啥意思呢？简单说就是雅戈尔买联创股权的成本，加上联创历年利润里雅戈尔应该得的那部分，减去联创实际分红给了雅戈尔的部分。比如说，雅戈尔起初成本 200 万买的联创 30% 股权，联创去年赚了 50 万，那么雅戈尔应得利润为 50 × 30% = 15 万，这个 15 万就进了雅戈尔的利润表。

实际联创的分红方案是从 50 万里拿出 30 万来分，雅戈尔实际就只拿到 30 × 30% = 9 万，于是，雅戈尔持有的联创股权账面成本就等于 200 + 15 – 9 = 206 万，意思是赚了 15 万，但只收到 9 万，还有 6 万继续投资在联创了，计入长期股权投资成本里。

如果今天联创市值（市值＝每股股价×总股本）是1000万，那么30%股权的公允价值就是300万，今天雅戈尔要变更会计计量方法，这个300－206＝94万的部分，就要算今年的投资收益。同时，持有联创股权期间，可能有少量计入资本公积的变动，比如说是－8万，于是，变更会计计量方法就产生本期投资收益94＋（－8）＝86万。

变更后，可供出售金融资产的账面成本就是变更那天的市价（300万）。之后作为可供出售金融资产的联创电子，就只有每年的分红算进雅戈尔的利润表。联创股价涨跌进雅戈尔资产负债表的资本公积里，只影响净资产，不影响利润表，一直到卖股票的时候才计算最终盈亏。这一点，读过《手把手教你读财报》的朋友应该都清楚。

这种合理合法的财技，一般怎么玩呢？简单说，如果股票涨得厉害，而该公司经营利润并不怎么样，就想办法从长期股权投资变成可供出售金融资产，这样就不需要按照经营净利润比例来计算投资收益，而可以把股权差价一次性算进当年投资收益里。

反之，如果股价涨幅一般般，公司经营利润却挺高的（例如后面的宁波银行），那就从可供出售金融资产变成长期股权投资，这样，就可以按照每年（宁波银行的）经营净利润的比例算投资收益了。

当然，这是指需要美化利润表的时候。需要丑化利润表的时候，则反其道而行之。至于达到合理变更的条件，可以通过增持股票、增加董事席位、和对方公司达成某种合作条件等增加影响力的手段，也可以反过来，通过减持、辞掉董事席位，减少和对方的某些合作等降低影响力的手段。

以上插了一点财报科普知识，下面回到财报，继续看P11公司业务概要。阅读时记录以下信息：公司业务三大块，服装、地产和投资。服装，看公司提供的那张图表，行业增长7%，大企业负增长，网络销售增长18%。地产是全国性牛市，销售面积、销售额均出现大幅增长。

公司地产业务主要经营区域为宁波和苏州，宁波均价 14363 元/平方米，同比涨 7%；苏州均价 18293 元/平方米，同比涨 45%。

P13：核心竞争力。阅读时记录以下信息：服装部分，属于套话，未发现区别于同行的核心竞争力。地产部分，聚焦本地，"可能"具备某些政商优势。探索文化、旅游、养生、养老地产的提法，"可能"说明当前模式的日子不好过。

P14：经营讨论与分析章节，这是需要重点阅读的地方，是对后面三张表的阐述，也是董事会向股东做的年终汇报。阅读并记录相关重要信息：服装部分，品牌服饰销售收入 42.7 亿元，主品牌雅戈尔 37.9 亿元，其他子品牌合计 4.8 亿元；直营销售 36.2 亿元，同比增长 1.4%，占比 85%，为公司主要销售渠道；加盟、团购分别完成销售 2 亿元和 3.3 亿元，同比降低 8% 和 14%。品牌服饰毛利 64%，同比 −1%；品牌服饰和代工合计实现净利润 5.47 亿元。记录问题：代工营收是多少？

库存大幅下降，一年内库存占比 56%，一至两年库存占比 26%，意味着两年以上库存占比 18%。记录问题：库存总量多少？

服装板块战略：①聚焦高端成衣和定制服装品牌 Mayor。②开大店，设大厅，营业店面 2554 家，营业面积 38.2 万平方米。用 42.7 亿元营收和 5.47 亿元利润，计算单店年营收和年利润，得出初步印象：这是一个苦生意。150 平方米的店铺，日均销售 4580 元，日均净利润 587 元。③会员战略。会员 286 万人，累计消费 29 亿元，人均年消费约 1000 元。老唐猜测这是单次消费金额，怀疑是买服装时，以售后服务为名建档成为会员。这样的会员，价值不大。

地产板块：2016 年结转面积 70.72 万平方米，预售 39.5 万平方米，实现预售金额 58.4 亿元，同比下降 18%。截至 2016 年底，杭州项目清盘，上海项目剩两套房子加会所及 241 个车位，近于清盘，合作项目余少量尾盘。

土地储备：新拍一块苏州小地块 3.15 万平方米，可建面积 10.11 万平方米。土地储备一共 4 块，面积合计 40.94 万平方米，可建面积

66.19 万平方米。按照 1 亩 ≈ 667 平方米计算地块大小，同时记录问题：另外三块地在哪儿，各自多大？周围房价多少？

P16：投资部分。当年实现投资收益 32.3 亿元，其中：①改变宁波银行和浙商财险的会计核算方法，产生 7.23 亿元；②变更联创电子会计核算方法，卖出长丰热电 50% 股权，产生 13.7 亿元；③卖股票产生 5.8 亿元；④分红和理财收益，产生 5.5 亿元。

实现净利润 16.6 亿元，按照 25% 所得税反推，税前利润约 22 亿元。投资收益 32 亿元，税前利润 22 亿元，说明投资相关的成本约 10 亿元。投资相关的成本，只能是资金利息成本和管理人员成本。搜"财务费用"，在 P135 找到利息支出 11 亿元。

公司投资部分账面成本 313 亿元，市值 318 亿元，投资成本与市值差异较大的主要有两项，一是以可供出售金融资产入账的中信股份 H 浮亏 38 亿元，二是以长期股权投资入账的宁波银行浮盈 21 亿元。

持股 318 亿元分为三部分：上市可供出售金融资产 204 亿元，未上市可供出售金融资产 36 亿元，长期股权投资 78 亿元（主要是宁波银行）。前后两类都有清晰市值，中间一类没有清晰市值。

继续记录 P17 相关财务数据。公司合计营收 149 亿元，同比增加 2.5%；净利 36.8 亿元，同比减少 16%。其中，服装营收 44.6 亿元，品牌服装销售以外的业务营收 44.6 – 42.7 = 1.9 亿元，净利润 5.47 亿元，同比减少 16%。

地产营收 102.7 亿元，对比结转面积，可知销售均价约 1.45 万元/平方米，同比增加 5%，净利 15.1 亿元，同比增加 48%。

投资业务净利润 16.6 亿元，同比减少 39%。其他纺织和电力合计营收 1.7 亿元，亏损 2747 万元。

公司总资产 639 亿元，资产负债率 64.18%，负债约 410 亿元，归母净资产 227 亿元，存货 117 亿元。搜"合并资产负债表"确认债务和存货构成。

P63：短期债务 136 亿元，长期借款 182 亿元，一年内到期的非流动负债 0.06 亿元，有息负债合计 318 亿元。债务和持有的投资品市值基本相等。

搜"存货"，在 P19 可以看到服装存货明细，见本书 125 页表格。

按照 2544 家店面，计算店均存货量，配合前面记录的店均营收和店均利润，得出"苦生意"的结论。

P27：看到雅戈尔对服装存货的跌价准备计提方法，以及服装存货总价值 16.45 亿元，记录存货 117 亿元，其中服装部分约 17 亿元，地产部分约 100 亿元。

想起一位朋友是雅戈尔的同行，从业二十多年，遂微信咨询其对该存货量的看法，并做好记录。

P18：服装销售中，统计衬衫、西服、裤子、上衣及其他的占比数据。下载过去五年的财报，找到同一位置，看过去五年销售结构是否发生过大变化，过去五年每年营业面积是多少平方米。统计数据显示，结构几乎没有变化，产品销售基本稳定，有限的少量增长来自营业面积的增加。

P21：公司解释了经营现金流金额减少，主要是因为房地产销售减少 21.4 亿元。

P22：说明了四块地皮的大小和位置。百度各地皮的名称，找到所在城市。粗略估算几块地皮全部建成房产后，大致能带来多少营业收入。由此得出地产业务发展空间不大的结论。

P25 和 P26：门店情况。统计一下公司战略规划里提到的重点发展的 Mayor 品牌门店的数量变化，以及营业收入、毛利润情况。

P27：注意到公司花费 1.17 亿元收购大桥农庄 100% 股权，解答了前面记录的疑问。搜"大桥生态农庄"，在 P143 显示，固定资产 8133 万元，无形资产 4744 万元，作价 1.17 亿元卖给了雅戈尔。P144 显示，买回来 9 个月经营收入 107000 多元，净亏损 1000 万元出头。看样子是个不怎么经营的农庄，没啥看头，具体怎么探索新模式，此处暂时没看出来。非关联交易，忽略。

P28：披露了 2016 年 11 月作价 6.51 亿元出售银联商务公司 3.5%

股权事宜，反推手头还剩下的 1.5% 银联商务股权价值为 6.51/3.5% × 1.5% = 2.79 亿元。

P29：2017 年经营计划。服装计划销售收入增长 10% ~15%，为此计划 2015—2020 年增加投入 100 亿元，其中 80 亿元用于平台建设，20 亿元实施会员战略、多品牌战略、供应链战略及信息系统建设。2017 年将投入 20 亿 ~30 亿元（资金主要为 2016 年定向增发新股募集），计划累计投入 8 亿元启动高端制造。

一般这种大的战略转型，都会有媒体宣传。百度"雅戈尔 百亿"，立刻搜到《雅戈尔董事长李如成：宁波帮大佬的百亿新赌局！》《牵手五大欧洲高档面料商　五年投百亿再造一个雅戈尔》这样的新闻报道，从中找到了雅戈尔将投入百亿元打造 Mayor 品牌的相关内容。

至此，一个营收基本停滞在四五十亿元，以网下传统销售为主，库存高企，增速缓慢，年净利润五六亿元，未来即将出现大额资本投入需求的服装板块轮廓已经基本清晰。考虑到雅戈尔有不少店面是早期买的，只计算少量折旧，不用按照租金记录经营成本，实际经营情况可能更加悲惨——正如新闻报道里李如成董事长自己说的，买一个铺面做销售，一年营收才 4000 万元，租出去的话，仅租金就可以收 3000 万元，若考虑租金，实际上是巨亏。

于是，老唐给这部分业务估值 60 亿元，这已经是考虑了雅戈尔知名品牌、男装的潮流变化较慢以及董事长本人过往良好的口碑。否则，一个要通过精细化管理、节省成本才能年赚五六亿元利润的生意，还要面临巨大的资本支出，仅这个不确定性，现在 36 亿元值不值得买，还要打个大大的问号呢！至此，雅戈尔服装部分的结论就出炉了。

雅戈尔的地产部分，其实很容易估算。搜索"预收款项"，P124 显示，预收款 48 亿元中，有 45 亿元是预收房款，加上公司计划 2017 年完成预售 70 亿元，即便完成且全部交了房计入营业收入，这部分也就 115 亿元，同比增幅不超过 12%（115/102.7）。况且，2017 年房市还有没有 2016 年那么火爆，能不能完成 70 亿元销售，能不能全部计入营业收入，这都是不确定因素。

再考虑土地储备一共也就能建设66.19万平方米，即便未来两三年全部开工建设并销售一空，按照宁波房价1.5万元/平方米左右的均价，两三年里算它再涨三成，总体也就130亿元左右营收！这样的年销售百亿元规模，年净利润15亿元的地方小型地产公司，能给个什么估值呢？

即便考虑到雅戈尔部分自有房产的隐藏增值，老唐认为最多给10倍市盈率，大致意思就是说，如果公司每年将净利润的50%拿来分红，回报基本等于国债或理财收益。因此，地产部分老唐给出150亿元估值，有六折以上的便宜，才值得考虑。

至此，分析完地产部分，接着看投资部分。首先，既然还要看投资部分的价值，我就需要把地产和服装从资产负债表里拆出来，然后单独估算投资部分的资产和负债。

资产负债表里，投资部分很容易摘出来，P17公布的投资三大块，可供出售金融资产上市和未上市的合计240亿元；长期股权投资78亿元；其他流动资产里面有43亿元理财产品（P111），货币资金里有50亿元受限资金（P97），这些都可以归为投资相关。于是，雅戈尔公司的财报，就可以分拆为两份：一份是投资公司，如表3-5所示；一份是雅戈尔服装地产公司，如表3-4所示。服装地产部分，前面已经做了估值，此时就看投资部分。

由于我们考虑的是此时买入是否值得的问题，所以原来的持股究竟是多少钱成本买进的，跟我们一毛钱关系也没有。我们要看的是当前这个时点，这些东西市值多少，我们乐意出价多少。

打开行情软件，查询了雅戈尔所持个股的市价，然后查看雅戈尔2017年一季报及公告，查询了公司抛出了哪些股票，大致时点价格是多少。经计算，持有上市公司的市值，毛估上涨了约20亿元。

再看未上市部分，由于未上市股权仅有其中一个银联商务公司的股权刚好在2016年11月达成过市场交易，交易市价可以作为估值参考。通过6.51亿元卖出3.5%股权，估出当前持有的1.5%股权，大概价值为 2. 79 亿元，相比账面记录成本 1. 17 亿元增值 2. 38 倍。

套用这样一个比例，模糊地给雅戈尔所有未上市股权估算一个大致价值，假设其均增值 2. 38 倍，即账面成本 39 亿元的未上市股权，假设其公允价值为 93 亿元，增值 54 亿元。于是，得出表 3 - 6。

对雅戈尔投资公司的估值，最终转化为对这样一个炒股账户的买卖价格判断。当前净值 168 亿元，无疑就是出价最高纪录，否则我不如自己按照同样比例去买进这几只股票。

然后，看一下这个账户的操作者是谁。看 P52 高管任职名单，判断是同时任雅戈尔总经理、雅戈尔投资公司总经理的李寒穷。到网上搜索"李寒穷"，然后顺藤摸瓜，搞清楚李寒穷的个人履历及凯石的故事。然后下载 2012—2015 年的雅戈尔财报，搜索类似 2016 年财报 P10 的当期项目变动表，将其操作过的股票统计出来，观察有没有规律可循。结果是，没有任何发现。

考虑到对李寒穷操作风格无把握，对所持股票没有研究，对将钱交给其他人买股票要求风险补偿，故估值一定是低于 168 亿元方为合理。具体低多少，属于投资的艺术部分。要求折扣越高，安全垫越厚，但同样买不到的机会越大；反之，要求折扣越少，买到的机会越高，但安全垫也越薄。

最终雅戈尔的总体估值就 ≈168 × 要求折扣 + （60 + 150） × 60%，我个人将这个投资部分的"要求折扣"也主观地选择为六折，得出 230 亿元以下才有买入价值的结论。

再看年报发布之后的公告有没有什么重要内容。本次找到了 4 月 29 日公布的计提资产减值准备 2. 25 亿元的公告。再到万得或慧博翻翻券商研报，看最近有没有什么券商调研活动，是否有什么内部信息动态透露。这次没发现什么。

最后，安慰性地看了眼合并利润表，无新发现。至此《生人勿近雅戈尔》搞定，全文结束。以上就是老唐拿到一家新公司财报的完整阅读经历，主要侧重财报阅读方法、思考问题角度，供各位参考。

像老板一样投资[①]

众人眼中的"大牛股"

老板电器，上市前 1.2 亿股，净资产约 4 亿元。IPO 发行 4000 万股，占总股本 1.6 亿股的 25%，发行价格 24 元，融资 9.6 亿元。2010—2016 年累计现金分红 11.2 亿元（含 2016 年预案），按照二级市场股东持股约 25% 的比例计算（因为有少量股权激励，实际持股略少于 25%，可忽略），原控股股东获取现金分红约 8.4 亿元，IPO 时认购全部新股的股东及后来接手他们股票的二级市场投资者作为一个整体，合计获取分红约 2.8 亿元。当前市值 386 亿元，25% 股份价值约 96 亿元，6 年多回报超 10 倍，可谓是"大牛股"。

牛股是怎么炼成的呢？由于公司是 2010 年 11 月 IPO，故 2010 年的经营成果，可以视为上市前经营业绩。2010 年净利润为 1.34 亿元，2016 年净利润为 12.07 亿元，增长约 9 倍，即业绩增长推动了市值 38.4 亿元（24 元 × 1.6 亿股）增长至 345 亿元，当前市值超过 345 亿元的部分约 41 亿元，由市盈率的提升带来。即业绩增长推动股东获利

---

① 本文发表于 2017 年 4 月 16 日。

9 倍，市盈率变化锦上添花 12%（41/345）。

9 倍和 12%，你选择挣哪一种钱？关于这方面的思考，可参看"唐书房" 2016 年 10 月的原创文章《你靠什么在股市生存?》。

财报展示的企业经营增长

老板电器的企业经营增长又是怎么来的呢？表 3－7 将老板电器上市六年的经营情况分成两个三年来对比，分析其增长源头。

表 3－7　2010—2016 年老板电器经营情况　　　单位：亿元

	2010 年	占营收比	2013 年	占营收比	2016 年	占营收比
营业收入	12.3		26.5		58.0	
营业成本	5.6	45.4%	12.1	45.6%	24.7	42.7%
销管费用	5.1	41.5%	10.1	38.0%	19.9	34.4%
营业利润	1.5	12.3%	4.4	16.6%	13.3	22.9%

公司自 2010 年 11 月上市，经过 6 年发展，营收从 12.3 亿元增长至 58 亿元，营业利润自 1.5 亿元增长至 13.3 亿元。通过分拆分析能够发现：第一个三年，增长主要是由规模的扩大和费用的管控两部分完成；第二个三年，则不仅有规模的扩大、费用的管控，同时还有毛利率提升的因素。

第一个三年里，毛利率略有下降，即同样成本的产品，销售价格略有下降（或同样售价的产品，制造成本略有上升）。营收规模增长 115%，以及销管费用占比降低 3.5%，合力造成营业利润从 1.5 亿元增长至 4.4 亿元。

第二个三年，不仅规模扩大 119%，销管费用占比继续降低 3.6%，同时，毛利率还提升了 2.9%，三个因素合力使营业利润从 4.4 亿元增长至 13.3 亿元。

基于财报展望未来

做投资，回顾过去只是手段，展望未来才是目的。顺着前两个三年，我们来模拟一下第三个三年，即 2019 年的利润表。按照公司财报 21 页规划的发展战略目标中涉及营收增长部分的表述："2. 公司发展战略（2017—2019）破百亿销售""3. 总体发展目标，未来三年，我们也将继续坚持三个 30% 的目标不动摇，既要把握现在实现量的增长，更要着眼未来完成质的提升，实现量质齐升，全力以赴突破百亿销售"。

所谓三个 30% 目标，是公司 2012 年年报首次提出、以后年年强调的公司发展目标：未来三年销售收入年复合增长超过 30%（该项自 2015 年起将销售收入修改为业绩）；吸油烟机市场份额达到 30%；吸油烟机销售额超过主要竞争对手 30%（该项从 2013 年起，将销售额超 30% 修改为销售量超 30%）。

以上三个 30%，除了经修改后的业绩增长达到了，其他目标均未完成。若是不将销售收入目标修改为业绩，则三个目标均未达成。

接下来，我们假设公司未来三年，能够按照预定目标完成百亿销售，且毛利率能够继续提升 2.9%，销管费用还能继续降低 3.6%，那么 2019 年的营收数据很可能如表 3-8 所示。

表 3-8　2019 年老板电器营收模拟

	2016 年	占营收比	2019 年	占营收比
营业收入	58.0	100.0%	100	100%
营业成本	24.7	42.7%	39.8	39.80%
销管费用	19.9	34.4%	30.8	30.80%
营业利润	13.3	23.0%	29.4	29.40%

在不考虑营业外收支和财务费用的情况下，假设老板电器 2016 年 12 月 31 日所得税优惠政策到期后，能够继续获取 15% 所得税率的优惠政策并保持到 2019 年，那么公司 2019 年的税后利润就是 29.4×85% = 25 亿元。

假设 2019 年，市场能够给这样一个营收过百亿、年营收和净利润增长约 25% 的企业 20～25 倍市盈率，则届时市值波动范围可能为 500 亿～625 亿元。如果计划获取三年翻倍的利润，则可以买入的空间为

250亿~310亿元，当前市值386亿元。

做决策：投还是不投？

营收达到理想目标，毛利率如过去三年般保持优秀提升，费用如过去六年那样继续有压缩空间，加上所得税率继续享受优惠，所有的利好预期全部达成的情况下，此时买入仍然很难取得年化24%的收益，你投不投？反之，如果以上利好预期有一项或多项无法达成，则收益还会继续降低。当然，如果实际经营结果超越了公司管理层的预期，也有可能获得年化24%乃至更高的收益。

四项潜在利好的未来

这就是最简单的估值和计算思路。最终是否决定买入，就变成了对以上因素的估计。就老唐个人而言，对于以上四项潜在利好的简单判断是：

（1）2019年营收超过百亿，实现的概率较大。老板的主营产品是吸油烟机、燃气灶和消毒柜（烟灶消），2016年三大件分别占营收比例为56%、28%、7%。产品的购买场景，基本集中在房屋装修时。正常入住后的房屋，购买这三大件的概率非常低。因而，老板电器的增长，无疑与房地产市场（含二手）的销售情况具有极大的相关性。

由于交房和装修存在滞后期，2015—2017年的房地产热销，应该能够推动2017—2019年的厨房电器的增长。但需要注意的是，刚刚开始的新一轮限购，又将是2019年之后公司发展的隐忧。未来房地产市场究竟会是什么趋势，老唐自认不懂，很难做出判断，因而对于两三年后的老板，同样难以做出判断。

（2）毛利率提升至60%以上，难度较大。毛利率的提升，无外乎两个因素，要么同样成本的产品，售价上涨；要么同样售价的产品，成本降低。前者取决于同行竞争，后者取决于上游大宗商品价格波动（公司主要原材料为不锈钢、冷轧板、铜、玻璃等，其中核心是钢材）。

对于同行竞争，老板电器董秘王刚先生曾如此说："未来市场竞争会越来越激烈，厨电行业目前毛利率这么高，竞争格局相对良性，而且厨电产品技术门槛不高，因此没办法阻挡新参与者进入。"以老板2016年的主力产品吸油烟机数据为例，每台制造成本约530元，出厂均价约1350元，终端零售均价超过4100元。在这样的扭曲暴利状况下，资本不断进入，竞争不断加剧，几乎是必然现象。

至于上游原材料（主要是钢材）的价格波动，厨电行业里的"巨无霸"只是钢材市场的"小蝌蚪"，价格波动的被动接受者，没有任何掌控能力。两因素合力之下，毛利率持续提升，难度较大。

（3）费用占比继续压缩，难度很大。厨房电器产品差异较小，属于销售推动型，在竞争中，费用投入一旦控制过低，销售额就会大受影响。这一点，我们可以从公司销售人员数量及现金流量表里支付的其他与经营有关的现金数量（主要是广告费、销售服务费、展台装饰费、宣传促销费等）看出来。

表3-9　2011—2016年销售人数、与经营活动有关的现金分析

单位：亿元

年	销售人数	与经营活动有关的现金	占营收比例
2011	844	4.25	28%
2012	1114	5.72	29%
2013	1255	6.47	24%
2014	1330	8.64	24%
2015	1525	12	26%
2016	1312	15	26%

公司通过大力发展线上销售[①]，减少销售人员数量，意图降低相关费用，但董秘王刚先生也表示："虽然线上毛利高，但是电商平台每年都在上涨扣点，最终毛利率会越来越低。"

同时，由于厨电行业技术门槛并不高，产品同质化相对严重，公司

[①] 2016年线上销售占公司总销售额的30%左右，前四大客户京东信息、淘宝老板旗舰、淘宝老板分销和京东贸易合计占公司总销量的26%。

的核心竞争优势首推"高端品牌的运营能力"（年报 10 页）。为塑造和维护消费者心目中的高端品牌形象，与持续降低与经营活动有关的各种费用，这两者是有抵触的。因此，老唐个人认为，持续降低销管费用比较困难。

（4）保持所得税优惠，应该可以大概率实现。

老唐的认识和结论

即便公司能够完成预定目标，也要依赖"接盘侠"的激情（给予更高市盈率倍数的估值）才能获得满意的收益，这样的投资我不敢做。因而，此时的老板就这样被我排除了。表面上看，是靠财务数字排除的，但归根结底，还是因为"不能理解"造成的。

过去 20 年，老唐分别在 1998 年、2001 年、2005 年和 2008 年换过四次住房。四次装修，购买过三次烟灶消三件套（1998 年那次，只买过一个简单的双口煤气灶），三次品牌都不同，购买原因包括：橱柜公司配套推荐、广告里见过且颜值颇高、被卖场销售舌底生花说动。无论是品牌还是产品特性，均没有在购买中起到过决定性作用。除了现在用着的方太套装以外，前两次用的什么品牌，老唐已经完全没有记忆了。

因而，我对老板电器表述的核心竞争力"高端品牌的运营能力、全面高效的营销能力、持续创新的研发能力"，只能认可营销算是一个核心竞争力，其他两项基本就是一个"钱"的问题，有钱投入下去，就能解决。对于这样一个没什么门槛的行业，何以长期保持高毛利而没有引发更多产业巨头进入参与竞争，老唐百思不得其解。懂行的读者，请不吝赐教。

为什么老唐也不认可公司所称的研发能力呢？

首先，看公司的核心管理层：创始人任建华，初中文化；总经理任富佳，创始人之子，本科学历（没查到是哪所大学的本科）；副总夏志明（原富士康制造部长），任生产总监，应该是主管生产的副总；副总何亚东，43 岁，一直从事营销工作，应该是主管营销的副总；财务总监张国富；董秘王刚，42 岁，地税局稽查员出身。

核心管理层中，主管研发的副总呢？研发人员向谁汇报，有关研发的事情由谁决策，哪一位看上去是内行？就凭这个高管名单，就可以基本看出来研发部门在公司地位偏低，不怎么受重视。

正好，董秘王刚先生在最新的电话会议上这么说："老板的优势在于营销、制造，但是在技术和研发上属于弱势。公司认识到短板，去年（2016年）下决心改变状况。通过高薪（高管年薪的3~4倍）挖了新的研发总监，带动研发体系的变化，而且内部资源、薪资倾斜研发部门，希望激发创新动力。公司希望研发人员能够大幅增长（2017年目标增加100多人），从而减少跟对手间的差距。"

他还说："研发上方太比老板有优势。以前公司更注重营销，技术层面重视不够，因此现在希望能改变，而且行业发展趋势看，以前靠渠道驱动，以后渠道红利会逐渐消失。"

由此可见，公司所谓的研发能力上的核心竞争力，更多是口号。老板挖人能出的高薪，方太、美的、华帝、西门子、帅康、万家乐、万和、海尔、樱花……哪家给不起呢？

未解的疑虑

对于老板电器，还有个疑虑老唐一直解不开，文末提出，读者朋友可以一同思考：公司的现金持有量高得不正常，而且不是一年如此，是年年如此。表3-10是公司上市融资以来，每年财务报表上银行存款数据。

表3-10　2011—2016年老板电器银行存款　　　　　　单位：亿元

年	银行存款	利息收入	简单加权利率
2011	10.2	0.24	2.35%
2012	11.1	0.3	2.82%
2013	12.7	0.36	3.02%
2014	16	0.44	3.05%
2015	23.2	0.66	3.36%
2016	34.4	0.79	2.73%

注：简单加权，指以年初和年尾资金之和的一半来计算平均资金规模。

2011 年 IPO 净募集资金 13.76 亿元。此后，公司始终保持高额的货币资金，基本由银行存款构成，不购买理财产品。以利率推算，高度怀疑存的是三年定期存款。

一家身处中国金融业最发达的区域浙江省杭州市的制造业企业，在没有大额投资需求的情况下，保留大量闲置资金，不进行投资，不购买理财产品，仅仅满足于获取三年定期存款的收益水平，这大概率不正常。

对于制造业企业来说，闲余资金要么投资理财，高达 34 亿元的现金，将收益率提高 1 个百分点，就可以增加近 3000 万元税后净利润；或者，通过缩短供应商的账期来获取更优原料供应价格，提升企业毛利率。然而，老板都没做。为什么？

以上就是本文标题要表述的核心思想：用老板的思维做投资，将注意力投向企业盈利的质量、持续性和增长可能。选择合适的价格，参股那些具备可理解、可持续竞争优势的企业，不要将希望寄托在"接盘侠"的乐观和短暂的市盈率波动上面。

靠经营企业发财的老板常见，靠倒卖企业发财的老板万里可有一？你想选择靠企业经营发财，还是想依赖倒卖企业去搏那个万里挑一？老唐真心希望读者朋友们，通通都能脱离"一杯茶一支烟，一个破股看一天"的"炒"股江湖！

利亚德印象[1]

利亚德2017年年报达334页，厚度遥遥领先于其他非金融公司。这份年报到手，可谓一喜一忧。喜的是老唐喜欢上市公司披露信息越详细越好，毕竟我的投资基本上完全依赖对公开信息的深挖和解读；忧的是这么厚的年报，很可能意味着公司业务复杂，或者公司有强烈的融资欲望。还好，读后发现，公司业务并不算复杂。虽号称"四轮驱动"：智能显示、夜游经济、文旅新业态、VR体验，但严格来说，利亚德的"四轮"只能算"两轮"。[2]

利亚德是做什么的？

利亚德的"四轮"，严格说其实是"两轮"：智能显示+VR体验。夜游经济和文旅新业态算是智能显示的细化分类，甚至VR体验也只是刚起头的实验性质，公司的主营业务还是很清晰的，就是LED智能显示。这个业务从公司成立以来就没有变过，其他都是LED智能显示的衍生产业。

---

[1] 本文发表于2018年4月2日。

[2] 老唐曾在2017年3月1日的文章中分享过自己对上市公司X轮驱动的看法：独轮车最好，二轮可看，三轮四轮已经不安全，五轮六轮纯"博傻"——主业为投资的控股型公司除外。

LED 智能显示，公司将其分为三大业务分布：LED 显示屏、LED 小间距电视、LED 大屏拼墙。而夜游经济，说透了，就是用 LED 灯、光和显示屏将街道或者片区装点起来；文旅新业态，则是用 LED 灯、光、显示屏加上声效，与文体演出及环境结合起来，产生全新的观感和体验。至于 VR，是将虚拟技术加进来，使观者感觉自己与灯光声效合成的环境融为一体，创造更真实的参与感。

所有的一切，都与 LED 显示及 LED 小间距电视相关，因此，第一个判断，利亚德是一家集中主业，并在主业的基础上向产业链纵深发展的公司。

为了方便和老唐一样"小白"的读者，老唐用最简单的语言描述一下我所理解的 LED 和小间距，不需要多准确，大致知道是什么，不妨碍阅读即可。

LED 就是发光二极管（Light – Emitting Diode）的英文缩写，已经是广泛使用的光源。以老唐这种科技"小白"的理解，LED 就是：电流通过一个较小的间隙时会产生可见光，如果在电流通过的地方掺有一些其他化合物，如镓、砷、磷、氮等，可见光会因化合物的不同而呈现红、绿、黄、蓝等不同颜色。不同比例的红、绿、黄、蓝，配合大小不同的电流电压，就呈现出各种色彩。将足够数量的小灯珠拼在一起，就形成了 LED 显示屏。而所谓小间距，就是解决了灯珠的拼装技术和散热问题，将灯珠和灯珠之间的距离降到 2.5 毫米以下，使肉眼无法看见灯珠和灯珠之间的距离，从而可以拼接出足够大的屏幕，以及足够清晰的画面和亮度。

小间距技术领域，中国企业是领先世界的；小间距技术的应用，中国也是领先世界的。关于 LED 技术，有一篇名为《什么原因，让国际封装大厂与中国封装界选择了不同的技术路线？》[①] 的业内文章这样写道：

---

① 原文来自"业绩榜"，发表于 2018 年 3 月 28 日。

LED 显示技术的发源地不在中国，多年来，中国 LED 厂商大多都是国际巨头日亚、科锐为代表的国际封装大厂的技术跟随者。然而，在 LED 小间距领域，中国厂商拔得头筹，第一次占领了先机。在国际上率先推出了小间距产品，同时，小间距市场在中国的普及应用也最为广泛。

在国外市场，尤其是欧美市场，对小间距这个新生事物的接受度也比中国市场逊色很多。另一方面，国内小间距保持着高速增长，但是目前主要是应用于控制室、安防监控、广电演播、视频会议等专业显示市场，极少进入商显及民用显示市场。

为什么小间距 LED 在国际市场比国内慢热？为什么小间距 LED 难以进入商显及民用显示市场？究其根本，是小间距灯珠封装的可靠性与稳定性的局限。目前国内小间距灯珠封装主要采用的是 CHIP 型封装技术……其实现工艺相对简单、成本较低，但其可靠性与稳定性远无法与传统的 TOP 型封装技术相提并论。

TOP 型封装技术是……其可靠性与稳定性得到了长期应用的检验。但是 TOP 型封装技术对小间距封装工艺精度要求更高、难度也更大。长期以来，在小间距封装中 TOP 型封装技术一直没有取得根本性的突破进展。

然而，技术的突破与进步是永无止境的。全球封装大佬日亚终于推出了他的第一款小间距封装产品 NESM180A，其采用的正是 TOP 型封装技术。随后，科锐 CREE 也推出了自己的小间距封装产品 C1010，其也是采用了 TOP 型封装。全球封装大厂选择 TOP 型封装技术应用于小间距封装，正是基于其更高的可靠性与稳定性。

无独有偶，近日，国内封装排名第一、世界排名仅次于日亚的第二大封装企业木林森，宣布推出了与国际大厂技术路线相同的 TOP 型 LED 小间距封装产品。

先不要被这些深奥的技术名词吓到，而且我们也不需要弄明白，因为对我们的价值也不大。读完这篇科普文章，大致可以理解：过去中国封装企业，运用一种低成本＋低可靠性、低稳定性的技术，推出了在可靠性和稳定性方面做了牺牲的产品，先人一步占领了市场——上述理解如果有不妥的地方，欢迎深度研究的朋友指教。

以上，就是利亚德的基本业务。

初读财报浅印象

利亚德2012年3月以16元的股价公开发行2500万股，出让股权25%募集资金4亿元。上市以来营收从5.7亿元增长到64.7亿元，增长超过10倍。净利润从0.6亿元增长到12.1亿元，增长超过20倍。

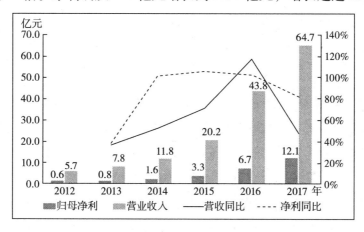

图 3-2 2012—2017 年利亚德经营状况

期间经过数次送股和派息，IPO时认购新股的股东整体，至2018年3月底，累计获得现金分红约6300万元（含2017年），持股变成3亿股。按照3月30日收盘价25.12元计算，市值约75亿元。

4亿元投入，6年变成76亿元，获利18倍，年化超过63%。按照上市当天最高价24.98元买入的，6年时间，6.25亿元变成76亿元，获利11倍，年化超过51%。无论从何种角度，都是令人羡慕的高回报，而且非常明显，这个过程实际就是由于超过20倍的净利润增长推动的，不需要高抛低吸，完全是企业成长带来的利润，市盈率波动的贡献为负值。

　　然而，俱往矣，前面的 18 倍或者 11 倍，都是历史。站在当下，我们要考虑的问题是，利亚德过去的利润是靠什么赚来的，是技术优势、渠道优势、先发优势或者是其他什么优势？今天之后，这些获利因素还在吗？未来企业的净利润还能继续高速增长吗？

技术优势支撑高增长？

　　据老唐对年报及相关资料的分析，利亚德在技术上并没有什么独一无二的，或者特别的垄断优势。因此，一切通过论证利亚德具备领先技术，因技术优势而能继续保持高增长的观点，我认为都看错了重点。为什么这么说呢？证据如下：

　　（1）在利亚德 2016 年财报 16 页，介绍了公司主要竞争对手艾比森、洲明科技的情况。它们的经营业务几乎和利亚德一样，也都是十亿元级别的营收。这两家也是上市公司，查看它们的年报及公司网站，其中对技术的描述，和利亚德差不多。

　　（2）2018 年 3 月，美国启动了针对中国显示屏行业的"337"调查，涉及中国显示屏企业有艾比森、奥拓电子、雷曼光电、三思电子、洲明科技、元亨光电、利亚德、联建光电等。所谓"337"调查，简单理解就是，美国针对某行业中的部分强势企业，调查它们向美国出口的产品，有没有侵犯美国知识产权的行为或其他不公平的竞争行为。

　　这份名单，给我们提供了一个寻找竞争对手的指引。老唐一一打开这些公司的网站，发现除三思电子和元亨光电以外，其他公司均已上市。随便打开几家的网站，会发现一些很有趣的表述，我摘写两家，读者可以自己体会一下。

　　联建光电：2017 年中，联建光电全球首发 0.8 毫米间距产品，再次打破了小间距 LED 工艺技术的极限限制，使得公司产品持续引领全球小间距 LED 显示浪潮。

雷曼光电：雷曼光电近日已经研发出第三代 COB 小间距 LED 显示面板，并将于 2018 年上半年实现量产出货。COB 小间距 LED 显示屏技术是新一代高清 LED 显示技术，其像素间距在 2 毫米至 0.5 毫米之间，是 LED 小间距高清显示的未来……雷曼光电是中国 A 股市场第一家上市的高科技 LED 显示屏公司，拥有 LED 封装技术和 LED 显示屏技术的专利及工艺技术的长期积累。COB 小间距 LED 显示技术结合了先进 LED 集成封装技术和 LED 智能显示控制技术及一系列工艺突破，属于雷曼光电的自主知识产权。

（3）通过搜索"LED 显示屏品牌"，找到慧聪网每年举办的 LED 显示屏行业品牌榜。上榜 LED 企业非常多，利亚德及领军人物董事长李军多年上榜，但地位并非固若金汤，比如该榜评选的 2016 年 LED 显示屏十强品牌榜单之最具价值品牌 TOP3 是：深圳市艾比森光电股份有限公司、利亚德光电股份有限公司、北京恒冠江南科技有限公司。2017 年 TOP3 则是：深圳市联建光电股份有限公司、深圳市洲明科技股份有限公司、深圳市艾比森光电股份有限公司。

注意，老唐并非说这个榜单权威，或者利亚德地位下降，而是说我们可以通过上述观察，哪怕是一名 LED 技术"小白"，也应该可以看出，LED 及小间距技术并非什么高精尖技术，也非利亚德独家垄断，市场有多家竞争者，且各有所长。以营收规模看，利亚德确实是竞争中的佼佼者，但原因并非技术领先。

关于技术非强项的佐证

实际上，这个技术非强项的结论，我们还可以通过财报的高管履历来侧面观察。阅读利亚德财报 146～149 页高管简介，可知公司创始人李军，1964 年 12 月出生，1987 年 7 月至 1991 年 12 月任教于中央财经大学；1991 年 12 月至 1994 年 11 月任蓝通新技术产业（集团）有限公司董事、副总裁；1995 年 8 月创立了利亚德。

创始人 23 岁在中央财经大学任教，可以判断他为非技术背景人才。因为通过中央财经大学的网站查询其科系设置，没有与显示屏或 LED 相关的科系，甚至没有任何工业技术类的科系。

网上搜索创始人任职的第二家公司——蓝通新技术产业（集团）有限公司，发现是北京海淀区蓝图经济技术开发部和香港一家投资公司合资，于 1993 年 12 月 3 日成立的合资企业。李军董事长的履历写的是在成立前一年多就任职于该公司，估计是参与了前期合资和筹建工作，这个比较符合财大老师的专长范围。

这家蓝通新技术公司，当时从事的业务应该就是显示屏业务。因为在这家企业的生命期内（现已被吊销执照）就投资成立过一家公司，叫"杭州蓝通显示屏有限公司"。

在蓝通新技术成立后的不到两年时间里，李军董事长就离开了蓝通，于 1995 年 8 月 21 日创建了同样以显示屏为主要经营范围的北京利亚德电子科技有限公司，它就是今天的上市公司利亚德的前身。

今天利亚德有五位副总经理，排名前三位的都来自蓝通。排名第一的副总谭连起，现年 55 岁，是原蓝通的营销中心总经理，1998 年加入利亚德；排名第二的副总袁波，现年 47 岁，原蓝通沈阳分公司经理，1995 年加入利亚德，任市场部总经理兼总裁助理；排名第三的副总刘海一，现年 48 岁，原蓝通重大项目部销售经理，1996 年 6 月加入利亚德，任销售经理。

请注意，董事长李军及目前排名前三的副总，全部非技术出身。三位副总的特长均在销售和市场领域。不是原蓝通出身的副总卢长军，排名第四，现年 45 岁，本科学历，1996 年加入利亚德，任研发项目经理，这显然是利亚德的技术人才。但是，请注意，卢长军 2007 年 2 月离开利亚德，加入一家生产门禁卡、水卡、收费卡之类的 IC 卡制造公司北京天润科技有限公司。这个跳槽经历，我认为可以证明卢长军本人的技术特长并非和 LED 相关，顶多是和制造、封装之类的工艺相关。一年后，因某种因素，卢长军重新回到利亚德，担任技术总监至今

（现在是副总兼技术总监）。这是利亚德自成立以来到 2016 年 4 月，公司内部最高级别的技术人才。

2016 年 4 月，公司终于招来了一位与光电技术沾边的人才：最后一位副总经理姜毅，45 岁，硕士学历。1993 年 9 月至 1998 年 4 月任中国南方工业集团公司光电技术工程师（20 ~ 25 岁期间）；1998 年 5 月—2002 年 8 月，参与创建一家数据系统公司并负责公司运营和项目管理；2002 年 9 月至 2004 年 8 月，攻读管理学硕士学位；2004 年 9 月至 2011 年 12 月，先后在法国拉法基集团中国区担任整合项目负责人及拉法基集团管控和风险控制项目负责人（拉法基集团，世界著名的水泥生产商）；2012 年 1 月跳槽到中国自动化集团公司任运营副总裁；2016 年 4 月加入利亚德，任首席运营官。

以姜毅先生的履历看，顶多算是略懂光电技术，其主要经验来自拉法基集团的项目整合和风险管控，擅长的领域在并购管理和风险控制上，更像是利亚德为资本运作招来的人才，只是恰好有过一小段光电技术从业经历。

挖这么多东西，绝非八卦，老唐只想说明一个问题：这不是一个以技术见长的公司。无论公司怎么宣传技术领先，我们应该清楚地看到，整个管理层里没有懂 LED 技术的高端人才，换句话说，懂 LED 技术的专业人才在公司的地位并不高。

同时，公司固定资产中披露的公司机器设备价值，也可以佐证公司并非以技术见长。如果是技术性的制造企业，通常而言，应该有较多高精尖生产设备，价值应该比较高。但是按照公司财报 237 页披露的机器设备价值来看，公司拥有的机器设备总价值还不到 3 亿元，其中有 9600 万元是 2017 年才购置或者并购而来。而且，这些机器设备的公允价值甚至可能还没有这么高，如财报披露，公司几乎没有银行的长期借款。短期借款有 19 亿元，其中一笔是用 10.1 亿元的存单抵押借贷，其他大部分是董事长李军用自己持有的利亚德股票来做抵押或者担保的。仅有一笔与机器设备相关的贷款，是公司下属的深圳子公司从银行贷款

113万元，除提供担保人以外，银行还要求该公司提供了账面价值595万元的机器设备质押担保，这个信息也可以从侧面佐证这些机器设备的市场价值是偏低的。

营收60多亿元的高科技企业，不仅核心管理层里没有高技术背景人才，公司拥有的机器设备仅不到3亿元，这些迹象应该可以说明利亚德并非一家偏重技术的公司。那么，利亚德高速成长的背后，推动力究竟是什么呢？

高增长的真正助力：能否持续？

让我们回到利亚德上市之初的介绍，看招股说明书对公司及行业发展的研判。招股说明书99～103页，展望了公司的地位及行业发展前景。

本公司的业务领域为LED应用领域，其上游产业为LED外延片、芯片制造和LED器件封装。

（1）LED芯片市场增长迅速，国产化率已有明显提升。

（2）我国已经成为全球LED封装基地之一，一些企业封装水平已经接近国外先进水平。

LED芯片、封装市场的快速发展及相关产品性能的持续提升，对LED应用行业将产生积极的促进作用，在拓宽LED应用领域的同时也会降低LED应用产品的成本。

本公司所在LED应用领域的下游行业涉及面较广。随着LED应用产品的不断发展和成熟，LED应用产品在下游行业的渗透率不断提高，并不断拓展新的应用领域，成为推动LED应用市场近年来快速增长的主要原因。

（八）行业发展前景

2009年9月，国家发改委、工信部和科技部等六部委联合制定的《半导体照明节能产业发展意见》提出，到2015年，我国半导体照明节能产业产值年均增长率在 30% 左右。目前，我国已经成为全球发展最快的 LED 应用市场之一，根据来自中国光学光电子行业协会的相关预测数据，2011—2015 年国内 LED 应用产品市场增速在 40%~50%。

LED 显示屏市场发展前景

LED 显示屏是 LED 应用较为成熟的领域，全球 LED 显示屏市场目前仍处于一个高速增长的阶段，全球市场容量每年保持 15% 以上的增速，根据台湾拓扑产业研究所 TRI 的统计和预测数据，LED 显示屏所用 LED 器件封装产值年增长率保持在 30% 以上。

根据《国家发改委半导体照明"十二五"规划研究——显示屏应用市场专题报告》，预计未来 3 年内国内 LED 显示屏市场规模仍将保持 20% 以上的增长速度；预计未来 3 年内国内 LED 全彩显示屏市场规模将平均保持 30% 以上的增长速度。

LED 照明市场发展前景

我国将半导体照明列入"十一五""十二五"重大科技领域，启动了"国家半导体照明工程"，半导体照明已经成为国家战略性新兴产业。

近几年，国内 LED 景观装饰照明市场发展迅速，占 LED 应用产品市场份额的 23%，LED 已经成为装饰照明的主力光源。未来，LED 景观装饰照明产品将进入更多城市、应用于更多领域，持续为行业发展提供动力。

LED 普通照明领域被公认为是最具市场前景的 LED 应用领域，最终将完全替代白炽灯、荧光灯等传统照明光源。但目前来看，受限于 LED 成本和发光效率，LED 进入普通照明领域正处于起步阶段。预计 2012 年，LED 照明产品将开始逐步进入国内普通照明领域，其中高档酒店、写字楼照明、医院照明等将成为突破口。

简单说，在利亚德上市之初，公司已经看见了由于技术进步和政策推进，这个行业将会高速增长，同时，公司也确实抓住了这个行业高速增长的机会，从一个年销售 5 亿多元的企业，6 年时间里成长为年销售 60 多亿元的企业。

那么，今天，行业还在这个高速成长范围内吗？公司 2017 年度财报 14 页的表述如下：

> 智能显示业务的 LED 显示屏是较为成熟的产品和市场；液晶大屏拼墙未来大部分市场将会被小间距电视所替代；具有爆发力的是 LED 小间距电视。

这个结论有清晰的数据支撑，财报 23 页最下面的表格里，我们可以清晰地看到，2017 年智能显示板块营收增长近 8 亿元，几乎全部是小间距电视带来的。LED 显示屏负增长；液晶大屏拼墙反倒勉强有几千万元的增长。但依据公司的估计，液晶拼墙是即将被替代的产品，这种增长只能归为个案偶发因素。

因而，公司这样表述小间距电视的重要性，财报写道，"小间距高增长是集团发展的根基。小间距电视是集团发展的业绩支撑"。然而，同样是利亚德财报的表述，让人不得不担心这个根基和业绩支撑的脆弱性。财报 24 页表述，"利亚德的小间距电视全球市场占有率仍保持在 40%～50%。且境内市场占有率可达 50% 以上"，可见小间距全球市场的规模总量似乎也不大。是否正因为市场规模很小，才没有引起世界 LED 巨头的窥觑？

同时，财报 23 页表格的数据显示，2017 年 LED 小间距电视的直销增速仅有不到 15%，已经显示疲态。只是由于"2017 年，公司开始大规模挑选优质合作伙伴，形成了 200 多家境内渠道合作伙伴，新签订订单 5 亿元，同比增长 400%。同时，收购美国平达后，使用美国平达的销售渠道，新签订 4 亿元的小间距电视订单"，致使小间距增长了七八个亿。

渠道订单有没有压货的可能，是否可以持续？我认为这是利亚德投资人应该要去关注和思考的问题——注意，老唐没有说是压货或者不可持续，而是说，作为利亚德的投资人，应该去关注和思考压货可能及可持续问题。

夜游经济：资金压力不容忽视

夜游两个字，在 2015 年的财报里一字未提，它实际来源于 2014 年收购深圳金达照明，在 2014 年和 2015 年，它被归为智能照明。2016 年，这部分业务营收已经超过 8 亿元的时候，公司才将它单独列出，并从照明提升到夜游经济。

2017 年，夜游经济再次翻倍，营收超过 17 亿元。按照公司财报的预计，2017 年，城市亮化进入爆发期，截至目前，全国已经有 10% ~ 20% 的城市亮化开始投资，预计城市亮化将持续 5 年以上。这个 5 年以上的推测，估计是根据"已经有 10% ~20% 城市投资"，推演出每年还有 10% ~20% 的城市进行亮化。其科学性需要考证。

以常理推测，城市亮化的技术要求，可高可低。高可以上升到艺术的境界，可以把世上最美最尖端的灯光设计搬到城市里去。低，随便找几个电工也可以搞定，无外乎就是牵线安灯而已。亮化水准是高是低，取决于政府有没有这笔钱。

正因为随便什么公司都能做（当然，还是有些资质门槛的），而做到什么程度要取决于政府资金，所以，这部分项目现金流明显不好。按照公司财报 22 页披露的经营性现金流数据看，夜游经济 2016 年 8 亿元营收，现金流为 - 0.39 亿元，2017 年超过 17 亿元营收，现金流 0.28 亿元，两年做了 25 亿元工程，拿到的净现金为 - 0.11 亿元，赚到的是"欠条" 4.6 亿元。按照 2017 年 9 月 21 日公司披露的投资者调研活动回答，夜游业务大致是半年做完、确认收入，钱两年左右收到。

实际上，公司整体的经营现金流情况也不理想，按照财报 293 页披露的现金流量表补充资料数据，当年有经营现金流净额 7.78 亿元，但是就在这个数据的上一行，有另一个数据"应付增加 8.46 亿元"，也就是说利亚德是靠多拖了上游供应商 8.46 亿元货款，才得以获取 7.78 亿元经营现金流净额。弦绷得还是比较紧的。

当然，绝大多数政府欠款，收回来的概率还是很大的，这里要强调的不是坏账风险，而是因为夜游经济资金占用，公司的资金需求会很大。

出于竞争的需求，众多竞争参与者甚至可能采用 PPP 模式抢合同。所谓 PPP 模式，简单理解，就是经政府同意后，由公司出钱设计和施工城市亮化或美化工程，然后政府每年按一定比例付费或者给予公司某种经营收费的权利。在付费或经营到约定年份后，工程移交给政府。PPP 模式可以让政府在不出钱的情况下，亮化或美化城市，自然备受政府喜爱，但公司就承担了资金压力，甚至是经营压力。最终盈利如何，会受到多种因素影响，不确定性较高。

2018 年，夜游经济部分，按照年报披露数据计算，已经至少有超过 17 亿元的订单在手，全年高增长几乎是确定的事情。唯一的问题是，"地主家也没有余粮"，面对要垫付两年的款项，甚至 PPP 模式下更长久的垫款时间周期，夜游的高增长，会给公司带来很大的融资压力。

文旅新业态：可能进一步加剧资金紧张

文旅新业态部分，按照利亚德董事长的描述，"文旅新业态大有星火燎原之势，项目遍地开花结果，文化旅游新业态的春天来了"。但这部分，坦率地说，老唐不看好。

该领域的榜样是宋城演艺，刚好老唐研究过。宋城作为运营声光秀、主题秀以及文化旅游产品的鼻祖和老大，也只敢在热点景区附近建设"千古情"项目，以求游客到热点景区的时候，"顺便"去看一场声光秀或者文化演出。

它的观众来源多是一次性的。比如，我到丽江看过"丽江千古情"之后，一般来说短期内不会再去丽江，即便再去了丽江，也几乎不可能重复观看丽江千古情演出。宋城是依赖知名景区不断吸引来的新游客的首次观看，来赚取收入和利润。而利亚德的计划，是在城市里投入这样的声光秀。如果不是旅游热点城市，仅仅依赖本地人作为主体，免费的街景有吸引力，收费的秀恐怕困难重重。作为秀场老大的宋城，在上海投入的城市秀《上海都魅》《紫磨坊》，也只是对城市演艺的探索，筹备多年，精心打磨，迄今还没有开业。

利亚德对于如何运营一个秀场或者文旅业态，并无经验积累。毕竟过去公司的主业是显示屏和灯光设计，这和运营一个旅游项目或者一场演艺，中间还有颇多缺环。而这些文旅项目，现在似乎也主要是以 PPP 形式进入。例如，利亚德已经按照 PPP 模式运营贵州茅台镇亮化工程和成都江安河水韵天府项目。按照财报披露，茅台项目自 2017 年 9 月试运行，当年的运营结果是亏损。江安河项目没谈盈亏，但依照"成都'水韵天府'开街后招商完成率 70%，演出三次均满座，演出结束观众通过问卷调查反馈很精彩"的表述推测，似乎暂时也处于亏损阶段。

正是夜游和文旅新业态的应收账款问题，甚至是 PPP 垫款问题，导致公司资金链一直绷得很紧。利亚德 2012 年上市发行新股融资 4 个亿以后，2014 年 5 月和 7 月非公开增发两次合计融资 2.2 亿元，2015 年 9 月非公开增发融资 7.2 亿元，2016 年 1 月和 8 月非公开增发两次合计融资 17.4 亿元，2016 年发债券融资 9 亿元，2018 年 1 月非公开增发融资 12.2 亿元。上市以来，公司从市场债权融资 9 亿元，股权融资约 43 亿元，但反馈给这些股权持有者的现金分红累计不到 2 亿元（含 2017 年）。

依照公司目前对夜游经济的重视，未来公司的资金"饥渴症"依然很紧迫。城市亮化这种事情，哪个城市做了，数年之内就很难再重新做。因此，这块肉就是个一锤子买卖，谁抢下来就是谁的。要想抢，资本是重要筹码。

财报数据：那些需要格外关注的部分

公司的财报数据"含水量"略高。举几个例子，以应收账款的计提比例来看，利亚德计提坏账比例与同行相比偏低，对比数据如表

3－11 所示。

表 3－11　坏账计提比例对比

账龄	利亚德	洲明科技	奥拓电子	艾比森
1 年以内	3%	5%	5%	5%
1 至 2 年	10%	10%	10%	20%
2 至 3 年	20%	20%	30%	50%
3 至 4 年	30%	40%	50%	100%
4 至 5 年	50%	80%	50%	100%
5 年以上	100%	100%	100%	100%

对于其他应收款和存货的计提比例，利亚德同样存在和同行相比计提比例偏低的问题。相关数据，有兴趣的读者可以自己搜索比较。

此外，所得税费用相关数据和会计处理也需要投资者格外关注。2017 年公司税前利润 12.1 亿元，但所得税费用仅 45 万元。按照财报 290 页注释，是有前期未确认递延所得税资产的可抵扣亏损的影响，造成当期直接少计入 2.82 亿元的所得税费用。

按照财报 331 页的解释，是公司 2017 年收购的美国平达公司实现连续盈利，得以运用以前累积的未抵扣亏损抵销所得税费用造成的。按照财报 58 页披露，美国平达公司当年营业利润 1.6 亿元，净利润 3.4 亿元，确实是确认了大额的负所得税费用。

然而，按照 2016 年公司财报 60 页的披露，这个美国平达公司 2016 年盈利 0.94 亿元，这个未抵扣亏损不知为何会累积到今年使用？

因为计提比例不足，以及所得税费用的影响，对于保守的投资者，老唐建议将公司净利润 12 亿元看成约 9 亿元，据此估算企业价值比较合适。

研究结论

这个企业最大的财富是这群人。这是一群对市场保持高度敏感，有着强烈事业心的团队。他们扎根于 LED 行业，并以灵敏的嗅觉，不断依赖原有基础，扩展自己王国的领地。按照公司业绩发布会及财报展示，公司拥有强大的愿景，正一步步朝着金融＋文化科技大平台的战略目标前进。

由于小间距国内及国外市场的推广，以及夜游经济在手订单，预计公司2018年实现财报60页的90亿~100亿元营收问题不大。财报预计的16亿~20亿元净利润，估计只能偏下沿达成。毕竟，如果扣除递延所得税的影响，今年的净利润率也就约15%。

无论小间距或是夜游乃至文旅，都是竞争激烈的红海，规模做大的同时，将净利润率提高到20%以上，应该是非常困难的事情。按照100亿元营收，16亿元净利润估计，概率较大。

不过，伴随企业营收规模的做大，利亚德的资金压力也会越来越大。生意模式决定了经营现金流始终偏紧，企业未来依然会经常性地启动大规模融资。未来的业绩，会受到PPP项目运营情况的较大影响。

最后，对于这种现金流比较紧张，未来变数较多的企业，即便有高成长，也不适合老唐这样保守的投资者。

长安汽车：独轮行驶[①]

初看长安汽车财报，第一印象是：好公司、低估值。然而，市场偏偏不给面子，股价跌跌不休，B股甚至是A股股价的六折。究竟是市场有眼无珠、一错再错，还是投资者自己漏看了什么？

公司过百亿的净利润，对应不足700亿元的总市值，如果以长安B的股价计算，仅有约430亿元市值，看上去便宜得离谱。而且，向大股东定向增发1.4亿股的价格是14.31元；向管理层和核心员工实施的股权激励，价格是14.12元。5月，A股价格在13.5~14.25元波动，是不是可以抄大股东和内部人的底？

以B股和A股股价分别计算，市盈率约4~7倍。以2016年分红方案10派6.42计算，股息率约7%或4.5%。这对于一个净资产收益率数年间保持在25%以上，过去五年净利润从14亿元增长为过百亿的"高成长"公司而言，实在太过低估！

---

① 本文首次发表于2017年6月5日，精简后发表于2017年6月9日出版的《证券市场周刊》。

自主品牌增收不增利

长安汽车是全国四大汽车集团之末，2016 年销售车辆 306 万辆（含合资），相对于全国汽车销量 2800 多万辆而言，市场份额约 10.9%。公司股权结构简单，总股本 48.03 亿股，其中约 39 亿 A 股，9 亿 B 股。长安集团直接、间接持有 41.82%，为控股股东，其他为公众股东。但是，控股股东旗下公司较多，且多与上市公司有关联交易，2016 年发生的关联交易额约 200 亿元，且交易价格基本属于协议定价，这其中涉及庞大而专业的产品及服务交易。期间是否有利润腾挪，很难估算。

上市公司名下资产，可以简单分为三大板块来看：自主品牌；长安福特；其他合营参股企业。这三大板块在 2016 年里，分别给公司创造了 6.5 亿元、90.3 亿元和 6 亿元净利润。

先看自主品牌部分，2016 年完成销售收入 785 亿元，制造成本 645 亿元，毛利 140 亿元，毛利率不到 18%。销售和管理费用合计 104 亿元（53 + 51，该项费用的大幅增长，导致当年经营现金流净额锐降），还剩 36 亿元，正好交了生产经营中的汽车消费税及城建和教育附加费，合计 36 亿元。对股东而言，回报率为 0。

别急，还没完。计提坏账损失、存货跌价准备、固定资产和无形资产减值损失合计 4.7 亿元后，营业利润为 −4.7 亿元。另外，当年投入 32 亿元研发费用，其中有 9.5 亿元没有作为费用扣除（不违规），若全部费用化进行保守处理，则账面营业利润会成为 −14 亿元。

还好，公司账上现金存银行，产生了 4 亿元利息收入，去掉借款及承兑汇票的利息支出，公司净得 3 亿元利息收入。加上政府以各种名目给了 10 亿元财政补贴，其中 8.6 亿元计入了本期利润。由此，去掉营业外支出，抵销了 −4.7 亿元的营业利润后，产生了 7.3 亿元的税前利润，交纳所得税后，剩下 6.5 亿元净利润。这就是 2016 年公司自己生产和销售了约 140 万辆车的经营结果。这 140 万辆车主要包括长安逸动系列、悦翔系列、欧诺、欧尚、CS 系列以及少量非家用车辆等。

不仅 2016 年如此，过去几年，中国汽车市场一片大好之际，长安自主品牌基本上一直处于增收不增利，徘徊在盈亏边缘。2012—2016年五年间，即便算上政府补贴，自主部分的净利润也只有 – 4.5 亿元、– 10.4 亿元、– 5.8 亿元、4.3 亿元和 6.5 亿元。如果扣除政府补贴，那么全线陷入亏损（营业外收支净额分别为 4 亿元、1.9 亿元、3.6 亿元、4.3 亿元和 9 亿元）。

考虑到中国汽车市场的高速增长，中国用高昂关税将海外汽车挡在竞争门槛之外，这样的经营结果确实令人沮丧。但别急，精彩的东西马上登场。

合资品牌才是盈利点

长安汽车真正的财富是持有长安福特汽车公司 50% 的股权。这是长安汽车和美国福特的合资公司。虽然占 50% 股权，但由于协议约定，长安不能左右长安福特的经营决策——虽然中外双方股权比例各 50%，但企业经营由福特掌控，长安只管分钱——长安福特的营业收入和各项费用均不合并入长安汽车财务报表里，而只是将每年长安福特净利润的50%，计入长安汽车利润表的"投资收益"项目下。

PB 投资陷阱

这部分股权，在长安汽车资产负债表中按多少钱计入？56 亿元。2016 年长安福特的净利润是多少？181.7 亿元，归长安汽车所有的净利润超过 90 亿元。这里我们就会发现一个投资中常见的陷阱。很多朋友，尤其是走格雷厄姆 – 施洛斯这条道路的价值投资者，喜欢看市净率（PB）来投资，号称绝对不买 PB > 2 的公司，即股价超过每股净资产两倍的企业，坚决不买。

可是，如果现在长安汽车将长安福特 50% 的股价按照 56 × 2 = 112亿元卖给你，而这家长安福特自 2013 年独立出来（以前叫长安福特马自达汽车有限公司，2013 年将马自达拆出，留下长安福特主体）后，四年来的营收、净利润、现金分红和净资产逐年增加（见表 3 - 12）。如果 2013 年，你能够以两倍 PB 买下长安福特 50% 股权，投入不到 105 亿元，截至今天，四年间仅现金分红就收到约 260 亿元，同时，你仍然拥有未来长安福特生命期内全部净利润的一半。这样一笔生意，不值得投吗？

表 3 - 12　长安福特业绩

单位：亿元

年	营业收入	净利润	现金分红	净资产
2013	842	82	32	104
2014	1064	144	154	94
2015	1176	175	156	112
2016	1265	182	177.4	115

同样，直至今天，如果长安福特 50% 股权以 2 倍乃至 3 倍 PB 定价，哪怕一个完全不懂汽车行业的商人，仅凭常识，也会挤破头去抢。只需要看看长安福特的过往业绩，再加上对中国汽车市场的基本感知，也能判断，即使汽车行业从现在开始停滞，即使长安福特从现在开始滑坡，投入约 170 亿元按照 3 倍 PB 估值买下长安福特 50% 股权，依然是一笔超级划算的生意。更何况，中国的汽车市场依然还在增长态势中，长安福特的蒙迪欧、翼虎、锐界、福克斯、福睿斯都还有拥趸。这个时候，它不是价值投资吗？

再举一个例子，同样是长安汽车的合资公司——长安标致雪铁龙（长安 PSA）。这家公司 50% 的股权，2016 年初在长安汽车账面上的价值是 15 亿元，然而长安 PSA 2016 年经营亏损超过 16 亿元，对应 50% 股权负担超过 8 亿元亏损额。如果年初以 0.5 倍 PB，作价 7.5 亿元卖给你，你会觉得是一笔划算的生意从而买下吗？

不买？错。简单回答买或者不买，都是错的。关键点不是 0.5 倍还是 3 倍 PB，而是这部分资产未来的盈利能力怎么样，它究竟是个亏损的无底洞，还是仅仅是运营之初的必要亏损？如果是个亏损无底洞，有没有清算价值，直接处置资产能卖出什么价格？能答出这些问题，买或者不买才是"投资"决策。回答不出来这些问题，无论是低 PB 还是高 PB，可能都是"赌博"。

为什么会这样？奥秘在于能够带来收入的"资产"没有被全部计入会计账本，仅此而已。同样卖水，你挖一口井，他挖一口井，账本记录的成本一样，但你挖的井出甜水，他挖的井出苦水。甜和苦的区别，并不反映在净资产数字上，然而两者的盈利能力显然不同，资本市场给这两口拥有同样账面净资产的井，定价当然也不同。只看账本上记录的挖井成本，不看出水是甜是苦，这样的 PB 估值法，是不是很荒诞？

那么，PB 估值就完全无用吗？也不是。老唐认为，PB 估值法，只有一个领域适用，就是采用公允价值记账的金融企业。由于金融企业持有的资产基本上都是逐日盯市价，或采用了较为保守的公允价值估算，因而，以账面净资产作为参考是可行的。

投资汽车行业的核心能力是什么？

继续说长安福特。从表 3 - 12 中可以发现，长安福特每年的净利润基本分光，留存于企业发展的资金几乎可以忽略。这里包含着合资双方什么样的考虑和博弈呢？究竟是无须投入也可满足市场需求，还是对汽车产能现状的担忧？我没有答案。

长安福特是长安汽车的核心盈利资产，过去是，今天是，估计未来很长一段时间依然是。所以，观察长安汽车，核心就是跟踪和观察长安福特的生产经营情况。以长安福特 2013 年独立以来披露的销售车型及数量情况来看（见表 3 - 13），汽车企业的增长，可能主要寄希望于某新"爆款"车型的出现。对于新车型的推出计划及受欢迎程度的预测，在我看来，这将是投资汽车行业的核心能力。

表 3 - 13　长安福特近年生产经营指标　　　　单位：辆

	2013	2014	2015	2016
新福克斯	246815	270001	205862	212266
蒙迪欧	35747	109806	120202	103274
翼虎	95891	135998	135194	115083

续表

	2013	2014	2015	2016
福睿斯			214342	296867
锐界			65152	123690
合计	682686	805988	868677	943782
营业收入（亿元）	842	1064	1176	1265
净利润（亿元）	82	144	175	182
单车均价（万元）	12	13	14	13
单车净利（万元）	1.2	1.8	2.0	1.9

数据来源：公司产销快报披露。

按照 2017 年前四个月的销售数据，长安福特旗下的几员核心战将，除锐界勉强有同比 8% 的增长以外，其他主力车型均出现大幅下挫，尤其是翼虎，完全被消费者抛弃，同比跌幅超过一半。

表 3 –14　长安福特 2017 年前四个月销售下滑严重　　　单位：辆

	2017 年前四个月	2016 年前四个月	同比增长
新福克斯	55573	64920	− 14.40%
蒙迪欧	31351	43008	− 27.10%
锐界	37956	35080	8.20%
福睿斯	84458	85310	− 1.00%
翼虎	20856	45717	− 54.38%
合计	249104	312261	− 20.23%

数据来源：公司产销快报披露。

按照 2016 年年报里公司董事会的估计，2017 年中国汽车行业整体可以获得 2% ~4% 的增长，事实是，全国 1—4 月销售量的确是同比增长了 4.62%，达到了 345.34 万辆。在行业整体增长的情况下，长安福特出现了大幅下挫，究竟是什么环节出了问题？长安福特会怎么应对？这些应对措施可能取得什么效果？

看过了自主部分和长安福特，我们再看看其他合资及参股企业。这部分主要由长安马自达、长安标致雪铁龙、江铃控股、长安铃木组成，持股均为 50%。2016 年上述四家合资企业给上市公司分别带来 10 亿元、− 8.2 亿元、2.8 亿元、0.17 亿元的净利润，加上其他参股公司，合计带来约 6 亿元的净利润，占公司净利润比例较小。自 2013 年以来，除长安福特以外的其他合资及参股公司为公司带来的净利润分别为 3.8 亿元、8.4 亿元、8.2 亿元、6 亿元，情况基本稳定。老唐认为，相对于当前长安汽车的估值水平而言，这部分没有什么细究价值。

只买对的，不买贵的

投资长安汽车，真正需要弄懂的东西，一是自主品牌巨大的销量背后，会不会受到消费者欢迎，有没有可能给公司带来利润？尤其是公司重点打造的 CS 系列（cs15、cs35、cs75 和 cs95）。二是长安福特有什么新车型推出，传说中的林肯国产化何时落地，它们的前途会如何？

一旦能在这些问题上给出有说服力的答案，就大致可以说明"懂"这家企业了。在懂的基础上，估值实际上是非常简单的事情，老唐认为会看市盈率就足够了。传说中，看市盈率属于小学生技能。事实上，知道一只股票的 PE，的确是小学生技能，但懂得什么情况下才能使用 PE 估值，以及其背后的原理是什么，恐怕小学生就难以胜任了！

在我看来，估值的核心数据就是市盈率。因为市盈率是投资回报率的倒数，看市盈率事实上就是看投资回报率。投资者无论是存款、买债券还是投资企业股权，都是来追求投资回报的，看投资回报率做决策，简直是天经地义的事儿。然而，企业经营的投资回报率，和债券或者存款的投资回报率，有着巨大的差别。

同样期限的工行或建行的存款，我们只需要比较一下存款的"市盈率"（存款利率的倒数），选择其中市盈率较小的（或称为利率较高的）买进就是了，因为它们之间还本付息的确定性差异小到可以忽略。长江电力和国投电力发债，如果期限相同，我们也只需要比较一下债券的"市盈率"（票面利率的倒数），并选择市盈率较小的买入即可，因为它们之间还本付息的确定性差异小到可以忽略。然而，两家上市公司，尤其是不同行业的上市公司，我们就无法仅靠比较市盈率大小来决定买卖。例如，21 倍的洋河股份和 7 倍的长安汽车，谁更有投资价值？

这个问题的难度就比较大了。

为什么？因为市盈率是市价与企业盈利之间的比率，市价是确定的数值，但企业盈利却充满谜团。净利润数据是否为真？未来能否持续？持续是否依赖加大资本投入？这三个概念是市盈率指标的核心问题。

确定盈利为真，未来大概率可以持续，且持续不需要依赖增加资本投入。如果无风险回报在 20 倍市盈率（一般参照五年期国债，即五年期国债利率 5%），那么，三年后若以 15 倍市盈率卖出能让你获得满意回报（我对满意的私人定义是翻倍）的位置，就是很难亏钱、值得下手的低估位置。所以，老唐认为，估值就这么简单，会看 PE 足矣。"三年后 15 倍 PE 卖出能赚一倍的价格，就可以买入。高杠杆企业打七折"就是我的估值方法。

虽然看 PE 简单，但要准确回答 PE 指标使用前的三个问题却很困难，例如，"持续是否依赖加大资本投入"，就涉及第二章所谈的自由现金流的概念。

例如，长安汽车，公司财报预测 2017 年行业会有 2% ~4% 的增长，公司的目标是取得 8% 左右的销售量增长，使整车销售超过 330 万辆（含合资），利润目标没谈。老唐估计内部利润目标比 8% 小，因为首要是销量，除非市场出乎意料火爆，否则企业为了销量目标的达成，必然会在利润上让步。为达成销量目标，公司计划增加固定投资 56 亿元，股权投资 9 亿元，合计新增 65 亿元投资。这时候，65 亿元中的大部分，就成了为了维持现有盈利能力而必须投下去的资金，它不是自由现金流。

它是利润，但只是可望而不可及的"泡沫利润"，为此，投资者对其进行估值的时候，就需要对利润进行去泡沫化。从这个角度考虑，在不确定性增大的时候，表面上看上去低的 7 倍市盈率，就不那么夸张了。

研究结论

长安汽车今天的利润能否持续，老唐的答案是：不懂、不知道；未来长安及其合资公司推出的新车型，是否能够讨得消费者欢心，老唐的答案是：不懂、不知道；在面对新能源车的竞争下，长安汽车汽油车能否持续盈利，长安汽车新能源车能否抢占一杯羹，老唐的答案是：不懂、不知道；面对政府出台鼓励共享汽车（6月1日，交通部发布了意见稿）政策的可能性，家用轿车和SUV会怎么发展，会不会出现整体断崖式下滑，老唐的答案是：不懂、不知道；现在的高额关税政策未来会否松动，老唐的答案依然是：不懂、不知道……所以，我确定，它不是我的菜。长安汽车，属于那些能够理解消费者口味、理解流行趋势、理解技术前沿，能及时跟踪新车推出节奏，能最快地掌握市场一线销售状况，并及时对数据做出反应的投资者。好在，投资获得满意回报的前提，并不需要搞懂所有的公司，而是坚持做到不懂的不投。

当然，即便是不懂，也能够知道一个基本原理，作为投资者，面对同股同权的A股和B股，毫无疑问应该摒弃一切借口，选择便宜近40%的长安B。即便是考虑到长安A附赠的"摸彩票"资格，长安B也至少便宜三成以上。

有现在年净利润高达180亿元以上的长安福特一半股权在手，有美国汽车三巨头硕果仅存的百年福特文化加持，老唐认为，持有430亿元估值的长安B，安全系数还是非常高的，很难亏损，只是赚多赚少的差别。

2014，茅台的倒春寒[①]

财报展示的重要信息

贵州茅台 2013 年报显示，实现营业收入 309.22 亿元，同比增长 16.88%；归属于上市公司股东的净利润为 151.37 亿元，同比增长 13.74%；基本每股收益 14.58 元。同时，公司拟向全体股东每 10 股派送红股 1 股并派发现金红利 43.74 元，共分配利润 46.45 亿元。

自茅台上市以来，只有 2002 年、2012 年和 2013 年没有完成预定增长目标（分别完成预定增长目标的 96%、95% 和 97%）。但在哀鸿遍野的白酒股中，已然是一枝独秀。正如 3 月 23 日 1919 董事长杨陵江向近百位研究员透露的部分后台销售数据所展示的那样："现在买茅台的消费者，60% 是以前在 1919 门店购买五粮液和国窖 1573 的消费者。从开具的发票抬头看，大量的是公司消费，个人消费有增加。现在 1919 买五粮液的消费者，恰恰是以前买水井坊、沱牌舍得，以及其他中高端产品的顾客。"虽然仅是一家公司的数据，但由于 1919 门店分布较广，具有一定的代表性，完全可以管中窥豹。2013 年白酒市场的真相是：茅

[①] 本文发表于 2014 年 3 月 28 日出版的《证券市场周刊》。

台终端零售价的下降，抢了五粮液和国窖 1573 的市场。而五粮液则顺势下沉，挤占了其他中高端白酒的市场。

2013 年也是茅台首次在营业收入上超越五粮液的一年。自此，茅台在营业收入、净利润、出厂价、终端售价、净资产收益率、高端销量、总资产、净资产、消费者心智定位等几乎所有观测指标上，全面超越了五粮液，成为了高端白酒的唯一王者。

茅台营收从 2000 年末约五粮液的 27%，到 2013 年末的超过 125%，同一期间，净利润从不足五粮液的 1/3，到近两倍。这个市场竞争过程既展示了行业龙头强大的竞争力、无人匹敌的品牌拉力，也为茅台管理层的能力做了不容置疑的背书。

但这份亮丽的报表，有两处异常引起投资者的关注：一是管理层预计的 2014 年增长 3% 的数据，前所未有的低；二是在现金余额继续增长的情况下，分红率从 2012 年的占当年净利润的 50% 陡降至 2013 年的 30%。

财报数据静悄悄地告诉我们：隐藏收入已用完，2014 年腾挪空间有限。市场的春天还没有来到，公司需要预留现金"棉袄"过冬。

令人担忧的增速和分红

1 月下旬，董事长袁仁国曾表示，2014 年集团的增长目标为 12.5%。就在两周前的"两会"期间，还是袁仁国，将集团 2014 年的增长目标改口为 9%。依照历史数据，集团的增长主力无疑是飞天茅台。股份公司的增速，通常不低于集团目标。然而，两周时间，股份公司年报出炉，预计增速居然定在 3%，令人大跌眼镜。

管理层释放这样一个预期，究竟是希望影响资本市场，还是形势所迫呢？答案是后者。公司在 2008—2011 年隐藏的收入已经在 2012 年和 2013 年的"冬天"里用光了。

表 3–15 展示的是公司每年实际销售收入和报表展示的收入之间的差距。最后一行中，正数为当年隐藏的收入，即当年实际销售情况好于

利润表展示数据。而负数是当年消耗的隐藏收入，即当年实际销售情况低于利润表展示数据。

表 3－15 中的"销售收到现金"，是现金流量表中，当年公司销售商品收到的现金。"应收款项增加"，是公司增加或减少的应收（票据和应收款）。这二者之和，是公司当年实际完成的含税销售收入。将其折算为不含税销售收入后，与报表展示的收入进行对比，便可以发现公司隐藏或释放的收入。

从表 3－15 的数据可以看出，在 2008—2011 年供销两旺的时间段里，公司未雨绸缪，隐藏了约 50 亿元的销售收入，用于等待白酒"冬天"的到来。2012 年和 2013 年，共计释放了 43 亿元收入，让报表不至于显得很难看。感兴趣的投资者可用同样方法统计 2002—2007 年收入，会发现同样的轨迹：2002—2006 年隐藏了约 13 亿元收入，2007 年释放了 10 亿元收入。

至此，公司的隐藏收入仅有不到 10 亿元，供管理层腾挪的空间已然不大。这就是为何会定出一个上市以来最低增长目标的缘由。

表 3－15 贵州茅台财报隐藏（释放）收入　　　　　　单位：亿元

年	2008	2009	2010	2011	2012	2013
销售收到现金	113	118	149	237	289	332
应收款项增加	0.5	2	−2	0.5	−0.3	0.8
当年实际收入	114	120	147	238	289	333
折合不含税收入	97	103	126	203	247	284
报表展示收入	82	97	116	184	265	309
隐藏（释放）收入	15	6	10	19	−18	−25

至于分红小气，是相对于此前三年的阔绰而言的。如果我们站在当家人的角度，看看公司的现金家底儿后，也许能理解。年报显示，公司现金 252 亿元，其中约有 30 亿元是关联公司的存款，剩下约 220 亿元，2014 年的规划投资需要 70 亿元左右，还剩余 140 多亿元。再看现金流量表，会发现公司 2013 年的原料采购、职工开支、广告运输等费用合计超过 82 亿元。手中有粮心不慌，作为公司当家人，至少也要考虑留

个百亿现金在手。所以，可供分红的现金，只能 40 多亿元！相对上一年度 66.5 亿元的分红，2013 年挣得更多了，却分得更少了，怎么办？送股。送股对投资者而言，纯属负收益的数字游戏，但市场喜欢。记得某知名投资人曾建议公司拆股，以便"让更多小投资者可以分享茅台的成长"。笔者当然反对。拿出两万元都困难的人，应该"珍爱生命，远离股市"。

简化报表，梳理 2013

将公司资产负债表和利润表简化一下，可以看出其 2013 年的经营状况。

表 3-16　贵州茅台简化资产负债表　　　　　　　　　单位：亿元

现金	255	关联公司存款	28
预付建设款	43	预收	31
存货	118	应付	55
固定资产	90		
土地	36		
其他	13		
资产合计	555	净资产 （归股份公司所有的净资产 426）	441

茅台当前市值约 1700 亿元，是净资产的 4 倍。这吓退了很多只喜欢在净资产值附近购买资产的"价值投资者"。

1990 年 4 月 18 日，巴菲特在斯坦福商学院演讲时说："如果一家企业赚取一定的利润，其他条件相等，这家企业的资产越少，其价值就越高，这真是一种矛盾。你不会从账本中看到这一点。真正让人期待的企业，是那种无须提供任何资本便能运作的企业。因为已经证实，金钱不会让任何人在这个企业中获得优势，这样的企业就是伟大的企业。"

净资产这东西，要倒过来看。经济学告诉我们，由于竞争的存在，世界上从来都不存在"利润"这回事。所谓"利润"，都只是某种禀赋的租（对经济学陌生的朋友，可以简单理解为利息）。20 世纪最伟大的经济学家欧文·费雪开创性地称，"所有可以产生收入的都是资产。收入就是资产的利息"。而投资者要找的，便是可以持续的、不可替代的生租资产。巴菲特给这禀赋起了个名字叫"护城河"。

用茅台举例，可以从两个角度理解净资产。其一，假设某甲以当前市值从茅台公司手上买下公司所有资产，再以原价卖回给公司。资产负债表上净资产会如何？会变成 1700 亿元，PB 为 1，市盈率不变。PB 从 4 降为 1 的过程改变了公司价值吗？没有。其二，假设公司现在向银行贷款 400 亿元，向所有股东按照每股 50 元，发放合计 520 亿元的特别股息。其他条件不变的情况下，公司的总资产为 435 亿元，总负债 514 亿元。资不抵债，净资产为 –79 亿元。然而，手持 135 亿元现金，其他资产不变的贵州茅台，创造利润的能力被降低了吗？没有。它仍然每年创造 100 多亿元的净利润，甚至因为税盾（贷款利息税前抵扣）的存在，给股东创造的价值更大了。可见，不考虑公司性质，简单以净资产倍数来考虑投资价值，是有重大缺陷的。

单看白酒主业，我们可将茅台的利润表简化，如表 3 – 17 所示。

表 3 – 17　贵州茅台简化利润表　　　　单位：亿元

营业收入	营业成本	营业税等	三项费用	营业利润	营业外净额	所得税	净利润	归股份公司股东净利润
309	22	28	43	218	4	55	160	151.4

如果不考虑前文谈到的平滑，这算是一份寒冬里亮丽的成绩单。唯一令人担心的是三项费用的增长速度。相对于上一年度的 30 亿元，三项费用的增幅超过了四成，似乎有失控的表现。不过细看其构成，我们会发现，这恰恰是一个值得庆贺的信号。

三项费用增加额由 6 亿多元广告宣传及市场拓展费用和 6 亿多元管理费用构成。广告宣传及市场拓展费用，从 2012 年的 12.2 亿元增加到 18.6 亿元，从占当年营收的 4.6% 增加到 6%。比例增幅不大，但绝对数不小。这恰恰体现了管理层面对白酒业的寒冬，积极进取，争夺市场的态度。这是做生意必须要花的钱，也是会给股东带来更大回报的投入。

而 6 亿多元管理费用增加额背后，藏着一个厉兵秣马、大举进攻的茅台兵团。2013 年，正值市场低谷，茅台进行了史上最大规模的招兵买马。其员工总数从年初的 13717 人增加到年末的 16800 人，新增人员中，78% 为生产一线员工。同时，当年吸纳大学本科及以上学历的员工整整 800 名。员工增加额和增加幅度均为茅台历史之最。回看 2001 年茅台初上市时，不过 3526 人，所以，仅今年新进人员，对应的生产能力已经不低于 2001 年的上市公司了。

动辄上亿的庞大数字，往往很难给我们直观的感受。那么，我们将数字缩小万倍，体会一下茅台 2013 年的成就吧：茅台采购了 22 万元的原料，花了 19 万元费用，卖掉收回 309 万元现钞。被税务局征税 83 万元，剩了 185 万元。茅台领了差旅费、工资和奖金合计 28 万元，剩下的 157 万元就是你这个当老板的了。经茅台申请，你决定拿 47 万元去花天酒地，剩下的 110 万元扩大规模投入再生产，让茅台来年给你赚更多的钱！

高基数导致的倒春寒

2013 年，公司生产茅台酒基酒 38452 吨，系列酒基酒 14035 吨。当年生产成品商品酒 26034 吨，销售商品酒 25177 吨。

根据集团 2014 年 1 月 10 日年度工作总结会公布的数据，"2013 年茅台酒的销售量增加了 4.96%"，再根据年报中茅台酒成本同比上升 12.4%，收入同比上升 20.95%，可计算出均价提升为 15.23%，制造成本上升 7.1%。均价提升比例低于 2012 年 9 月 2 日茅台酒提价 32% 的比例，这是因为 2013 年年份酒、自营店以及计划外的高价格销量同比均有大幅下降所致。

茅台酒及系列酒合计总销量由 2012 年的 25715 吨，降低为 2013 年的 25177 吨。可知，系列酒的销量降低 1200~1300 吨（约 12%），销售收入减少了 23%，意味着系列酒真实出厂价同比降低约 13%。同时，系列酒成本减少4%，远低于销量减少的比例，推测滞销的系列酒，主要是成本最低的迎宾酒。

2013年，按照819元的出厂价销售计划内茅台约1.22万吨（推测数），带来约181亿元（12200×2124×819/1.17）报表收入。公司还按照999元的价格释放了3000吨计划外产品，带来报表收入约54.4亿元。茅台酒总收入290.55亿元，减去这两部分收入，再去掉使用的隐藏收入25亿元，余额约30亿元。去掉未知的、大约是很小的一笔自营店利润，就是年份酒的销售收入，对应不足300吨的销量。

2014年，管理层面对的挑战，一是对年份酒的增长无信心。如年报中写道："从政策方面看，对酒类产品尤其高端产品的消费限制性政策态势将常态化和制度化。"二是无法肯定2014年能否再次向市场释放3000吨的量。三是手中没有了隐藏利润可供调节。因此，对于公司而言，民间消费的春天来了，但首先要面对的，却是因2013年高基数带来的倒春寒。

从年报及管理层的表述看，面对上述计划外3000吨留下的50多亿元的"大坑"，管理层准备了三板斧：抓市场、打假酒、推系列。

第一，抓市场，是稳住自己的客户的同时，继续争取五粮液和国窖1573的消费者；抓市场，是开展定制酒去创造原本没有的市场；抓市场，是不仅面对国内，也要充当中华文化的使者，走向世界。这一块，看见3个10亿元不难。

第二，打假酒，是夺回以前因产能无法满足而漏出去的市场份额，至少要争取到那些想买真酒却被骗的消费者。这方面，从辨伪防伪的技术上，从购买的便利性上，茅台公司依然大有可为。这一步，1个10亿元，应该行。

第三，推系列，是要去更广阔的天地锻炼队伍，以应对未来系列酒的产能释放。年报说，公司至少要打造两个系列酒品牌，成为全国化中高端品牌，实现中低端市场的有效扩张。系列酒生产及销售部分，拆分出来，成立独立的公司运作，是非常值得期盼的动作。同时，赖茅品牌的回收启用，也许与此有关。如果用汉酱和赖茅两个品牌，来整合下属系列酒子品牌，应该是步好棋。毕竟，鱼龙混杂，有人使用没人维护的赖茅品牌，一年也能做百亿销售额。现在给赖茅品牌灌入品质更稳定可靠的基酒，再加上茅台的背书，应该有希望接手原赖茅的市场。这一块，潜力很大，一个到多个 10 亿元，都是很可能的事情。

倒春寒之后是明媚春光

倒春寒，即短暂的寒流后，紧接着是明媚的春天。春天的脚步，可从以下迹象窥见。

首先，分开看 2013 年四个季度的销售数据，我们会发现，对于茅台而言，无论同比、环比，均可见本轮衰退已经自 2013 年三季度触底反弹，并在四季度有加速迹象。

表 3-18　2013 年贵州茅台单季度营收对比　　　　单位：亿元

	一季度	二季度	三季度	四季度
2012 年	60.2	72.4	66.7	65.2
2013 年	71.7	69.6	78.1	89.8
同比	19.10%	-3.87%	17.09%	37.73%
环比	9.97%	-2.93%	12.21%	14.98%

在茅台产能跟上来以后，预收款指标基本失效。但大致还可以发现，公司的生产被经销商的付款推动着前进的繁忙景象。

三季报预收款 19 亿元，年报预收款 30.5 亿元。茅台的年销售额平均到每周，大约 6 亿元。根据跟进的部分经销商反馈信息看，2013 年公司已经可以做到打款后两周左右提货。因此，三季报的 19 亿元预收款，大约是收款后两周内完成生产、发货到中转仓及经销商提货，而后一周左右票据返回入账。

年报预收款 30.5 亿元，是截至 12 月 31 日的数据。在 2014 年 1 月 28 日，媒体报道的关于茅台销售公司物流中心的文章中透露："12 月中旬以来，物流配送中心发货量更是明显增大……临近春节，茅台酒销售市场向好……每天经他们配送的茅台酒及系列酒净重就达 180 多吨。"据此推测，30.5 亿元，也仅仅是十余天的款项。

茅台地处西南一隅，交通不便。从公司发货到全国 9 个中转仓、1000 多家专卖店，通常需要数日的时间。加上经销商提货、票据返回等时间，相当于十余天销售额的预付款，可以理解为产能和市场需求高度吻合，交钱后就刚好轮到安排包装、发货的状态。这种被钱推动着生产且能生产出来的企业，是"印钞机"。

茅台酒的设计产能，在"十一五"期间，以每年 2000 吨的速度增加。"十二五"期间，以每年 3000 吨的速度增加。2013 年，公司计划基建投资 83 亿元，完成投资 54 亿元（放缓了）。剩余部分加上新增投资合计约 70 亿元，将在 2014 年继续投入。整个"十二五"的投资规模，合计约 200 亿元，产生约 1.5 万吨茅台酒、约 2 万吨系列酒产能。这将是茅台有能力靠量推动，再次进行高速增长的家底儿。对股东而言，是花 200 亿元买一个新茅台，没有什么并购的回报率能与之相提并论。

由于茅台酒的生产特性，根据以往年份的基酒数据，可以推算出 2014—2018 年四年间，每年可供销售的茅台酒数量。从量的数据上看，2014—2018 年，公司很大概率将重演 2008—2012 年四年的高成长的故事。所不同的是，前一个成长，主要是靠价格驱动；而接下来的成长，将主要靠量的驱动。

量的增长，是否能够被市场消化，是很多对茅台心存疑虑的投资者的担心所在。

在 2012 年以前，茅台的大部分消费来自于公款及相关消费，这才使得出厂价 619 元的茅台，被哄抢至 2000 元以上。只不过，作为投资者要思考的是，究竟是因为戴上官帽，才会爱上茅台？还是因为有了官帽，在抢购茅台的竞争中占据了优势？如果是前者，反腐无疑就断了茅台的销路。如果是后者，只是换另一拨优胜者而已。好酒，不会在竞争中剩下。

　　管理层在年报里称，白酒行业是中国传统行业，发展至今有四个没有变：一是白酒作为国人情感交流的载体没有变；二是白酒作为中华民族文化符号之一没有变；三是白酒作为国人偏爱的消费品没有变；四是国人消费白酒的传统风俗习惯和文化习惯没有变。

　　只要这四个没有变，市场的容量就是巨大的。据中国烹饪协会相关统计数据显示，2013 年中国餐饮业，尤其是高端餐饮业严重受挫。前三季度全国餐饮收入 18178 亿元，限额以上餐饮企业收入 5842 亿元，是二十多年来首次陷入负增长状态。

　　限额以上餐饮企业，指年营收 200 万元以上、员工 40 人以上的餐饮企业。这个档次的餐饮业消费者，有相当部分是有能力进行茅台酒消费的。以 2013 年前三季度"严重受挫"的 5842 亿元计算，全年约 7700 亿元。按 770～1100 元一桌估，也有 7 亿～10 亿桌。而茅台酒目前的年可销售商品酒不足 0.4 亿瓶，尚不能满足每 20 桌一瓶茅台。

　　市场空间巨大。至于怎么争取市场份额，交给公司团队去操心吧。作为股东，笔者提醒自己：牢牢记住茅台酒是好喝的酒、高档的酒、越放越香的酒、难于仿造的酒，然后在市场的风浪中坐稳扶好即可。

茅台的供给侧之忧[①]

经过三年的酒业寒冬，茅台在中国高端白酒的市场份额，已经从三年前的不足一半，扩张到今日的三分天下有其二了。2015 年的茅台集团，风光无限。公司利润占整个贵州省国资委监管及参股企业利润总和的 87%，上缴利税占全省公共财政预算收入的 11%，为贵州省首次突破万亿 GDP 贡献了卓越的力量。3 月 24 日，贵州茅台又交出一份亮丽的成绩单。2015 年度实现白酒销售收入 326.6 亿元，同比增长 3.44%；实现归属于上市公司股东净利润 155 亿元，同比增长 1%；拟向全体股东每 10 股派发现金红利 61.71 元（含税）。

真实销售增幅超两成

单看报表数据，分红率提升、分红数额巨大，令股东欣喜，但个位数的增长似乎并不足以用亮丽形容。然而，若我们假设公司产品运输中转速度基本不变，将年终预收款 82.6 亿元与年初预收款 14.8 亿元对比，会发现当年有高达 67.8 亿元（含税）新增销售收入，并未在 2015 年财报确认。

---

① 本文发表于 2016 年 4 月 1 日出版的《证券市场周刊》。

稍作市场调查就能知道，2015 年底，茅台酒供销两旺，公司基本零库存。这部分营收仅仅是出于调节需要，被人为地放在了 2016 年一季度的销售中。考虑到此因素，2015 年的真实营收及利润增长均超过两成，足够亮丽。

毛利率及净利率微降

2013 年及 2014 年度，公司均有"购买一定数量、单价为 999 元的茅台酒，即可获得经销商资格"的招商政策，2015 年无此政策，故加权平均出厂价略低。受此影响，毛利率微降至 92.23%，略低于 2013 年和 2014 年，与 2012 年度水平基本持平，如图 3-3 所示。

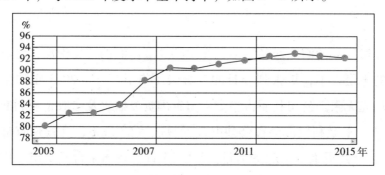

图 3-3 2003—2015 年贵州茅台毛利率

受《贵州省国税局关于核定部分白酒产品消费税最低计税价格的通知》影响，公司消费税税基提高，净利润率降低 1.15% 至 50.38%。以 2014 年营业税金占营业收入之比 8.83%，2015 年为 10.56% 估算，一瓶出厂价 819 元的 53° 飞天茅台，综合考虑所得税、消费税、城建税及教育费附加等因素后，因上调消费税税基导致的单瓶税收增加了 10元左右。图 3-4 以一瓶出厂价为 819 元的普茅为例，展示 819 元的具体流向。

图 3-4 中的"砍头税"，指无论获利与否，只要生产就需要缴纳的增值税、消费税、城建税及教育费附加等；直接成本指原料、人工、能源、制造费用等；销售费用包含广告、运输、差旅等费用；管理费用

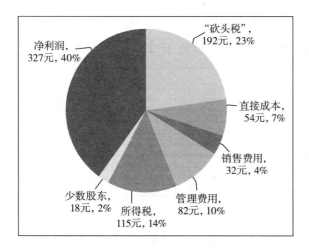

图 3-4 茅台出厂价的流向

包含资产折旧、商标许可及公司管理支出等；少数股东指公司下属非全资子公司中的小股东持股对应的利润。

销售费用率大降

伴随着销售收入的增长，销售费用率连续出现可喜的下降势头。销售费用率的降低，主要是广告宣传及市场拓展费用的大幅下降。2015年该项费用为12.32亿元，而2014年为14.93亿元，2013年为16.6亿元，同比大幅降低17.5%及25.8%。

36. 销售费用

单位：元　币种：人民币

项目	本期发生额	上期发生额
广告宣传及市场拓展费用	1,231,606,744.51	1,493,135,352.99
运输费用及运输保险费用	117,065,865.85	86,005,826.10
营销差旅费、办公费	43,486,842.34	37,996,484.94
其他	92,802,066.51	57,595,787.03
合计	1,484,961,519.21	1,674,733,451.06

注：销售费用中运输费用同比高达36%的上升，也佐证了真实发货量的上升。

在酒业寒冬突然降临的2013年，公司加大了广告及市场促销费用投入，销售费用率略有反弹。但很快，国酒茅台的强大品牌拉力就显现出来了。2015年，在营业收入创出历史新高的同时，销售费用率已经降至上市以来的次低点，仅略高于2011年的全行业巅峰期。

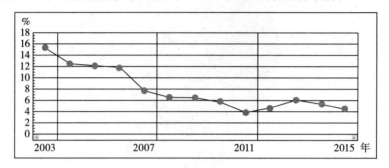

图 3-5　2003—2015 年贵州茅台销售费用率

出口大增

2015年，茅台公司以纪念茅台酒"金奖百年"为契机，加强文化传播，提升品牌形象。分别在香港、莫斯科、米兰、旧金山等城市举办茅台酒"金奖百年"纪念活动，邀请国际名流、政要、经销商代表参加，扩大了茅台品牌的国际影响力，也带来了出口量的突破。2015年，出口销售收入超过16亿元，同比增幅高达33.62%。但即便如此，境外销售收入依然仅占茅台总销售收入的不足5%，距离袁仁国董事长在2014年提出的"茅台境外销售要占总销售的30%"宏伟愿景，还有广阔的空间。

2016 年的低目标之谜

2016年开年，销售火爆的局面不仅没有终止，反而愈演愈烈。根据公司披露，2016年前两月茅台酒销售量同比增长超过50%。同比销量超过50%，加上2015年预留的82.6亿元预收款，公司2016年一季度乃至全年营收的高增长，已经基本在管理层掌握之中了。

正因为此，公司管理层在财报中也表达了对市场前景的乐观。财报写道："我们也谨慎乐观地看到，我国白酒产量约占世界烈性酒产量的

38%左右，但国际市场份额不到1%，白酒国际化具有较大的发展空间。尽管我国经济增速放缓，但经济基本面是好的，不会有大的波动。白酒作为中国人情感交流的载体没有变，作为中华民族文化符号之一没有变，作为中国人的日常消费偏爱没有变，消费白酒的传统风俗习惯和文化习惯也没有变。这些，都为我国白酒产业的持续健康发展提供了土壤。"

管理层对市场的回暖判断，是从2014年度结束后出现的，比较谨慎。事实上，即使单纯从财报数据分析，也能清楚地发现，自2013年三季度起，茅台就已经大踏步地行走在复苏的道路上了。

用2015年财报中管理层对未来市场的判断，对照2014年财报的"2015年将是白酒行业发展困难较多的一年，也是发展形势较为严峻的一年"，2013年财报的"预计2014年将是白酒行业发展更加困难的一年"以及2012年财报的"白酒行业高景气增长态势结束……白酒行业面临前所未有的压力"来看，管理层看好2016年的态度是非常明朗的。

然而，一边是明确的看好态度，另一边，管理层又在财报里非常小心谨慎地提出了营业收入增长4%的低目标，令人困惑。这个问题，老唐推测似乎只能与大股东于2014年7月承诺的2017年12月前推进管理层和核心技术团队的股权激励有关。

国内上市公司的股权激励方案，通常会以方案出台前一年或三年的净利润为基数，通过同比增长率高低决定股权激励的多寡。如果方案在2017年初出台，基数可能是2015年净利润或2013—2015年三年平均数。如果方案在2017年底出台，基数可能是2016年净利润或2014—2016年三年平均数。作为与管理层及核心员工几十年奋斗息息相关的股权激励，基数的微小差异，可能会带来巨大的财富落差。如果这个猜想成立，那么2016年保持平稳增长，尽可能不抬高基数，在2017年及其后释放业绩，保证管理层及核心技术团队能够顺利达成目标，完成股权激励，就是可以理解的事情了。

亮丽数据背后的隐忧

亮丽的财报数字后面，却也暴露了公司在供给侧急需考虑的几处可能影响公司未来成长的隐忧，主要有三方面：基酒产能、高粱供应及产品结构。

基酒产能问题

过去五年，公司新建投产了制酒十九、二十、二十一车间及配套制曲、储酒等设施，新增茅台酒设计产能 8500 吨/年，增加储酒能力 15 万吨。自 2006 年之后，茅台基酒的产量基本以年均 3000 吨左右的速度增长。2014 年和 2015 年，突然出现了异常现象。2014 年茅台基酒产量只增加了 200 多吨，而 2015 年，干脆出现了高达 6566 吨的巨量下滑。图 3-6 是改革开放 37 年来，茅台基酒产量走势图。高速增长过程中的突然刹车和掉头下滑，非常刺眼醒目。

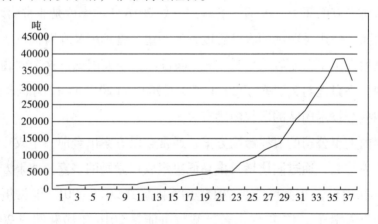

图 3-6　茅台基酒产量

资料来源：公司披露数据。

由于茅台酒生产周期较长，每年重阳开始投料，历时一年，经九次蒸煮、八次发酵、七次取酒，再经三年以上酒库存放后精心勾兑，然后再存放一年左右才能包装出厂，整个过程耗时至少五年。按照 2010 年基酒产量 26284 吨和 2011 年基酒产量 30026 吨的数据，依照茅台前董事长季克良老先生在《告诉你一个真实的陈年茅台酒》中介绍过的"每年出厂的茅台酒，只占五年前生产酒的 75% 左右。剩下的 25% 左右，有的在陈放过程中挥发一些，有的留作以后勾酒用，有的就留存下去，最终成为 15 年、30 年、50 年、80 年陈年茅台酒"的比例计算，2015 年可售商品酒的上限约在 2 万～2.25 万吨。而据笔者估算，2015 年公司茅台酒销量已经超过 2.1 万吨，触及生产能力的上限。

而 2016 年，可售商品酒的上限约在 2.25 万～2.52 万吨。正因为如此，鉴于茅台一季度销售过于火爆，茅台销售公司总经理已经在春糖会上宣布：2016 年下半年最多只能供应 8000 吨普茅，希望经销商警惕下半年的断货情况，并提前考虑预案。

由于茅台酒的生产过程中，仍有一些未被完全认识的谜，基酒产量的下滑，有归于天气原因的，也有归于粮食原因的，但至今没有明确的、权威的统一结论。那么基酒产量连续两年的不正常，究竟是天气或者其他偶然因素，还是出现了某种不可逆的变化？这是需要每一位长期投资者高度警惕和关注的重要因素，它直接关系到茅台未来的成长能力，直接关系到茅台未来的战略方向。

高粱隐忧

产能的增长，需要原料的保证，高粱种植是白酒生产的"第一车间"。酿出优质的酱香型白酒，需要贵州本土的一种名为"红缨子"的糯高粱。与其他地方的普通高粱不同，只有它能做到历经八次的蒸馏翻炒而不散。

茅台集团通过与种植户签约并承担部分成本的方式，控制有机高粱基地约 67 万亩，年产有机高粱约 15 万吨。按照每生产 1 斤茅台需消耗高粱 2.4 斤的比例，约能满足 6.3 万吨酱香酒生产能力。目前茅台基酒产能 4 万吨加上茅台系列酒产能约 2 万吨，基本已经逼近此数。贵州山多地少，扩种不易，加上茅台及系列酒的产能仍在扩大，再考虑到如果市场好转，省内大小近两千家的酒厂对有机高粱的需求，茅台的原料供应依然绷得很紧。

产品结构隐忧

公司在 2014 年末首次提出"做强茅台酒，做大系列酒"的战略新定位，并计划系列酒到 2025 年要做到 10 万吨规模。为此，公司陆续成立了独立的赖茅酒业和酱香酒营销公司，隆重推出"一曲三茅四酱"（贵州大曲、华茅、王茅、赖茅、汉酱、仁酒、王子、迎宾），并计划在 2015 年获取超过 25 亿元的营业收入。2015 年一季度，系列酒增长迅猛，销售额同比增长高达 137%。然而，后继乏力，全年仅实现 11 亿元营收，同比增长仅 18%，大幅低于预期。

而据部分经销商反映，今年的成都春季糖酒会上，茅台系列酒受到的追捧程度，依然远不如厂商合作的高端定制酒。"一曲三茅四酱"依然是小配角，市场对于茅台品牌的延伸，最容易接受的方向依然是向上。这种情况下，系列酒的远景规划是继续坚持还是做出修正？是听从市场的召唤，通过定制酒的探索，向上延伸发展，还是倾斜资源，坚持深挖中低端系列酒市场？

作为投资者，我们只能选择安静地旁观，并希望下一个财报季继续为茅台人喝彩。

2017，茅台的明牌[①]

茅台成功突破 440 元，触及了老唐"440～480 元之间，我可能会逐步降低对茅台的持仓"的估值下沿。很多因为购买和阅读了《手把手教你读财报》而跟进茅台的朋友开始追问："现在怎么办""减仓之后买什么"。于是，老唐决定写一篇文章，解决这一问题，也算有始有终。

基本观点

首先，440 元区域我还不准备开始减持。前面谈到的 440～480 元估值区间，是我对 2017 年全年的规划，现在已经是年中，计划至少在区间中轴以上才会动手，甚至随着时间的推移，要考虑去上沿。其次，即便是到了 480 元，我可能也就减掉 10% 左右的茅台（所持茅台股数的 10%）。茅台仍将继续是我的第一重仓股。再次，减仓后究竟买什么，我现在也没有清晰的计划。银行和国投，都是高杠杆企业，仓位已然不轻，不打算继续增加了。比较看好的海康威视略贵，只能继续持有1% 仓位等跌。而腾讯，我比较看好的另一家公司——最近一直在学习

和思考中，自己觉得大致有些轮廓了——估值基本合理。一直想加仓腾讯，可惜自从 2017 年 1 月在 197.3 港币买进 2% 仓位之后[1]，它就一路涨、一路涨，不断创出历史新高，现在已经到 270 港币了，加仓实在是有心理障碍。所以，最期望的是茅台今年别过 480 元，也就无须费心去刨什么新目标了。

茅台到底贵不贵？

说现在贵不贵，免不了要对照着这家公司今年的净利润来说。

简单明了的数据

茅台好就好在业务简单，数据透明，稍做研究，对它的业绩都能估个八九不离十。例如 2017 年，至少以下几个数据是可以视为已知的。

已知因素 1：茅台酒销售量。2017 年，茅台酒公布的计划销量为 26800 吨。市场形势明显供不应求，市场价格一千多元，出厂价 819 元，从厂里提到货就是钱。因此，没有任何必要去怀疑这个计划销量能否完成。最终供应只会略多，因为总有些重点客户需要照顾照顾，出现一些计划外销售量。所以，以 26800 吨来估算 2017 年茅台酒的销售量，已经是比较保守的做法了。

已知因素 2：茅台酒的出厂价。普通茅台出厂价格维持 819 元未调整。由于鸡年生肖茅台的意外火爆，以及厂里为了回避 500ml 普通茅台的透明价格，而加大的其他规格小批量茅台的投放（50ml、100ml、200ml 等），总体平均出厂价格肯定是略高于上年。高多少不好说，保守按照高 1% 估算。

已知因素 3：酱香酒的销售量和销售收入。茅台酱香酒（报表上的系列酒）自从 2014 年 12 月 24 日独立出来以后，获得了非常好的发展。尤其是 2016 年 4 月原股份公司副总李明灿出任酱香酒公司董事长、总经理以后，股份公司对其进行了资源倾斜，重点培育，酱香酒增长迅

---

[1]　相关分析和操作，可查询"唐书房"交易记录。

速。销售量从 2014 年的 5200 吨，飙升到 2016 年的 14200 吨，销售收入从 2014 年的不到 10 亿元，提高到 2016 年的 24 亿多元。

2017 年，公司的计划是酱香酒销售 2.6 万吨，销售收入 43 亿元以上。一季度公布数据，已经完成销售量 4790 吨，同比增长 191%。而酱香酒原计划于 6 月 30 日结束的全国招商活动，已经由于"各品牌签订合同量已超过全年任务"，被迫于 5 月 15 日发文，宣布停止发展新经销商了。截至 5 月 11 日，签约经销商达到 1076 家，合同量近 3 万吨，已经超过了公司的生产能力。

这等于明确说，今年"销售收入 43 亿元以上"酱香酒的计划，只会多、不会少。这里，我们就按照 43 亿元来估算，折算成不含税的报表营业收入约 37 亿元。当然，这里说的是卖给经销商的量，至于经销商能否成功卖给消费者，先不讨论，暂时存疑观察。

营收估算

接下来可以计算茅台 2017 年酒业部分的营业收入，具体流程如下。

（1）已知：2016 年茅台酒销售量约 22700 吨（报表公布销量 36944 吨，减去酱香酒销量 14200 吨），营业收入 367 亿元。则：

2017 年酒业收入 = 26800 × （367/22700）×101% + 37 = 475 亿元

（2）营业收入里除了白酒收入，还有财务公司利息收入。2016 年净利息收入 12 亿元，2017 年一季度已经达到了 6 亿元。我们此处保守地将 2017 年可能获得的利息收入，依然按照 2016 年的 12 亿元计算。

（3）茅台公司 2017 年营业收入 = 475 + 12 = 487 亿元，相比 2016 年的 401 亿元，增长超过 21%。

（4）因高净利润率的茅台酒增加了约 70 亿元，综合净利润率应该比 2016 年的 44.6% 高，我们仍保守采用 44.6% 估算。则公司 2017 年净利润 = 487 × 44.6% = 217 亿元。其中归属少数股东损益 6.8%，去掉 15 亿元，则归属股份公司净利润 202 亿元，同比增长超过 21%。

利好因素

根据老唐的分析，茅台还有三大潜藏利好因素。

（1）按照大股东书面承诺，2017 年内股权激励方案要出台了，个人预计会以 2016 年净利润或者 2014—2016 年平均净利润为基数，设计股权激励的计算公式。2017 年财报，管理层失去了压低报表利润的动力。

（2）茅台酒提高出厂价的必要性，已经很迫切了。鉴于当前茅台酒供不应求，出厂价和一批价之间差价高达三四百元，茅台酒基本确定要提价了，最合适的时间窗口大致是中秋至春节之间。鉴于茅台管理层说过了"今年不提价"，就按照 2018 年元旦提价考虑吧。

（3）由于基酒产量的原因，2018 年将是茅台未来几年里可销售量的巅峰期。

提价 + 增量 + 报表释放，三者叠加，2017—2018 年茅台利好因素较多，公司很大概率将重演 2008—2012 年四年的高成长的故事。所不同的是，前一个成长，主要是靠价格驱动。而接下来的成长，将主要靠量的驱动。2018 年可能将是茅台利润表更肥美灿烂的时刻。

需要提醒的是，2019 年，由于 2015 年基酒减产的原因，可销售茅台酒总量将锐降 17% 左右，而价格又在 2018 年涨过，除非市场火爆得超乎想象，否则很难再提高价格。量确定减少，价格难涨，这两大因素造成的坑，单凭酱香酒很难填上。所以，2019 年，可能会是茅台增长相对困难的一年。

重估茅台[①]

贵州茅台三季报公布后，两天内股价飙升约 90 元，市场惊讶于三季报净利润同比增长 60%，惊讶于大象的翩翩起舞。此前，没有人做出过哪怕 40% 以上的增速预测。

老唐对 2017 年茅台的业绩预测，写在 5 月 20 日的《2017，茅台的明牌》中，当时给出的保守预测是全年营收 487 亿元，归属股份公司股东所有的净利润 202 亿元，同比增长超过 21%。

加大供应量

三季报真正的大惊喜在于：茅台酒投放量。前文谈到，2015 年茅台基酒产量出现了高达 6566 吨的巨量下滑，将导致 2019 年的可售商品酒数量出现明显下降。2017—2019 年可售商品酒上限分别由 2013—2015 年的基酒产量决定，而这三年的基酒产量分别为 38452 吨、38745 吨和 32179 吨。因而，市场主流观点几乎一致认为，公司会控制 2017 年和 2018 年的发货量，平滑 2017—2019 年三年市场供应量，不至于大起大落。

---

① 本文首发于 2017 年 10 月 28 日，后发表于 2017 年 11 月 3 日出版的《证券市场周刊》。

2017 年上半年，公司已投放茅台酒 1.3 万 ~ 1.4 万吨。在此基础上，按照茅台集团总经理李保芳在年初"下半年只有 1.28 万吨"的讲话精神，可以预测三季度投放量应该会低于一季度。而三季度的多处缺货、批发价和零售价高涨场景，更加印证了投资人"公司减少了茅台酒投放量"的判断。在"销量受控"前提下，自然没人想到会有高达 60% 的增长。

然而，三季报揭开面纱后，投资人突然发现，三季度投放量大约在 9000 ~ 10000 吨，带来高达 168 亿元的营业收入——按照普茅不含税出厂价 700 元计算，吨价约 149 万元。考虑到部分小批量勾兑，小容量高价酒以及年份酒，按照平均 168 万元/吨考虑，约 1 万吨。即便按照均价 185 万元/吨考虑，也超过 9000 吨。

那么，全年总投放量几乎铁定超过 3 万吨。公司还称，为降低市场供需矛盾，维持茅台酒终端销售价格稳定，将允许经销商提前使用 2018 年的计划。

这样的投放量下，公司对 2019 年到底做何打算，日子不过了？显然不是。老唐反复思考之下，推理出一种可能：公司计划降低每年的老酒存储比例，直接增加当年商品酒供应能力。

一直以来，公司对于每年生产的基酒，是按照"每年出厂的茅台酒，只占五年前生产酒的 75% 左右。剩下的 25% 左右，有的在陈放过程中挥发一些，有的留作以后勾酒用，有的就留存下去，最终成为 15 年、30 年、50 年、80 年陈年茅台酒"的规划进行量的分配。

据老唐整理的资料，茅台新老酒库总的存储能力约 30 万吨。过去，茅台基酒产量低，茅台始终坚持将当年基酒的 25% 左右作为老酒储存，一者保证未来的茅台商品酒勾调所用，二者为消费升级的年份酒做储备。截至目前，已经保有茅台基酒约 22 万吨（含约 7 万吨五年以上老酒），系列酒基酒 3 万吨左右。剩余储存能力，仅仅对应着茅台公司约两到三年的新增产量。

在这种情况下，再保持每年提取当年产量的 25% 用于存储，不仅没有必要，酒库的储藏能力也是问题，公司完全可以降低老酒存储比例，增加市场供应量。由于公司主力产品53度飞天茅台是由85.14%基酒+14.86%老酒勾兑而成（公司每年会根据酒质在此基础上微调），所以，只需要提存当年基酒产量的15%左右，就足以维持酒库老酒总量不变。这一招，可为未来几年每年增加3000~4000吨的可售商品酒。除此之外，我想不出公司如何敢在2019年供应量注定减少的事实面前，依然大胆增加2017年商品酒供应的底气所在。

估值重算

如果上述推论落实，则公司可以在2017年和2018年均保持3万吨投放量的基础上，保证2019年依然有能力投放超过3万吨商品酒。这个关键数据的变动，直接导致对茅台的短期估值中枢发生变化。也就是说，茅台即便在不上调出厂价的前提下，也有足够能力维持全年250亿元左右的净利润——2016年四季度营收122亿元，净利润46亿元，此处按照2017年四季度和2016年同期基本持平保守估算。

我个人的估值系统很简单，就是三大前提+市盈率。三大核心前提是：净利润数据是否为真？未来能否持续？持续是否需要依赖加大资本投入？

确定盈利为真+未来大概率可以持续+盈利的持续不依赖增加资本投入，需要你真正理解这家企业靠什么赚钱，靠什么抵挡其他资本的竞争。之后的估值，就很简单了。

如果无风险回报在20倍市盈率（一般参照五年期国债），那么，三年后若以15~25倍市盈率之间卖出能获得满意回报（我对满意的私人定义是翻倍）的位置，就是很难亏钱，值得下手的低估位置。

当前约30倍市盈率，是老唐心中的茅台合理估值。合理估值，适合继续持有，600多元的股价不足以吸引我抛出茅台股份。

但我已经做好在650~400元之间"坐电梯"的心理准备，做好了400元之下开始加仓的准备（400元对应20倍市盈率）。你决策之前，也应该问问自己：能承受这样的波动吗？

两点提示

第一，前三季度及第三季度的真实销售，并没有财报显示的那么高的增长。在公司收款发货节奏基本稳定的前提下，财报事实上使用了预收款进行数据调节。

表3-19　贵州茅台季度营收　　　　　　单位：亿元

季度	2015-12	2016-3	2016-6	2016-9	2016-12	2017-3	2017-6	2017-9
季度营收	95	100	82	85	122	133	109	183
期末预收	82.6	85.4	114.8	173.9	175.4	189.9	177.8	174.7

数据来源：公司财报。

如果还原此调节，可以发现茅台2016年已经是高增长。全年不仅在报表上记录了389亿元营业收入，同时，还净增加预收款92.8亿元，如果将此预收款复原回营业收入里去，2016年的报表营收将变成468亿元，同时资产负债表里仍保持82.6亿元预收款。同样，2016年前三季度实际销售可以视为345亿元，2017年前三季度为424亿元，同比增长22.9%，这个才是市场的真实温度。

单第三季度数据也是如此。2016年第三季度实际销售可以理解为135.5亿元，2017年第三季度实际销售180亿元，同比增长33%，并不是报表显示的同比增长115%。也就是说，真实市场增长大约在23%~33%之间，60%高增长数据仅仅是因为上一年有意做低财报数据的原因。

第二，茅台的未来越发乐观了。比较A股前五大白酒公司三季报关键数据，茅台前三季度营收近于行业老二、老三、老四的总和，而净利润居然超过了其他全部上市白酒公司的净利润总和。

真正吻合了那句"中国白酒有两种，一种叫茅台，一种叫其他白酒"。而且，这种成绩居然是在销售费用占比低至4.7%的不可思议状态下做到的。

表 3 - 20 贵州茅台营收远超同行   单位：亿元

	营收	净利润	销售费用	销售费用占比
贵州茅台	424.5	199.8	19.8	4.7%
五粮液	219.8	69.6	27	12.3%
洋河股份	168.8	55.8	16.1	9.5%
泸州老窖	72.8	20	14.6	20.1%
古井贡	53.4	8	18.2	34.1%

数据来源：各公司三季报。

解密洋河高成长[①]

洋河股份（002304. SZ）2015 年财报显示，全年实现营业收入 160. 52 亿元，同比增长 9. 41%；实现归属于上市公司股东净利润 53. 65 亿元，同比增长 19. 03%。同时，洋河还发布了 2016 年一季度业绩报告，实现营业收入 68. 43 亿元，同比增长 9. 32%；实现归属于上市公司股东净利润 24. 56 亿元，同比增长 10. 28%。

经营数据中，除了省外销售出现了超过 22% 的可喜增长，首次在洋河的营收中占比达到 40% 以外，其他数据平稳有余、惊喜不足。然而，了解企业经营数据仅仅是阅读财报的第一步，数据后面隐藏的企业核心竞争力的变化，才是更宝贵的信息。

洋河的高成长

洋河股份于 2009 年上市，可信的经营数据最远可以追溯至 2006 年。那时的洋河，不过是一个营收 10. 7 亿元的"小个子"。当时白酒业上市公司的营收座次是五粮液（000858. SZ）、贵州茅台（600519. SH）、泸州老窖（000568. SZ）、山西汾酒（600809. SH）。十年后的 2015 年底，这座

---

① 本文发表于 2016 年 4 月 29 日出版的《证券市场周刊》。

次已经变成了贵州茅台、五粮液、洋河股份、泸州老窖、山西汾酒。

表3-21 著名白酒上市公司营收对比 单位：亿元

	2006 年	2015 年	年化增长
贵州茅台	49	326	23.44%
五粮液	73.9	216	12.66%
泸州老窖	18.7	69	15.61%
山西汾酒	15.2	41	11.66%
洋河股份	10.7	160	35.06%

数据来源：各公司年报。

洋河2006年营收只有汾酒的2/3，今天则是汾酒的近4倍。洋河人用了十年时间，成功跻身营收过百亿的中国上市公司白酒业三强，并将其他竞争对手远远地甩在了后面。复合年化增长率高达35%，不仅远远超过五粮液、老窖和汾酒，连当之无愧的白酒业老大茅台也得俯首屈居第二。

归属于上市公司股东所有的净利润数据同样闪亮。

表3-22 著名白酒上市公司归属净利润对比 单位：亿元

	2006 年	2015 年	年化增长
贵州茅台	15	155	29.63%
五粮液	11.7	61.8	20.31%
泸州老窖	3.4	14.7	17.67%
山西汾酒	2.6	5.2	8.0%
洋河股份	1.75	53.7	46.29%

数据来源：各公司年报。

2006年，五粮液和洋河的净利比是100∶15。2015年，变成了100∶87，洋河的净利年化增长率达到了惊人的46%。震惊之余，我们也会好奇：同样的市场环境下，洋河靠什么做到如此大幅超越同行的增长呢？

强大的控制力

截至2015年底，洋河总计338亿元资产、109亿元负债。资产的主要构成简单明了：现金、理财产品及大致可以看成现金等价物的资产加总约 110 亿元；固定资产、在建和土地约 102 亿元；存货 111 亿元；其他投资约 12 亿元。至于 109 亿元负债，除了财报没有披露来源的 21.8 万元长期借款，剩余的全是经营中的各类预收款、应付款，有息负债近于零。也就是说，洋河在整个产业链上具有强大的控制力，通过占据产业链的核心地位，以预收、应付等多种方法，控制并运用着远超企业净资产的资源为企业创造财富。只要企业存续，这些预收、应付会持续滚动下去，报表净资产数据，实际是低估了。

洋河在 2015 年卖掉了 21 万吨酒，创造了 160 亿元的营业收入，还原成含（增值）税口径看，是 187 亿元。2015 年销售商品收到的现金高达 195 亿元。同时，银行承兑汇票只有 0.8 亿元。至于应收账款，仅 600 万元出头，占比几乎可以忽略。

银行承兑汇票相当于略打折的现金，企业收到汇票后可以到银行贴现，得到扣除贴现利息后的现金。当企业允许经销商用银行承兑汇票付款时，类似于帮助经销商获取了银行贷款，或者是等于放宽了经销商的付款期限，又或者干脆相当于变相降低了出厂价。通过观察这些名酒企业对经销商以银行承兑汇票付款的接受程度，也可以看出企业对渠道的实际控制力。

为了同口径观察，老唐将上述五家企业期间贴现的未到期汇票金额加回，对比其在营业收入中的占比，结果如下：2015 年的营业收入中，各家企业所收的汇票占比分别为，洋河 14.4%、茅台 26.4%、五粮液 45.8%、老窖 37.3%、汾酒 48.8%[①]。这组数据同样可以看出洋河对现金付款要求最高，对渠道的控制力在几大酒企中遥遥领先。这种控制力又是通过什么手段获得的呢？

独特的经销模式

洋河年报介绍企业核心竞争力的部分，除了谈到自然环境、绵柔技

---

① 值得注意的是，汾酒所收票据中，居然有部分未获银行承兑的商业汇票——通俗理解，就是买酒企业打的白条。

术、中华老字号和产品的系列化四大优势以外，还谈到了企业的团队平台优势。"公司拥有一支理念新、执行力强的营销团队，深度管理7000多家经销商，直接控制3万多地面推广人员。"恰恰是这最后一条，才是洋河不同于茅、五、老、汾的控制力源头。至于环境、技术、品牌和产品系列化程度，洋河与上述四家企业相比，并不占据优势，甚至可以说处于劣势。

各大名酒企业，其销售主要通过经销商完成。但在与经销商的关系处理中，又分为以经销商为主和以企业为主两种不同的模式。茅台、五粮液等企业，走的是以经销商为主模式，企业与经销商是买卖关系，经销商给钱，企业发货，交易完成。至于如何完成销售，那是经销商的事情，企业顶多在费用或媒体宣传等方面给予适当配合。这种模式，对于酒企而言，销售人员少、市场相关事务少，管理链条短，能力要求低。

而洋河走的是另一条以企业为主的道路。依靠洋河自设的分公司和办事处，在当地招聘和培养业务员，由分公司和办事处直接管理，按照洋河的"522极致化系统"进行市场推广和产品销售，当地经销商主要起配合作用。在市场的拓展过程中，经销商必须严格按照洋河的要求运营，否则随时可能产生二批商取代总经销、二批商直接被淘汰乃至业务员变身二批商的局面。通过这种模式，洋河牢牢地将渠道和市场掌握在自己手中。这就是年报表述的"深度管理+直接控制"。

这种模式管理链条长、管理层级多、人员事务繁杂，对运行制度、利益分配体系和员工的主观能动性要求都非常高。因此，洋河正式在册员工13291人里，销售人员高达4088人（并通过这4088人控制地面推广人员3万余名），占比超过30%；而茅台员工总数21115人，销售人员仅642人，占比3%；五粮液员工总数25940人，销售人员488人，占比不足2%。

控制力的源头

不说管理3万多人，就是管理4088人，也一定比管理488人辛苦得多、复杂得多。为什么洋河管理层不选择和其他企业一样的轻松道路呢？通过深度挖掘，老唐认为秘密隐藏在洋河的股东名册里。在股东名册中，可以从两个角度找到这家企业高速成长背后的强大控制力源泉。

一是从持股数量上看，企业经营情况直接影响公司核心管理人员和技术人员的财富值。前十大股东里，前任董事长杨廷栋个人直接持股1400万股；另由一百多名管理及技术核心人员持股的蓝天贸易和蓝海贸易公司，持股3.23亿股；再加上没有列入前十大股东的部分高管持股，整个公司核心人员加总，有大约230亿元资产与上市公司经营状况息息相关。公司赚的每一分钱，都会通过市盈率的放大效应，使相关人员的财富值出现约20倍的变化。

二是从股权结构上看，国资委控股的洋河集团是第一大股东，但持股仅34.16%；公司管理层及其合作伙伴位列第2至第6大股东，持股41%。很明显，在洋河，没有人可以一股独大，国资委不可以，管理层也做不到。这样的股权结构，形成了一种约束和平衡，使得对企业有利的决策，容易被支持；对企业有损的决策，有足够的动力去质疑。同时，使大约25%的公众股股东的立场有了争取价值。

这可能就是洋河营收及净利润高速发展的原因；这可能就是洋河建立庞大销售团队的动力；这可能就是洋河在品牌号召力、产能、产品等方面并不占先天优势的情况下，能杀进中国白酒业三强的秘密武器。市场之所以给洋河一个基本等于五粮液的市值，其股东结构及其带来的强大执行力，可能就是原因。

从洋河的跌停说起[①]

2017 年 4 月 27 日，洋河股份发布 2017 年一季报后，次日跌停。

市场先生的逻辑

市场先生对一季报的思考可能是这样的：鉴于利润表上的营业收入，要么收到现金，要么变成应收票据或应收账款，所以先对比了营业收入和销售商品收到的现金之间的关系。在往年一季报，销售收到的现金均高于营业收入，而 2017 年一季报销售收到的现金为 67.4 亿元，远低于 75.9 亿元营业收入。再看应收票据和应收账款合计增加额仅 0.4 亿元，微不足道。考虑到销售收现金和应收都是含（增值）税口径，而营业收入是不含税口径，含税加总数据大幅低于不含税的营业收入，这不是涉嫌财报数据造假吗？

接着查看了净利润和经营活动现金流净额。往年同期，经营活动现金流净额都是高于净利润的，证明公司实打实地赚到了真金白银。而 2017 年，经营现金流净额暴降至 11.7 亿元，不足报表净利润（27.4 亿元）的一半。

---

① 本文发表于 2017 年 5 月 19 日出版的《证券市场周刊》。

从这两点，市场先生推测出，洋河酒销售不行了，报表利润只是纸上富贵。此时再看股价，发现洋河股份自年初低点67元起步，四个月时间上涨了30%多，若自股灾后计算，已经接近翻倍，"一定积累了大量获利盘"。所以，利空来袭＋获利盘众多，应该抢在别人前面跑掉。

由于有一大群人信奉"市场总是对的、价格反映一切"，不管什么原因，既然别人低价割肉，一定有某种我不知道的原因。所以，他割我也割，大家一起割。正所谓世上本没有跌停，割的人多了，便成了跌停。

可是，在跌停之际，一部分人，包括老唐，却出手买入了。

错误解读财报

"老唐们"敢出手，是因为市场先生对财报的解读是错的，知识性错误。

先看一季度销售商品收到的现金。大降是事实，但原因是公司提前把钱收了。如果以半年为一个时段，将前一年四季度和当年一季度数据之和做个同比，就一目了然。2016年10月至2017年3月，销售收到现金128.4亿元，应收增加额1.3亿元，同期营收101亿元。销售商品收到的现金不仅超过了营业收入，而且与往年同期相比，比例还是上升的。这与预收款余额从2016年四季度初的13.4亿元，增加到四季度末的38.5亿元，再减少为2017年一季度末的13.6亿元，是完全吻合的。

简单理解，洋河有24.9亿元（含税）的订单，在一季度交货并按照会计准则确认为一季度营业收入，却"没有在2017年一季度内收到现金"，为什么？因为在2016年12月31日之前就收到钱了。提前收到钱，却成了利空，很搞笑吧？

再看经营现金流净额问题，就是小儿科了。直接假设这24.9亿元货款，不是在2016年12月31日以前收到的，而是耽误了几日，到2017年元旦后才收到。于是，"经营现金流净额锐降53%"的重大利空，瞬间变成"经营现金流净额同比大幅上升"的重大利好。

这种无厘头跌停板，贵州茅台也有过。2013 年 8 月 31 日，茅台公布半年报，9 月 2 日，跌停，收在 117.53 元位置（复权价，下同）。三年半后，站在茅台 400 元之上回看，当年的跌停可怕吗？一点儿也不可怕。跌停乃至其后 4 个月的阴跌，都是天降黄金雨！

洋河的主观能动性

老唐自 2015 年 8 月 31 日首次买入至今，洋河在企业经营方面是令我满意的。至于股价，短期是跑输五粮液和泸州老窖。但是，要在更长的赛道上，才能看出真本事。

究竟需要多长的赛道？回看 2006 年至今几大名酒企的发展轨迹（洋河于 2009 年上市，可追溯的披露数据是 2006 年），2006 年，洋河的营收只有山西汾酒的 2/3，今天则是后者的近 4 倍；2006 年，洋河的营收只有泸州老窖的 57%，今天是后者的 2 倍多；2006 年，洋河的营收不到五粮液的 15%，今天是后者的 70%。在白酒业上市公司中，洋河是当之无愧的成长王。

如果以茅台净利润数据作为标杆 100，则 2006 年五粮液、老窖、汾酒、洋河的利润分别为 78、23、17、12；到了 2016 年，五粮液、老窖、汾酒分别萎缩为 41、12、4，只有洋河，从 12 大幅成长为 35。今天，洋河的净利润已经是老窖的 3 倍多，汾酒的近 10 倍，距离酒业老二五粮液，也仅有不足 15% 的差距了。

面临同样的市场环境，无论品牌、技术或者历史都不占据明显优势的洋河，为什么可以获得远远超越同行的经营回报？在前文《解密洋河高成长》中，老唐已经剖析过，此处不再赘述。

2016 年底，洋河的营收已经回到了 2012 年历史高点附近，净利润数据距离历史高点也仅有约 5% 差距。而五粮液、老窖和汾酒，则分别还需要增长约 10%、40% 和 47% 才能摸回营收高点，至于净利润，差距更大，数据对比见表 3 - 23。因此，作为洋河的生意合作伙伴，我们需要担心什么呢？

表3-23 5家酒企营收与净利润对比   单位：亿元

	2012年营收	2016年营收	2012年净利润	2016年净利润
贵州茅台	264.6	388.4	133.1	167.2
五粮液	272	245.4	99.4	67.9
洋河股份	172.7	171.8	61.5	58.3
泸州老窖	115.6	83	43.9	19.3
山西汾酒	64.8	44	13.3	6.0

估值依然低

由于洋河前瞻性卡位了"梦"和"蓝"关键词，于是似乎很好运地沾光"中国梦"口号，加上全国各地雾霾笼罩时，人们对天之蓝和海之蓝的渴望，蓝色经典系列在本轮行业危机中，获得了广泛的免费传播，品牌形象进一步提升，对公司业绩复苏起到了中流砥柱的作用。

以2016年为例，蓝色经典系列贡献了约70%的营业收入。在销售量同比降低约5%的情况下（从20.9万吨减少至19.8万吨），营收同比提高约7.7%（从153亿元提升至165亿元），毛利率提升2.15%（从63.25%提升至65.4%），消费升级带来的产品结构升级形势很明显。

很多投资者会疑惑，为什么五粮液毛利率在75%左右，而洋河才65%。其实，洋河是把消费税计入营业成本，而五粮液则将消费税单列。例如，2016年，洋河的营业成本里面包含有15.74亿元消费税（财报132页），如果按照五粮液的口径，则洋河营业成本应为41.34亿元（57.08-15.74），毛利率同样高达75%。

据董事长王耀在业绩说明会上披露，公司的新江苏市场已从2015年的298个扩张到2016年的395个，并计划在2017年扩张到455个。洋河的产品系列里，复苏情况最好的是高端品牌梦之蓝，一季度保持了50%以上的增长。新江苏市场的扩张，梦之蓝高增长，加上2017年一季度公司主要产品整体上调出厂价，凭这三点，已经基本可以确定：全年增长将远超年报提出的10%目标。老唐推测，2017年，洋河营收将可能冲刺 200 亿元，省内营收可能扭转下滑态势，而省外营收将首次超越省内。如果消费税改革没有重大不利影响，全年净利润水平将超越 2012 年历史巅峰，有望接近甚至突破 70 亿元。

洋河 2016 年产销白酒近 20 万吨，是全国产销量仅次于牛栏山二锅头的第二大酒企（五粮液和老窖的销售量分别为 14.9 万吨和 17.8 万吨）。而 2016 年白酒网上销量"爆款"前三名里，洋河独占第一名和第三名，分别是累计销售超过 400 万瓶的 52°海之蓝 375ml 和累计销售超过 100 万瓶的 42°洋河特曲（糖酒快讯数据）。数据已经证明了洋河酒很受广大消费者尤其是年轻消费者的欢迎。

依照洋河的盈利质量（报表利润含现金量）、盈利能力对资本再投入的要求以及净资产收益率水平，参照当前无风险利率水平，个人认为，25 倍左右市盈率可以视为洋河的合理估值位置，即 2017 年洋河的合理估值为 1700 亿元上下，当前价格依然处于低估状态中。

奋进中的洋河[①]

2017 年上半年，洋河股份业绩稳定增长，实现营业收入 115.3 亿元，同比增长 13.12%；归属于上市公司股东的净利润 39.1 亿元，同比增长 14.15%。公司资产负债表简单清晰：总资产 360 亿元，其中类现金资产 130 亿元、存货 116 亿元、生产资产 108 亿元、其他 4 亿元；有息负债几近为零——财报简单透明！

白酒行业：强者恒强

公司财报对白酒行业形势的看法是："大众消费持续升级，白酒行业进入新一轮增长期，高端、次高端白酒产品价量齐升，中低档白酒产品销售稳步增长。"白酒行业的整体形势真的有这么乐观吗？我们先来看看全部 19 家白酒业上市公司的整体情况，如图 3-7 所示。

营业收入座次排名和往年没有什么变化。贵州茅台、五粮液、洋河作为第一集团军，与跟随者的差距进一步拉大，行业呈现强者恒强态势。净利润格局同样如此，如图 3-8 所示。

上半年 19 家白酒企业合计赚到净利润约 250 亿元。其中贵州茅台

---

① 本文首发于 2017 年 9 月 4 日，后发表于 2017 年 9 月 8 日出版的《证券市场周刊》。

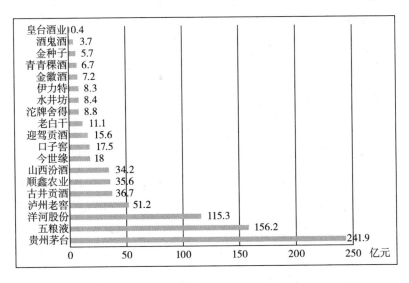

图 3-7 19 家白酒企业营业收入

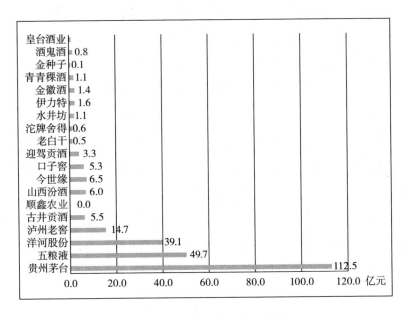

图 3-8 19 家白酒企业净利润

一家独大，独占约 45%，五粮液和洋河合计又占 35% 出头，三巨头掌走八成有余；紧随其后的老窖、古井贡、汾酒、今世缘、口子窖、迎驾 6 家酒企切走 17% 出头；剩余不足 3% 由其他 10 家企业分享。

总体来看，高端和次高端确实出现量价齐升，但中低端并不乐观。这也是白酒行业自 2014 年之后呈现的明显特征：高端酒受茅台供不应求带动，出现强劲复苏态势；中低端白酒，则艰难如旧。这也是发生在我们身边的消费升级：伴随着收入提升，人们对白酒的要求成了少喝酒 + 喝好酒。

白酒业的投资逻辑其实比较简单，属于典型的"一尺跨栏"。

首先，虽然都叫白酒，但并非完全同质化产品，存在口味、香型和情感认同的差异，因此行业内几乎看不见恶性价格竞争（尤其是高端），市场参与者更多是利用产品差异性吸引消费者，从而整体性获得高毛利率。

其次，作为社交辅助产品，餐桌上饮用什么酒，要么由聚会中身份地位较高者（往往也是收入和消费水平较高的）的口味决定，要么由饭局买单者的钱包承受力上限决定，天然具有消费升级的拉动效应。由于人有味蕾记忆，加上由俭入奢易、由奢入俭难的本性，白酒消费历程就是伴随着年龄、地位和收入的增长，从被影响到自主决定，再到影响别人的过程。

再次，伴随产品的使用，人体对酒精的耐受度缓慢提高，达到相同的陶醉度所需产品总量也会慢慢提高，天然具有增量属性。看看中国人对酒的热爱，便知道这是一个多么迷人的生意。

最后，白酒库存没有过期之说，反而"酒是陈的香"，这意味着企业具有很大的腾挪空间。在市场消费量波动的周期低谷，企业居然可以"改行"从事白酒收藏获取投资升值。这是一个非常罕见的行业性产品特质。

所以，白酒企业，尤其是高端白酒企业，基本上就是确定性极高的"印钞机"，或大或小。

洋河优势不减

行业前五里，除茅台外的其他四家，五粮液、洋河、泸州老窖和古井贡酒，都属于浓香型白酒，其基酒相似度非常高，算是白刃相见的竞争对手，非常适合放在一起比较。

先看历史营收。以上市最晚的洋河数据为衡量标准，可通过洋河营业收入与其他公司营业收入比率上的变化，来观察过去八年来它们增长的相对强弱——简单起见，直接采用半年报数据口径。

表3-24 洋河与同行业公司营收对比　　　单位：亿元

	洋河营收	洋河/五粮液	洋河/老窖	洋河/古井贡
2009年6月	18	34%	82%	256%
2010年6月	34.9	46%	142%	407%
2011年6月	61.7	58%	173%	390%
2012年6月	93.1	62%	179%	418%
2013年6月	94.1	61%	179%	408%
2014年6月	86.5	74%	238%	362%
2015年6月	95.7	85%	259%	353%
2016年6月	101.9	77%	239%	335%
2017年6月	115.3	74%	225%	314%

很明显，上市以来，洋河营收从占五粮液的34%，增长到74%，成长速度双倍于五粮液有余；从占老窖营收的82%演化为225%，老窖的相对速度就太弱了；古井贡略弱但不多，且从2012年后，增速已经有超越洋河的趋势了，体现为洋河营收/古井贡营收从高点418%降低为现在的314%。

从净利润角度看，洋河从上市之初净利润占五粮液的37%、老窖的69%，成长为目前占五粮液的79%、老窖的266%，相对增速同样高出许多。倒是古井贡增速快过洋河，两者之比从上市初1652%缩小为现在的712%，如表3-25所示。

表3-25 洋河与同行业公司净利润对比　　　单位：亿元

	洋河净利润	洋河/五粮液	洋河/老窖	洋河/古井贡
2009年6月	5.9	37%	69%	1652%
2010年6月	10.7	47%	102%	994%

	洋河净利润	洋河/五粮液	洋河/老窖	洋河/古井贡
2011 年 6 月	18.1	54%	129%	630%
2012 年 6 月	31.7	63%	158%	767%
2013 年 6 月	32.8	57%	181%	874%
2014 年 6 月	28.5	71%	298%	798%
2015 年 6 月	31.8	97%	312%	837%
2016 年 6 月	34.2	88%	308%	794%
2017 年 6 月	39.1	79%	266%	712%

这数年的营收变化，有个细节需要注意：在本轮行业寒冬之前，半年营收的巅峰期出现在 2013 年 6 月，如表 3-26 所示。

表3-26　4家公司营收对比　　　　　　　　　单位：亿元

	洋河股份	五粮液	泸州老窖	古井贡
2009 年 6 月	18	53.4	22	7.1
2010 年 6 月	34.9	75.8	24.5	8.6
2011 年 6 月	61.7	105.9	35.6	15.8
2012 年 6 月	93.1	150.5	51.9	22.3
2013 年 6 月	**94.1**	**155.2**	**52.6**	**23.1**
2014 年 6 月	86.5	116.6	36.4	23.9
2015 年 6 月	**95.7**	112.2	37	27.1
2016 年 6 月	101.9	132.6	42.7	30.5
2017 年 6 月	115.3	**156.2**	51.2	36.7

洋河在 2015 年 6 月超越前期高点并持续创出新高；五粮液在 2017 年中报实现突破；至于老窖，至今还没有出坑；倒是古井贡数据，完全没有过冬的感觉，保持逆风飞扬。

涨潮时看不出区别。从 2016 年上半年开始，高端酒在茅台供不应求形势带动下，扶摇直上，几乎所有白酒公司的高端白酒均取得了可喜的增长，五粮液和老窖也体现出比洋河更高的增速。但行业不可能永远顺风顺水，作为企业股权持有人，笔者更愿意选择那些能够在寒冬里逆风飞扬的企业，比如茅台、洋河、古井贡。

财报数据微调整

洋河和五粮液，上半年报表营收有41亿元的差距。但事实上，真实差距可能并没有财报数字显示的这么大，部分差异可能藏在"其他应付款"科目里。中报91页显示，洋河有"经销商尚未结算的折扣27.14亿元"并由此产生"递延所得税资产6.79亿元"（中报87页）。按照中报67页的洋河收入确认规则理解，公司按照行业规则给经销商的销售返点，不计入营业收入，直接计为欠经销商的债务。

在五粮液、老窖和古井贡的收入确认规则中，无同类条款。对照过去三年几家公司销售费用与营业收入的比例，老唐推测，五粮液、老窖和古井贡均是按照全价计入营业收入，然后再将给经销商的返点计入销售费用，从而导致五粮液、老窖、古井贡的销售费用率显著大于洋河。

表3-27 4家酒企销售费用率（销售费用/营业收入）对比

	洋河股份	五粮液	泸州老窖	古井贡
2015年6月	9%	16%	11%	29%
2016年6月	8%	17%	14%	33%
2017年6月	8%	14%	17%	34%

如果这个推测成立，也就意味着按照同口径比较，洋河和五粮液的真实营收差距会小于报表数据。若是看净利润数据，会发现二季度五粮液净利润13.8亿元，洋河净利润11.7亿元，单季差距仅有2.1亿元。这样的差距，以洋河的进取精神，笔者认为，有理由对三五年内洋河在营收或净利润数据上，追上乃至超越五粮液持乐观态度。

乐观精神从何而来？

老唐对洋河的乐观，主要来自于省外市场的迅速扩张，以及高端品牌梦之蓝的高速增长。洋河与五粮液、老窖的打法不同，五粮液和老窖是利用品牌优势，全国掐尖儿。而洋河是先在竞争激烈的江苏市场练兵，将渠道管控和产品推广做到极致，然后向省外复制，命名为"新江苏市场"，很有点曾国藩"扎硬寨、打呆仗"的意思。

江苏一省之内，洋河能做到年销售额超百亿（上半年62.6亿元），仍然保持着高达11%的营收增长。而省外市场上半年营收已经越过50亿元，重点打造的河南、安徽、山东、浙江、上海等"新江苏市场"渐入佳境，完全可能延续江苏市场深度挖掘的模板，扛起推动公司业绩再上台阶的大旗。

据公司披露，高端品牌梦之蓝上半年增速超过50%。目前公司已将梦之蓝品牌独立运作，目标是打造一个和茅台、五粮液齐名的高端品牌。另外，定价超越飞天茅台的洋河手工班，上半年也是风起云涌，利用各处的经销权拍卖，推起一波一波的市场热潮。

在炎热的二季度，白酒的传统淡季，洋河实现了39.4亿元的单季营收和11.7亿元的单季净利润，同比增速高达17.6%，超过了传统旺季一季度11%的增速，老唐仿佛已经听见引擎加速的声音。

以半年业绩的两倍口径简单估算，公司市盈率仅17倍，在全部白酒业上市公司中位列倒数第二。按照财报预告的前三季度增长10%～20%区间取中值15%推测全年业绩，当前市盈率也不足20倍，远低于白酒行业平均市盈率，低估明显。这样的估值条件下，老唐认为投资者无须过于关注股价短期波动，静静等待洋河的成长和绽放就好。

白酒领军企业点评[①]

为什么那么爱酒企?

在《手把手教你读财报》一书第 15 页,老唐用了整整一页纸,谈了用茅台财报作为解析范本的六大理由。今日,老唐依然建议,所有刚刚开始学习公司研究的朋友,从白酒企业入手,尤其是生产高端白酒的几家公司:茅台、五粮液、洋河、老窖、古井贡。理由非常简单,这个行业短期供需变化不剧烈,相对容易预测;产品有差异性,有情感归属成分,不容易陷入价格战泥潭;绝大部分(尤其是中高端)都是先收钱后给货,付款方式多为现金或者类现金的银行承兑汇票,很少甚至根本没有应收账款,营收和利润含金量高;产品不担心短期积压,存货几乎不会贬值至生产成本以下;产品简单,研发投入极少,一般不搞费用资本化处理……这些特点,决定了公司财报简单且优质,可预测性较强。

先看这种优秀企业,心中就有了一个标杆,以后再去看其他企业的

---

① 老唐曾于 2018 年 5 月 11—28 日,在"唐书房"发表了关于白酒企业的系列点评文章。本文为其缩减版本,主要记录了老唐在这段时间对相关企业的跟踪与分析。

时候，自然就会有意无意地拿它们来和白酒企业对比，对比其盈利能力、含金量、确定性等。我个人认为，具备优秀商业模式的白酒业，完全可以作为投资者的根据地、票仓，值得深入研究。每一次阅读财报都不会浪费，花两年功夫吃透，可以在里面捡一辈子钱。

行业概述

2017 年，全国有 1593 家规模以上[①]白酒企业，共计营收 5654 亿元，增长约 14%，其中量增和价涨各有一半贡献。行业利润增长约 36%，达到 1028 亿元。A 股上市的白酒企业共计 20 家，合计营业收入约 1610 亿元，利润总额约 736 亿元，归属股东所有的税后净利润 524 亿元。这 20 家上市白酒企业获取了全国白酒行业利润的 45% 以上，剩余 1573 家瓜分其余的 55%（包括郎酒、剑南春、劲酒、白云边、西凤等知名未上市酒企）。

表 3-28　2017 年各企业营收与利润　　　　单位：亿元

	营业收入	利润总额	归母净利
贵州茅台	582.2	387.4	270.8
五粮液	301.9	133.9	96.7
洋河股份	199.2	88.5	66.3
泸州老窖	104.0	34.3	25.6
古井贡	69.7	16.0	11.5
口子窖	36.0	15.6	11.1
山西汾酒	60.4	13.8	9.4
今世缘	29.5	12.0	9.0
迎驾贡酒	31.4	8.9	6.7
顺鑫农业	64.5	**6.4**	**4.4**
伊力特	19.2	5.0	3.5
水井坊	20.5	4.2	3.4
金徽酒	13.3	3.2	2.5

---

① 规模以上指年营收 2000 万元以上。

	营业收入	利润总额	归母净利
老白干	22.2	2.4	1.6
酒鬼酒	8.8	2.3	1.8
沱牌舍得	16.4	2.0	1.4
维维股份	6.6	**1.7**	**0.9**
金种子	10.2	0.3	0.1
青青稞酒	13.2	−0.6	−0.9
皇台酒业	0.5	**−1.8**	**−1.9**
合计	1609.5	735.5	523.9

注：表中加粗的顺鑫农业、维维股份、皇台酒业三家主营业务较杂，财报里无法区分白酒净利润和其他产业净利润。好在这三家企业白酒以外的其他产业利润微薄，不影响观察结论。

在 20 家上市白酒企业中，以归属股东所有的净利润来划分，层次非常明显：净利润以百亿元为单位的，只有茅台，超过其他 19 家公司净利润的总和，近于第二名的三倍。净利润以十亿元为单位的，从五粮液到口子窖共计五家，可以视为第二集团。这个集团里三足鼎立：川酒、皖酒和洋河。酒业江湖一直有句传言，叫"东不入皖，西不入川"，是说川皖两地群雄争霸，个个飞起来咬人，外地白酒根本杀不进去。洋河是个另类，稳住江苏根据地的同时，已经大规模杀入安徽市场。后面以山西汾酒和今世缘带队的十家，利润以亿元为单位，算是第三集团。垫底的四家存在感不强，基本属于竞争牺牲品。老唐关注的主要是第一、二集团六家酒企，持有的是茅台、洋河和古井贡（B 股）三家公司。

读过以上概述，对行业竞争格局应该有了一个轮廓性认识，下面进入具体企业的 2017 年年报及 2018 年一季报简评，将涉及茅台、五粮液、洋河、泸州老窖、古井贡、口子窖六家公司。

贵州茅台

整体判断

2018 年，老唐保守估计茅台净利润超过 330 亿元，老唐的估值区间是 650～900 元。除非有惊天地泣鬼神的大事发生，这个判断不会有什么大改变。由于茅台生肖酒销售时间的滞后，及确认部分 2017 年旧价格订单，2018 年一季报数据尚没有完全反映元旦开始的出厂价变化（819 元上调到 969 元）。一季度酒业营收 174.7 亿元，营业成本 15.2 亿元，整体毛利率 91.3%。仅仅比去年全年毛利率高出不到 1.5%，预计提价效应在二季度会展现得更加充分，半年报增速喜人。整体判断：2018 年可能是茅台利润表更肥美灿烂的时刻。

酱香酒（或称茅台系列酒）继续高速发展

2018 年一季度，茅台酱香酒公司继续实现翻倍幅度的增长，一季度实现销量 7000 吨，取得销售收入近 19 亿元，同比分别增长 75% 和 111%。通过价格上调和结构调整，系列酒销售收入增速大于销量增速。

过去，系列酒在茅台内部一直很不起眼，纯粹是因为收购了原习酒破产时的酱香生产线相关资产，整合了仁怀市怀酒生产线（现在看是具备前瞻性，当时估计主要还是考虑为当地分忧），加上茅台酿造完毕后的废糟还可以废物利用，才整出这么一堆东西来。截至 2014 年底，系列酒分拆运营之前，其营收在公司总营收里占比不到 3%，基本上靠搭配给茅台酒经销商完成销售，利润几乎可以忽略不计。

自 2014 年 12 月分拆运营后，酱香酒的发展速度，可以说让所有人大吃一惊。截至 2018 年 5 月 3 日，酱香酒销量突破万吨，实现营收 27.7 亿元，同比分别增长 48% 和 84%。2018 年，茅台酱香酒销售目标 80 亿元，实现利润 7 个亿。80 亿元销售收入是个什么概念，大家可以回头看前文的全国白酒企业营收利润数据表，在上市酒企里，可以排在茅、五、洋、老"四大天王"之后，和古井贡、汾酒和顺鑫争一争老五这把交椅了。

在保持供应量不增加的情况下，靠价格和结构的调整提升销售收入23%。老唐判断，实现这个"小目标"可能问题不大。

但是，对系列酒的继续增长，暂时不能抱过高期望，因为产能有瓶颈。2017年和2018年系列酒能有3万吨商品酒来销售，一是因为过去几年系列酒一直产大于销，累积了部分存货；二是因为茅台核查基酒，将部分质量达不到茅台品质的存货，拨给了系列酒用以生产。

表3-29　系列酒产量与销量　　　　　　单位：吨

年	2011	2012	2013	2014	2015	2016	2017
产量	9500	9220	14030	19990	18573	20576	20959
销量		约9200		5990	7826	14026	29903

系列酒设计产能1.77万吨，实际产能2万吨左右。从表3-29所示产销数据可以看出，茅台系列酒的滞销实际上是从白酒寒冬2013年开始的，之前基本上可以靠搭配消化掉。

2013—2016年，产销富裕累计一共也就3.5万吨左右。除掉少量不合格以及存储过程中的流失（系列酒基酒大部分要储存约两年），很明显也就够2017—2019年每年1万吨的额外供应。新增产能（公司计划将系列酒产能扩张到4.5万吨）2017年内才准备开工建设，最快也只能在2020年之后接过供应接力棒。

基酒失踪之谜

茅台2017年财报第7页关于茅台基酒的信息披露显示，有近两万吨基酒不翼而飞了。当年产大于销约3600吨，而库存量却从25.25万吨降低为23.6万吨，差额约两万吨。

（2）产销量情况分析表　　　　　　　　单位：吨

主要产品	生产量	销售量	库存量	生产量比上年增减（%）	销售量比上年增减（%）	库存量比上年增减（%）
酒类销售	63,787.61	60,108.36	235,998.87	6.51	62.70	−6.54%

投资茅台关注的核心就是产能和基酒，所以老唐赶紧与公司进行了

深度沟通。公司答复的总体意思是：由于茅台基酒存储过程中，既无法重新称重，也不宜开坛观测，所以，具体的自然挥发和渗漏数量主要靠经验估算。去年，公司进行了一些关于基酒数量观测上的精细化研究，对基酒存储数量进行了更精密的测算，测算的实际结果比过去估算的结果少。

这次基酒数量的变化，不改变存货总值，但会改变存货平均成本，会略略提高今年及之后的公司营业成本，这是我们做财报分析和预测时要注意的问题。

预收账款与供应量

2017 年财报预收款从期初的 175 亿元降低为 144 亿元，并在一季度末降低为 132 亿元，某些朋友因此比较紧张。实际上，在茅台供不应求的市场条件下，预收款的降低主要是公司主动控制造成的：不接受过早提前打款，要求经销商一律按月打款提货。所以，这个数据没什么好顾虑的。

最后，是关于 2019 年茅台供应量的问题。老唐最早在 2016 年 4 月就提出，2015 年茅台基酒产量的下滑，可能会造成四年后供给的严重不足。但这个问题，2017 年 10 月，在《重估茅台》一文中已经推测出茅台公司的应急解决办法，这个担忧已不存在。

五粮液

有缺陷的 "印钞机"

2013 年 10 月 27 日，有朋友在雪球问老唐：那么喜欢白酒，却为何不买五粮液？老唐当时是这么回答他的："当初看报表时，有三点细节让我排除了五粮液：第一，公司 2009 年曾花 34 亿多元现金，买一个注册资金 1.5 亿元，净利润顶多几千万的包装公司回来。第二，五粮液子公司、关联公司的名单，在报表上排了好几页，印象中好像不少于三四十家。第三，职工多。老窖和五粮液都是浓香型，五粮液销售收入约为老窖的三倍，但职工是老窖的 15 倍左右。"

这三个细节给我的印象是：第一，公司关联交易有明显不合理的嫌疑。第二，大股东装钱的口袋多，可以腾挪的空间就多。作为信息弱势的小股东，公司行为和结构越复杂，不利的可能就越大。一旦市场不好，"寄生虫"们都要先吸饱血，作为宿主的股份公司就可能失血过多。第三，和上一条一样，职工也是不能亏待的。景气的时候，职工待遇蒸蒸日上，你好我好大家好。一旦遇到不景气的时候，待遇还得惯性上升，失血的口子容易失控。

即便如此，五粮液也是一台很棒的"印钞机"，白酒也依然是一门好生意。眨眼 4 年半过去了，今天五粮液市值约 3000 亿元，五倍涨幅。今天，我对五粮液的看法没有改变：企业是"印钞机"，可惜出血口太多。

主要出血口

2018 年 4 月五粮液非公开发行：21.64 元的定价，发行 8564 万股，其中一半股权增发给基金。相当于强制所有股东把持股的 2.2%，按照 840 亿元的估值卖掉。缺钱的企业还好理解，可是五粮液账上可堆着 500 多亿元现金找不到地方花啊！这些增发对象，本钱还没掏出来，每股就已经净赚约 50 元了，若非要说它是公允、合理和必要的，我也只能默默地点个赞。

几十亿元，真是送给员工或者经销商，还勉强可以理解，算是"金手铐"，为了企业的未来凝聚人心。但你送给一帮投资基金，换些钞票来躺在集团控股的财务公司里睡大觉，为什么呢？

说起这个财务公司，2014 年 5 月 14 日老唐就曾发文："五粮液财务公司获批，股份公司出资 7.2 亿元占比 36%，这个比例明显是管理层动了其他想法。是股份公司拿不出另外 3 亿元吗？显然不是，多出 3 亿元，就要并表披露财务公司经营情况，如吸收多少存款，存款用于何处。占比 36%，就只需要披露股份公司存了多少钱进财务公司，得了多少利息。至于财务公司拿着这些钱去做了什么，对不起，无可奉告。"现在股份公司存给财务公司的现金就有 119 亿元（以后必然还会调升上限的），利息都有 3 亿元。当初少投 3 亿元，除了避免并表、避免公开披露财务公司经营信息，老唐实在想不出什么别的理由。

关联交易是更常见的出血口，财报 119 ~ 133 页，十几页的关联交易披露，是不是真是公允价格？老唐不敢确定。

增长仍然是主旋律

五粮液 2017 年营收突破 300 亿元（302 亿元），超越 2012 年历史巅峰数据（272 亿元）11%，虽然净利润距离 2012 年的 99.4 亿元还差几亿，但突破应该也是指日可待的事儿了。

2018 年，公司管理层对于行业的基本认识是三个基本形成：一是白酒行业强复苏的发展态势基本形成；二是行业向名优品牌集中的发展态势基本形成；三是白酒消费从政务消费向商务消费、民间消费转型的发展态势基本形成。在此基础上，定下了 2018 年营业收入 26% 增速的目标。以白酒业的特性及接力式提价的市场形势看，营收增长 26%，净利润会远超此数。

对于上述三个基本形成的判断，老唐是认同的。强复苏态势，尤其是高端白酒的强复苏态势，以及行业份额向名优品牌集中的特点还是比较明显的，几家主要白酒企业掌门人，都表达了类似的观点。如茅台财报如是说：白酒行业进入新一轮上升期，行业回暖趋势更加明朗，生产集中度更加提升，提价增利趋势更加明显，品牌营销更加风行，酒企探索新零售更加快速。如洋河财报如是说：白酒行业在深度调整之后迎来新一轮增长期，白酒市场消费明显升级，高端、次高端白酒产品价量齐升；行业集中度明显加快，名酒企业发展强者恒强。如老窖财报如是说：当前酒类行业发展态势主要呈现出行业集中明显加快、消费结构加快升级、发展模式加快变革的特点。如古井贡财报如是说：白酒行业复苏与回暖成为大势，名酒复兴进程加快，各大名酒企业和区域龙头企业经营业绩呈现大幅增长。白酒集中度在加强，各大名酒企业纷纷重视品牌复兴。2018 年次高端市场集体扩容的趋势愈加明显，其中价格空间的持续放大，或将带来次高端市场格局的新一轮洗牌。2018 年受消费升级影响，需求向主流优势品牌集中，一二线名酒率先复苏，行业分化加剧，进入挤压式竞争，竞争性增长代替容量式增长，高端品牌和区域强势品牌最受益，竞争优势凸显。

这几大名酒公司管理层，都是对白酒行业理解最深刻的那部分人，他们的看法，值得参考。他们的观点，从他们给自己提出的 2018 年营收增长目标上可以清楚地看出来，如表 3 – 30 所示。

表 3 – 30　五大酒企营业收入增长计划

	贵州茅台	五粮液	洋河股份	泸州老窖	古井贡
2015 年计划增长	1%	0%	5%	45%	0%
2015 年实际增长	3.5%	3.1%	9.4%	29%	13%
2016 年计划增长	4%	10%	10%	16%	0%
2016 年实际增长	19%	13.3%	7%	20%	15%
2017 年计划增长	15%	10%	10%	22%	0%
2017 年实际增长	50%	23%	16%	21%	16%
2018 年计划增长	15%	26%	20%	25%	14.3%

注：1. 表中的 0%，代表当年管理层的表述是持平的前提下，力争有增长。

2. 增长目标是营业收入目标，由于高端白酒的产品属性，其净利润增长速度通常会比营收增长高。

从表 3 – 30 可见，无论是喜欢保守订计划，超额完成的茅台、五粮液、古井贡，还是有过一次没完成计划"劣迹"的老窖和洋河，2018 年给自己定出的目标都是两位数增长。

五粮液 2018 年提出的目标是营业收入增长 26%，净利润增长预计会超过 30%。老唐相信，2018 年完成这个目标，应该问题不大。

中国高端白酒市场 2017 年市场总销量 5 万多吨，其中茅台 3 万吨出头，五粮液约 1.5 万吨，国窖 1573 约 0.6 万~0.7 万吨，剩余被梦之蓝、水井坊等其他品牌瓜分。2018 年和 2019 年，茅台的供应量都上不去，也就维持 3 万吨出头，这是供应侧的已知条件。在需求侧，市场需求增长明显，但茅台公司出于政治和长远发展的角度，坚持多种手段打压价格上涨，导致 1499 元售价下市场缺货严重。这种情况下，五粮液和国窖 1573 等高端白酒，承接茅台溢出需求的确定性较高。

一个不容忽视的制约因素

作为浓香型白酒，其高端酒产量受到一个特别因素制约！原泸州老窖公司总工程师，有国际酿酒大师称号、享受国务院特殊津贴的著名白酒专家赖高淮老先生对此阐述道："在浓香型的白酒生产中，窖泥与酒质有密切的关系，被誉为浓香型白酒的质量之本。窖池越老（使用时间越长的）所产酒质量好，优质品率高，含微量成分丰富，种类多，含量高，尤其是乙酸乙酯含量随着窖池时间的延长而增加，所以浓香型白酒质量好的叫老窖大曲酒。从实践经验中得出，新窖（即生产使用时间不到 20 年的）一般产不出优级品好酒，20～50 年的可产 5%～10% 的优级品好酒，50 年以上的才能产 20%～30% 的优级品酒。"

这意味着即便你 20 年前就挖了很多窖池，并使用了窖池老化技术（赖高淮老人主持创新的新技术），产生高端酒的同时，也会伴生出更多的低端酒。这是浓香酒的宿命。只有今天多挖酒窖，20 年乃至更长时间以后，你才能提供高端产品。时间问题，金钱是无法解决的。

承接茅台需求溢出

无论是洋河、五粮液或者老窖，主要都是销售中低端白酒，高端的量占比很少。但是，浓香白酒只有具备将中低端白酒销售出去的能力，才有提供高端白酒的可能。否则，你生产 1 吨高端酒，积压 3～20 吨中低端基酒，利润会被吞噬干净，甚至陷入亏损泥潭。

那么，老唐为何看好五粮液承接茅台需求溢出呢？主要有三个方面的原因。

第一，五粮液在 20 世纪八九十年代就大量扩产，很早就具备了 20 万吨以上的固态白酒产能，其中数万吨产能一直未能释放。因此，五粮液公司具备增加高端酒供应的能力。第二，五粮液具备良好的系列酒销售基础。全国销售网络和渠道保持多年的顺畅运行，旗下五粮春、五粮醇、尖庄等品牌具有广泛的消费者基础，系列酒常年保持十多万吨的销售量（2017年系列酒销量约13万吨，销售收入70多亿元）。第三，管理层始终将发展系列酒放在重要的战略位置上，正在集中精力培育亿级、十亿级、二十亿级、五十亿级的大单品。在五粮液规划的"4＋4"系列酒品牌矩阵中，重点打造五粮春、五粮醇、尖庄、五粮特头曲4款传统的全国性经典战略大单品的同时，将选择打造"五粮人家""友酒""百家宴""火爆"4款具有渠道特色的个性化重点产品。2018年，管理层学习茅台的策略，允许系列酒亏损三年，加大费用支持；继续砍品牌、砍产品，缩减品牌数量，提高品牌识别度；计划完成1000家经销商招募工作，并加大和超市、电商等新渠道的合作，要在2020年打造出超过200亿元规模的五粮液系列酒，同时将五粮液投放量扩大到3万吨。

以上三个因素，分别代表了有产能、有渠道、有行动，所以，五粮液承接茅台溢出需求，是顺理成章的事情。

洋河股份 VS 泸州老窖

经营比拼

把两个企业放在一起分析，原因是它们是一对欢喜冤家，过去是、现在是、未来也是。表3－31是过去十年洋河和老窖冲着白酒业第三把交椅比拼的成绩单。

表3－31　2008—2017年老窖与洋河经营对比　　　　单位：亿元

		2008	2009	2010	2011	2012	2013	2014	2015	2016	2017
营业收入	老窖	38.0	43.7	**53.7**	84.3	**115.6**	104.3	53.5	69.0	83.0	104.0
	洋河	26.8	40.0	**76.2**	127.4	**172.7**	150.2	146.7	160.5	171.8	199.2
净利润	老窖	12.7	16.7	**22.1**	29.1	**43.9**	34.4	8.8	14.7	19.3	25.6
	洋河	7.4	12.5	**22.1**	40.2	**61.5**	50.0	45.1	53.7	58.3	66.3

数据一目了然，2010年是两家公司的分水岭。那一年，洋河第一次在营收上超过了老窖，净利润恰巧一模一样。2010年之后，两者的差距越拉越大，到2017年，洋河营收是老窖的192％，净利润是老窖的

259%。

泸州老窖的营收和净利润巅峰出现在 2012 年，分别是 115.6 亿元和 43.9 亿元。今天，营收是 2012 年的约 90%，净利润是 2012 年的 58%。洋河同样在 2012 年出现一个高点，营收 172.7 亿元，净利润 61.5 亿元。2017 年，洋河营收是 2012 年的 115%，净利润是 2012 年的 108%。直观表达如图 3-9 所示。

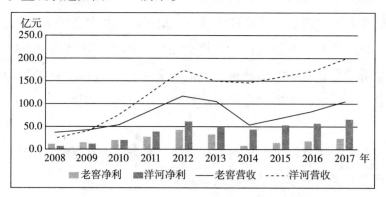

图 3-9　2008—2017 年洋河与老窖经营对比

2010 年，两家公司给股东创造的净利润都是 22.1 亿元，7 年过去了，差距拉大为以倍数计算。作为投资人，必然会好奇：导致两家拉开差距的核心原因是什么？这差距未来会缩小还是会继续扩大？当下谁更有投资价值？

洋河股份：保持核心竞争优势

洋河这家企业，我很喜欢，原因前文已经详述。在这样一个具备良好商业模式的产业里，由这样一群专注的、和股东利益捆绑的团队打理，作为股东，我很放心！关于洋河的投资逻辑，前文也已经说得比较清楚。在这个时点，逻辑无变化，估值无变化，相关内容不再重复，下面只简单谈点儿当下的新情况。

2017 年，洋河营收和利润均创出历史新高，其中省内营收破百亿（106.3 亿元），省外营收近百亿（92.9 亿元）。总体来说，根据地稳固，且省外的高速增长证明洋河的渠道深耕术，出省后并没有失灵，可复制性较强。梦之蓝 2017 年上半年增速约 50%，全年增速超过 70%，呈现加速态势。2018 年一季度，海、天、梦增速均比去年更快，其中海、天整体实现两位数增长，梦增长超过 60%。从占比来看，一季度蓝色经典系列占比超过 80%，梦之蓝在蓝色经典中占比约 35%。全年，公司预计营收增幅 20% 以上，一季度实现同比增幅 26%，全年完成 80 亿~90 亿元净利润应该没有什么困难。

公司继 2016 年花费 1.9 亿元全资收购了贵州贵酒以后，2017 年通过贵酒投入 0.1 亿元，收购了茅台镇厚工坊迎宾酒业股份有限公司 100% 股权。两次收购规模都很小，公司正在小心翼翼地试探和摸索酱香酒的生产和销售。

窖池：泸州老窖宽广的护城河

2014 年 4 月 18 日，老唐曾谈过老窖的核心优势："浓香的局限是时间，茅台的局限是空间。"茅台的扩产，最难的是找到具备同样风土条件的地方建厂。而浓香酒质量的好坏，取决于窖池时间的长短。由时间雕琢出来的老窖池，是再多金钱也无法复制的，这也是泸州老窖最宽广的护城河。

泸州老窖拥有 440 年窖池 4 口、300~400 年窖池 94 口、200~300 年窖池 344 口、100~200 年窖池 1177 口，百年以上窖池合计 1619 口，另有百年以下窖池 8467 口。窖池的年龄，决定了其优级酒的出酒率。

业绩的天花板：始终拖累老窖的发展

虽然有窖池这一个别人无法复制的护城河，但是，就业绩而言，老窖的天花板也很明显。公司走轻资产道路，多年未投资于产能，在这行业的冬季里，倒也轻松自在。也因为此，它失去了靠量推动营收和利润增长的空间。

现在我们用 2017 年财报对比 2013 年财报，可以清晰地看到企业过去五年的发展轨迹：2013 年，公司高档酒营收 28.8 亿元，中档酒营收 32.1 亿元，低档酒营收 40.5 亿元。2017 年，分产品披露在财报中如下所示：

	营业收入	营业成本	毛利率	营业收入比上年同期增减
分行业				
酒类	10,114,600,585.81	2,859,769,882.87	71.73%	20.47%
分产品				
高档酒类	4,648,164,314.50	448,276,412.35	90.36%	59.18%
中档酒类	2,874,921,442.63	714,821,895.22	75.14%	3.02%
低档酒类	2,591,514,828.68	1,696,671,575.30	34.53%	-3.50%

数据一目了然，过去五年，泸州老窖的中低端酒均是下滑的，全部增长均来自国窖 1573 的增长。从区域角度说，2017 年本部西南地区负增长 6.61%，其他地区负增长 19.84%，增长主要来自华中地区和华北地区。过去五年，分产品营业收入变化趋势如图 3 - 10 所示。

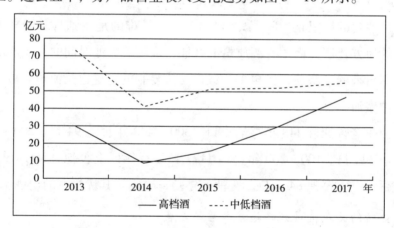

图 3 - 10　2013—2017 年泸州老窖产品结构变化

投资白酒行业的核心要素是消费升级和强者抢弱者的市场份额，具体而言，就是在高端看产能，中低端看营销。这几年白酒从低谷到复苏的过程里，老窖中低端不但没有增长，反而出现量价萎缩，足以证明老窖团队及渠道在中低端市场的运营能力不足。

表 3 - 32 是几家主要白酒公司 2017 年的广告促销费用数额及费用占比。通过表中数据可知，六家主要白酒公司里，老窖的广告促销费用

占营业收入比提升幅度最大，从 2016 年的 13.1% 提升至 2017 年的 18.8%，净增加 5%。

表 3-32 六家酒企广告促销费用与营收对比 单位：亿元

	茅台	五粮液	洋河	老窖	古井贡	口子窖
2017 年营收	582.2	301.9	199.2	103.9	69.7	36
2016 年营收	388.6	245.4	171.8	86.3	60.2	28.3
2017 年广告促销费	23.6	32.7	12.1	18.8	12.55	2.2
2016 年广告促销费	12.6	43.4	8.2	11.33	12.94	2.8
广告促销费增加额	11	-10.7	3.9	7.47	-0.39	-0.6
2017 年广告促销费占比	4.1%	10.8%	6.1%	18.1%	18.0%	6.1%
2016 年广告促销费占比	3.2%	17.7%	4.8%	13.1%	21.5%	9.9%
广告促销费占比提升	0.8%	-6.9%	1.3%	5.0%	-3.5%	-3.8%

老窖广告促销费占比在六家公司里排第一，甚至超过了一贯高费用比的古井贡[1]。绝对额增加 7.47 亿元，仅次于为打开系列酒市场大幅增加广告促销预算的贵州茅台。然而，高达 18.8 亿元的广告促销费用投下去，老窖的中低端产品从 2016 年的 54.76 亿元销售收入，变成 2017 年的 54.67 亿元销售收入，负增长。真正增长的是高端，国窖 1573 销售收入从 2016 年的 29.2 亿元，提升至 2017 年的 46.5 亿元，净增加 17.3 亿元，最终导致公司净利润同比增加 6 亿元。

老窖战略转型，能否站稳高端市场？

由此，老唐做出一个推测：老窖的中低端，要么已经被战略性放弃了，要么就是根本推不动。公司未来的增长期望值已经完全寄托在高端酒上。事实上，公司财报也暴露了这一转变。2006—2015 年，公司财报关于战略部分，一直有"坚持'双品牌塑造，多品牌运作'的品牌战略"，或类似表述，比如"坚定不移地推进国窖 1573 品牌提升，坚定不移地推进泸州老窖特曲价值回归""以国窖 1573 和泸州老窖作为战略品牌和主力品牌，按照'战略品牌管战术品牌'的原则，严格实

---

[1] 古井贡费用占比高，实际上主要是由于营收和费用记录制度和其他几家有差异造成的。

施品牌管理及产品管理"等。到 2016 年和 2017 年，关于泸州老窖特曲品牌价值回归的表述被淡化了，公司战略变成了："一二三四五战略，即重回白酒第一集团军一个目标，坚持做专做强与和谐共生两个原则，深入落实加强销售、加强管理和加强人才队伍的三个加强，把握 2015—2020 年间的稳定期、调整期、冲刺期和达成期四个关键发展步骤，实现公司在中国白酒行业市场占有领先、公司治理领先、品牌文化领先、质量技术领先和人才资源领先。"同时，5 月 15 日公司对外披露国窖 1573 未来三年发展规划："2018 年，国窖 1573 销售要过 100 亿，2020 年销售超过 200 亿，在销量上，国窖 1573 未来要达到 2 万吨以上。"这也可以侧面佐证老唐的猜测。管理层期望靠国窖 1573 的高速增长，超越洋河，重回白酒业第三。

中国高端白酒主要有茅台、五粮液和国窖 1573 三大块，其他品牌暂时产能还太小。那么，关键问题来了，国窖 1573 的产量（先不说销量问题）有没有可能实现高增长，最终达到 2 万吨以上，从五粮液嘴里抢夺茅台的溢出需求，甚至直接从茅台手中夺过部分需求？老唐的观点是：不能。证据我们从财报里慢慢找。

2011 年至 2016 年 10 月，泸州老窖集团正式资料中披露的基酒口径，都是"目前国窖 1573 白酒的基酒产能约为 3000 吨/年"。但在 2016 年 10 月之后的公开披露里删去了关于 3000 吨的表述。为什么呢？我们看公司披露的另外两份资料：

自 2013 年起，老窖集团产品统计登记分类口径调整为：高端酒类为国窖 1573 及其以上产品，主要为国窖 1573 系列产品；中端酒类为国窖 1573 以下至泸州老窖特曲价位段产品，主要为窖龄酒系列、泸州老窖特曲系列等产品；低端酒类为泸州老窖特曲以下产品，主要为头曲、二曲及其他低端系列。据此分类，2013 年度、2014 年度、2015 年度及 2016 年 1—3 月公司酒类产品销量见下表。

2013—2015 年度及 2016 年 1—3 月公司酒类产品销量

	2016 年 1—3 月	2015 年	2014 年	2013 年
高端酒				
销量（万吨）	0.12	0.29	0.12	0.33
平均价格（万元/吨）	63.25	53.17	74.83	88.58
销售收入（亿元）	7.59	15.42	8.98	29.23
成本（亿元）	1.21	2.73	1.07	3.62
毛利（亿元）	6.39	12.69	7.91	25.61
毛利率（%）	84.06	82.3	88.08	87.62
中端酒				
销量（万吨）	0.45	1.26	0.43	1.98
平均价格（万元/吨）	14.87	13.13	14.56	16.39

注意看，截至 2016 年一季度之前的披露，都是直接披露销售量。但之后不再披露销售量了，而是披露销售收入。

产品销量及定价情况

自 2013 年起，老窖集团产品统计等级分类口径调整为：高端酒类为国窖 1573 及其以上产品，主要为国窖 1573 系列产品；中端酒类为国窖 1573 以下至泸州老窖特曲价位段产品，主要为窖龄酒系列、泸州老窖特曲系列等产品；低端酒类为泸州老窖特曲以下产品，主要为头曲、二曲及其他低端系列。据此分类，2014 年度、2015 年度、2016 年度公司酒类产品销量见下表。

2014—2016 年度公司酒类产品销量

	2016 年	2015 年	2014 年
高端酒			
销售收入（亿元）	29.20	15.42	8.98
成本（亿元）	3.47	2.73	1.07
毛利（亿元）	25.73	12.69	7.91
毛利率（%）	88.13	82.3	88.08

	2016 年	2015 年	2014 年
中端酒			
销售收入（亿元）	27.91	16.54	6.26
成本（亿元）	8.83	7.00	3.04
毛利（亿元）	19.08	9.54	3.21
毛利率（%）	68.37	57.68	51.36
低端酒			
销售收入（亿元）	23.63	34.10	35.22

但是，如果我们能注意到 2015 年国窖 1573 的销售量为 2900 吨，销售收入 15.42 亿元，2016 年销售收入为 29.2 亿元，就很容易明白公司为何在 2016 年不再披露销售数量，以及不再强调产能只有 3000 吨。

原因很简单，2016 年销售量已经达到四五千吨，2017 年，再次将销售收入提升至 2015 年的三倍，去掉提价因素，公司半遮半掩承认的销售量也至少有 6000 吨左右了。

从以前一直宣传的稀缺产能只有 3000 吨，到接近或超过 3000 吨后强调"基酒产能 3000 吨，商品酒数量不止 3000 吨"，到现在干脆删掉 3000 吨说辞，声称已经从技术上突破了产能限制，未来国窖 1573 产量可以达到 2 万吨以上。

泸州老窖拥有百年以上窖池合计 1619 口，这一数量没有变。在 2017 年以前，泸州老窖也没有大规模扩建产能（扩建也没有用，短期内产不出优级品基酒），因此，国窖 1573 基酒突然暴增，或许有几种可能性：第一，酿酒技术取得突破性进展，单窖产量飙升数倍；第二，收购其他符合国窖 1573 标准的基酒；第三，降低酒质要求，增加产量。

如果是第一种可能，那将是白酒业的惊天动地大新闻，但事实是行业内没听说过这样惊天地泣鬼神的科研成果问世。第二种外购的可能性也是微乎其微。虽然泸州老窖一直有外购酒精和低端基酒的传统（16 万吨的产量不可能由全公司 844 名生产人员生产出来），但高端基酒对于各大白酒企业都是镇企之宝，对外出售的概率非常之小。那么，或许就只剩下最后一种可能，但这种情况下产量的增长，对公司是价值提升还是毁灭，想必消费者和投资者心中都会有杆秤。

管理层的问题

早在2014年4月中旬公司发布2013年财报时，管理层对股东夸过这样一个海口：2014年公司计划营收达到116.33亿元，同比增长11.52%——2013年原定目标营收是140亿元，实际完成104亿元，同时，年报已经披露2014年一季度同比下降50%~60%。对于白酒而言，一季度历来都是行业的销售旺季，业内素有"头季定全年"的说法。老窖2008—2013年，一季度占全年营收的比例，最低是2011年的25%，最高是2008年的33%。因此，我们有理由相信，管理团队在已知2014年第一季度销售数据（15.65亿元，同比腰斩）的情况下，对股东预测全年销售数据，应该也有能力预测在15.65/33%~15.65/25%，即47亿~63亿元（最终2014年实际销售额是53.53亿元，同比下降48.7%）。然而，2014年4月，管理层告诉股东：2014年公司计划营收达到116.33亿元，同比增长11.52%。这种管理层"不厚道"的记录，是这种"印钞机"公司重要的减分项目。

注意，老唐没说过五粮液或者老窖不值得投资，在我眼里，它们都是"印钞机"，只是有更靠谱的"印钞机"时，我尽量不去和这些不厚道操作员合作。

古井贡酒

老唐个人持有古井贡B股。简单说，有三大原因导致我看好古井贡酒。①古井贡是在最残酷市场里搏杀出来的赢家，能力被历史验证。②古井贡有大量有据可查的历史文化素材可供发挥，在全国化推广中，获得消费者认同的概率较高。③B股的超低估值。

激烈竞争中的获胜者

白酒业界一直有一句口诀："东不入皖，西不入川"，说安徽和四川两省，是白酒生产和营销大省，内部竞争激烈，外地企业强龙不压地头蛇，很难讨到好处。事实也确实如此。拿已经上市的20家白酒企业来说，只有川皖两省各拥有四家，四川和安徽两省拥有全国上市酒企40%的席位。作为激烈竞争中的市场赢家，其产品及营销的能力是不需要怀疑的。

查看过去十年古井贡的营收数据，会发现，即使在2013年开始的白酒行业寒冬里，古井贡的营业收入仍然呈上升态势，是全国知名白酒上市公司里，除茅台外唯一没有下降的酒企。

表3-33　2007—2017年古井贡营收数据　　　单位：亿元

年	2007	2008	2009	2010	2011	2012	2013	2014	2015	2016	2017
营业收入	12.01	13.79	13.41	18.79	33.08	41.97	45.81	46.51	52.53	60.17	69.68
毛利率	32.3%	38.5%	60.8%	71.2%	74.0%	70.9%	69.8%	68.6%	71.3%	74.7%	76.4%
销售费用	1.15	1.44	2.47	4.05	7.98	10.76	12.8	13.04	15.58	19.8	21.7
销售费用率	9.6%	10.4%	18.4%	21.6%	24.1%	25.6%	27.9%	28.0%	29.7%	32.9%	31.1%
归母净利	0.34	0.35	1.4	3.14	5.66	7.26	6.22	5.97	7.16	8.3	11.49
净利率	2.8%	2.5%	10.4%	16.7%	17.1%	17.3%	13.6%	12.8%	13.6%	14.1%	17.0%

如表3-33所示，古井贡的营收持续创下新高，2017年营收为2012年营收的166%；净利润虽然在白酒业的寒冬里略有下降，但也在2016年就超越2012年高点，并在2017年再次创下新高，达到2012年净利润的158%。从数据上看，古井贡酒的突破点在2009年，这一年，公司在营收基本不变的前提下，毛利率和净利率均出现大幅上扬，毛利率从之前的不到40%，提升至超过60%；净利率从可怜的2.5%一举突破10%，净利润数据增长300%。

创新推动发展

这一切的根源，就是古井贡酒在2009年创新性地推出"古井贡酒·年份原浆"，并将其定位为公司的主打产品，是创新带来的突破。可以说，这是一家具备创新基因的企业，早在 20 世纪 90 年代初，古井贡就开展了多粮酿造的研究，并最终于 2004 年将古井贡一直以纯高粱酿酒的生产工艺，全面改变为多粮酿造，不仅提高了出酒率，还使得一级品率大幅提升。2002 年，在市场调研的基础上，成功开发出"淡雅型"古井酒，一年后，洋河推出了类似产品"绵柔型白酒"并占领市场。而古井贡则因为频繁的人事变动，被后来者抢了先机。

仔细研究古井贡管理层的出身和发展履历，可以发现，古井贡的管理层多是偏重市场、偏重营销的人员。事实上，在白酒的营销行业里，古井贡多次敢为天下先，创造了许多广受消费者欢迎，并被其他同行模仿的营销手法。例如，20 世纪 90 年代针对山西假酒案余波推出的保险公司承保的保险酒；最早和大型报纸杂志合作，搞的有奖问答活动；借 1996 年奥运会开幕，征集"中国奥运健儿壮行寄语"以及"开瓶有金"营销手法（每千箱酒包装盒里放置几十枚金戒指）等等。

而恰好，古井贡主要产品的定位是中端，直接竞争对手是位于60~200 元价格区间的大众化产品。这个区间的产品同质化相对较高，消费者更看重产品的性价比和购买的便利程度，使得古井贡以渠道和营销见长的团队更有用武之地。正因为如此，古井贡一直以来都是以偏高的销售费用率著称，以大推广换来大产出。

2017 年行业复苏，古井贡有了节约费用提高利润的迹象，销售费用率十多年里首次出现明显拐头走势。据公司股东大会最新披露，经过前几年的投入布局，伴随行业强复苏，公司销售费用率已经开始下降，部分市场已经开始减少投入，同时内部也在加强费用控制，这些措施将进一步提高公司营收中的利润占比，如图 3-11 所示。

如果我们将销售费用中直接与产品推广有关的数据抽取出来（在财报附注销售费用里，例如 2017 年财报的 133 页），其中促销费和样品酒属于古井贡的地面推广费用，广告费可以看作"空中轰炸"费用。公司自 2010 年开始的销售费用分项披露如图 3-12 所示。

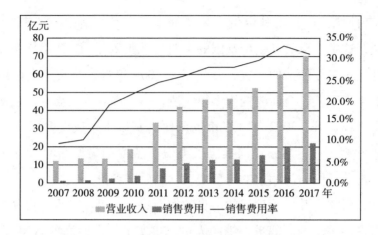

图 3 – 11　2007—2017 年营业收入与销售费用

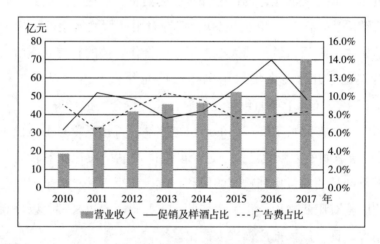

图 3 – 12　2010—2017 年销售费用分项披露

　　如图 3 – 12 所示，公司的营销费用投入，交替使用空中优势和地面占领。强大火力冲击新市场后，用地面的细致工作占领市场，然后继续用强大火力冲击下一块新市场。可以预测，2018 年公司将习惯性继续增加广告费投入占比，减少地面促销费和样品酒投入占比，全年以攻城略地占领新市场为主要策略。

深厚的文化内涵

　　要想获得全国其他地区消费者的认可，产品本身有没有故事，能否打动人心，是挺重要的事儿。这方面，古井贡酒实际上有大量素材在手，有深厚的文化内涵可以挖掘。

古、井、贡、酒，这四个汉字本身就很容易引发美好、高端、传统、悠久等心理共鸣，而事实也确实如此。古井贡酒，前身为张集乡第十一人民公社于 1958 年在明代公兴槽坊旧址上兴办的"减店酒厂"，位于安徽亳州谯城区减店（减店现改名古井镇），1959 年下半年改名亳县古井酒厂，收归省营。

此处古称谯县，是曹操的老家。中国历史中最早有文字记录的酿酒方法，就是曹操在建安元年（公元 196 年）将家乡美酒——九酝春酒进贡汉献帝时，上的奏章"九酝酒法"。在曹操之后，又有明万历年间阁老沈鲤（谯城区减冢店人，即现在的古井镇）将家乡特产减酒进贡给万历皇帝，万历皇帝饮后钦定此酒为贡品，命其年年进贡，"贡酒"之名由此而来，一时减酒名动京师。到清代，又有清末毅军统领姜桂题将家乡所产减酒进贡给慈禧太后的记录。古井酒文化博物馆现在还保存着"储秀宫制"，供慈禧太后专用的豆青回文大酒瓮。

除了"曹氏三杰"（曹操、曹丕、曹植）留下无数与美酒有关的故事和诗篇——曹操的"对酒当歌，人生几何"；曹丕的"朝与佳人期，日夕殊不来。嘉肴不尝，旨酒停杯"；曹植的"归来宴平乐，美酒斗十千"（后被李白抄进《将进酒》）——亳州还是神医华佗的故乡，是《广陵散》作者"竹林七贤"之一嵇康的故乡，是"谁知盘中餐，粒粒皆辛苦"作者李绅的故乡。北宋名家晏殊、范仲淹、欧阳修、曾巩都曾主政过亳州，留下例如"一曲新词酒一杯""绿酒初尝人易醉，一枕小窗浓睡""终老仙乡作醉乡""白醪酒嫩迎秋熟，红枣林繁喜岁丰"等千古名句。这些会触碰国人内心最柔软情感的诗词歌赋，是古井贡的宝矿，运用得法，将会让古井贡在消费升级及全国化推广过程中如虎添翼。这也是老唐看好古井贡的第一个因素。

天赐的好价格

东西再好，贵了还是会令投资者踌躇。古井贡不仅有好产品，有好团队，有好文化底蕴，居然还有个天赐的好价格，那就是古井贡 B。老唐买入古井贡 B, 是在 2017 年 6 月中旬, 当时的价格约 31 港币上下, 后多次加仓。受限于每年每个人可以换入的港币有限, 目前也仅持有约 7% 仓位。但是, 这个投资属于典型的老唐估值法运用——三年后 15 ~ 25 倍市盈率卖出能赚一倍, 就是值得下手的位置。

举例子说, 公司总股本 5.036 亿股, 在价格为 31 港币的时候, 对应公司总市值约 125 亿人民币。站在当时的立场上, 只要能看到公司年赚 10 亿出头是基本确定的事情, 则其当年市盈率 12.5 倍。

对于名优白酒这种含金量十足、维持现有盈利能力所需新增资本投入极少的商业模式而言, 即便没有增长, 看到 25 倍市盈率合理位置也有一倍空间, 更何况白酒市场整体复苏态势明显, 未来三年保持一定增长是基本确定的事。这种位置完全是系统漏洞送给价值投资者的机会。

截至今天, 买入后不到一年涨幅近 70% 的古井贡 B, 以今天的价格计算, 市值也就 210 亿出头, 按照最保守的估算, 依然符合老唐估值法买入条件 (也就是说, 我认为 2021 年古井贡酒的净利润不会低于 420/25 = 16.8 亿元, 实际上, 乐观估计 16.8 亿元净利润, 不会晚于 2020 年达到)。多好的市场啊, 有这样的送钱漏洞, 竟然长期存在。

再谈估值

说到老唐估值法, 其实古井贡公司管理层收购黄鹤楼酒业时, 也有意无意地使用了老唐估值法, 当然, 不是说他们知道老唐这个估值法, 而是说实业家们的估值, 恰好和老唐的视股票为公司所有权代表的思想一脉相承。

翻开财报 27 页, 看古井贡收购黄鹤楼酒业时的业绩预测和定价: 公司 2016 年买入黄鹤楼 51% 股权, 定价 8.16 亿元, 相当于对公司整体估值 16 亿元。对应黄鹤楼业绩, 静态市盈率约 40 倍, 市净率约 9 倍, 对于很多看 PE、PB 买卖的所谓价值投资者而言似乎偏高了。

但梁董的境界可是很高远的, 他们看的是企业的未来。他们认为, 三年后, 黄鹤楼有把握做到营收 13 亿元, 净利率不低于 11%。即 2019 年黄鹤楼酒业净利润不低于 1.43 亿元, 按照 25 倍市盈率的评估, 2019

年合理估值约 $1.43 \times 25 = 36$ 亿元，18 亿元以下有购买价值，因此 16 亿元的报价可以成交。

这就是一个完整的老唐估值法演示，唯一不同的是，作为控股股东与行业人士，梁金辉等人是判断并白纸黑字写下承诺：2019 年净利润不低于 1.43 亿元；而投资者所有的学习和研究，就是要追求在 2016 年的时候，能够预测出一家公司在 2019 年大致靠谱的净利润（宁保守勿激进）。这个预测，需要建立在对企业的深度理解上，没有捷径，没有公式，它是老唐估值法里唯一需要永远学习和研究的未知数。

看不见边际的腾讯①

对于腾讯，老唐的结论是：上市 14 年来股价涨幅超过 500 倍、2017 年年内实现翻倍有余、当前市值近 3.1 万亿元人民币的腾讯控股，依然不贵。

价值投资者与成长股

本文用"看不见边际"做标题，有两层含义：一是腾讯控股总是"偏贵"，找不到下手的"安全边际"；二是腾讯的增长空间广阔，虽然已经超过 3 万亿元市值，但依然无边无际。

在股市投资中，经常看到用当前股价和历史高低点对比，从而得出便宜或贵的思维模式，这是常见的心理误区，且危害极大，一不小心可能会坑杀我们不少财富，或者让我们错过不少财富。一家企业便宜还是贵，跟它过去曾经到过多少市值完全没有关系，只跟它当前及以后的盈利能力有关。

如何对成长进行估值，一直是习惯捡便宜货的价值投资者们头痛的

---

① 本文发表于 2017 年 11 月 16 日。

难题。我们经常会遇到一些不错的企业①，但令人很痛苦的是，市场绝大多数时候不傻，这些好企业经常处于估值和股价的"高位"。

是的，曾经的你我，追涨杀跌，跟随市场先生的情绪而动，账户数字见证着亢奋和亢奋过后的一地鸡毛。后来的你我，拒绝追涨杀跌，特意回避舞台的聚光灯，只在那些被人遗忘的角落里默默翻寻。然而，却经常因为贪图莫须有的折扣，等待莫须有的回调，一路吮着指头旁观心仪的企业绝尘而去。

这是一种心魔，一种对追涨杀跌的矫枉过正。说"拒绝追涨、拒绝杀跌"，看上去貌似非常谨慎、冷静，很有价值投资者客观、不受市场气氛诱惑的风范，也很容易用"错过，说明我不该赚这笔钱"来轻易地原谅自己。然而，这种想法里，实际上隐藏着一种"以历史股价为标准，去评估企业是否有投资价值"的错误思想。

今天的我认为：一味地拒绝追涨、杀跌，同样是个误区。真正的境界，是忘记历史股价，永远在市值与价值之间对比抉择。这种感悟，可以套用被用滥的禅宗境界：参禅之初，看山是山，看水是水；禅有悟时，看山不是山，看水不是水；禅中彻悟，看山仍是山，看水仍是水。简单解释就是：参禅之初，追涨杀跌；禅有悟时，拒绝追涨杀跌；禅中彻悟，既追涨也追跌，既杀跌也杀涨，一切取决于企业内在价值与市值差。

腾讯，无疑又是一家这样的企业。回看历史股价，自从走出 3Q 大战②危机后，腾讯股价再也没有产生过超过 30% 的调整。最大的两次股价调整，一次发生在 2014 年 3 月至 5 月，从最高到最低跌幅 28.4%；一次发生在 2015 年 4 月至 8 月，从最高到最低跌幅 27.5%。

而自从老唐 2016 年下半年开始关注腾讯后，仅有的两次小调整，一次从最高 220.8 港币调整到最低 179.6 港币，幅度 18.7%。老唐的首

---

① 我说的不错的意思，一般至少包括三个标准：①净资产收益率高；②净利润含金量足；③维护原有盈利能力所需资本少，且新增资本投入也可获得较高的净资产收益率。
② 3Q 大战指奇虎 360 与腾讯之间长达四年的纠葛。起源于 2010 年双方"明星产品"间的互相"争斗"，最终走上诉讼之路。

次介入，就在此处，197.3 港币上车；另一次发生在新华社、人民日报等主流媒体全面抨击《王者荣耀》，产生过最大从 288.4 港币到 260.4 港币的调整，幅度近 10%，老唐的后期追加，基本都发生在此处。

然而，是加仓在低点的人英明，还是有钱就买的朋友英明呢？从股价来说，回望历史，后者英明；老唐今天想说的是：就是展望未来，很可能也是后者英明。

有这样的结论，依据有两种：一种是因为历史一直涨，所以认为随时买都是对的；另一种是认为，即便是历史新高的市值，相对于腾讯的盈利能力而言，依然是低估的。

两种依据得出的结论看上去是一致的，似乎都是山是山，水是水，但前者可能是参禅之初，后者则是禅中彻悟，至于因为股价历史新高而放弃参与，或许算禅有悟时吧！

下面，老唐来阐述为何我认为当前超过 3.1 万亿元人民币的市值仍然不贵。

资产组成

将 2017 年三季报简化，可以发现腾讯总资产 5136 亿元由三大类组成，分别是 1821 亿元类现金资产、2377 亿元投资资产和 938 亿元经营资产。其中：现金及等价物、受限制现金、定期存款、预付款等几个科目归入类现金资产；对联营公司的投资、对联营公司可赎回工具的投资、对合营公司的投资、可供出售金融资产、其他金融资产等几个科目归入投资资产；剩余部分归为经营资产。

公司负担的有息负债为 1387 亿元，该负债与 1821 亿元类现金资产，可以看作是跨时间、跨空间的套利行为，差额 434 亿元为净现金。

重要结论一：当前，腾讯控股的年净利润，账面上主要由占比 18% 的 938 亿元经营资产所创造。账面价值超过经营资产 250% 的投资资产，尚未在利润表上体现任何收益。

以三季报为例，公司 2017 年前三季度营业收入 1714 亿元。其中：

互联网增值服务带来营业收入 1140 亿元，同比增长 45%；网络广告带来营业收入 281 亿元，同比增长 50 %；其他收入 293 亿元，同比增长 172%。上述业务上半年共计带来净利润 507 亿元，同比增长 66%（全年预计带来净利润近 700 亿元，同比增长 70%）。其中：互联网增值服务指游戏、直播、视频及音乐数字内容及虚拟道具收入；网络广告收入指腾讯新闻、腾讯视频、微信公众号及朋友圈广告等；其他收入主要是支付相关服务和腾讯云服务的收入。

那么，我们来盘点一下，除了以上产生收入和利润的业务之外，腾讯还有迄今为止没有计入利润表、没有产生收入和利润的业务、账面价值高达 2377 亿元的资产，都是些什么，未来每年可能为腾讯带来多少净利润？

在账面价值 2377 亿元的投资资产中，对联营公司投资和可供出售金融资产两大块是核心。前者有 1049 亿元，后者 1240 亿元，合计 2289 亿元，约占投资类资产总额的 96%。

对联营公司的投资，根据 2016 年年报披露，其 2015 年和 2016 年体现在利润表上的投资收益分别是 3.3 亿元和 8.6 亿元，大致可以预测，等 2017 年年报出炉的时候，该数值会有波动，但相对于腾讯 700 亿元的年度净利润而言，依然微不足道。

高达 1240 亿元的股权投资，其中包括 523 亿元的上市公司股权和 698 亿元的非上市公司股权，被腾讯归入到股价波动不影响利润表的可供出售金融资产内。这些投资的发生，以 3Q 大战为分界线。3Q 大战开始时的 2010 年底，腾讯的投资资产总额仅有不到 53 亿元，占资产总额的比例不足 15%。从 53 亿元发展到 2377 亿元，从不足 15% 提高到超过 46%，腾讯在过去六年多里发生了天翻地覆的变化。

战略转变

这一切都来自于创始人马化腾对那场生死攸关之战的思考结论：腾讯的社交平台（包含那时的 QQ 和后来的微信）不应该被定位为摇钱树，而应该是种植摇钱树的土壤。中国社科院信息化研究中心秘书长姜奇平曾评价说："能否出现这种认识上的飞跃，是互联网百分之一的幸存者和万分之一的幸存者之间的分水岭。"

在3Q大战之前，腾讯是做产品的，要靠与其他产品竞争，去留住乃至争取新用户，并从用户的增长和使用中获取成长和安全感。所以，那时的腾讯是不给人活路的腾讯。但凡看见谁家的产品好，腾讯就迅速跟进一个，并依赖QQ的巨大黏性，推送自己的，挤死对手的。细想起来，这貌似犀利的进攻，其本质是一种看家狗式的防守思维，目标是保住已有客户。然而，人类的欲望是无限的，总有你无法覆盖的需求。周鸿祎在他的自传《颠覆者》里有句话，我挺赞同的，他说："互联网是不断变化的，经验往往是靠不住的。你必须随时处于归零状态，从用户角度出发，随时把握用户新的需求。"这意味着，只要你是个做产品的，无论如何，一定会有更新鲜或者更厉害的产品出来，你总是不断归零，一次次地重新站回起跑线的位置，去面对新的需求，去迎接对手的挑战。这些对手，可能是看得见的，也可能是看不见的，如同《失控》一书的作者凯文·凯利告诉马化腾的，"你的竞争对手并不在你现在的名单上"。

在3Q大战后，腾讯高层经过深刻反思，理解了QQ（含以后的微信）这种建立在底层通讯录上的社交网络，不应该是腾讯的摇钱树，而是腾讯未来的摇钱树赖以生存的土壤。腾讯没有必要向享受QQ（微信）服务的人收费，只要尽最大努力让用户满意，让用户待在上面就足够了。然后，通过这样的底层关系链，腾讯成为了一个连接平台，连接人与人，连接人与物，连接物与物，并提供结算服务，如同一个城市、一个国家或者一个星球。这个城市、国家和星球，并不需要住户为生存于此付费。

任何住户，活着就有需求需要被满足。同时，任何提供新服务或新产品的商家，都需要去寻找自己的服务对象。腾讯只需要张开自己的怀抱，告诉大家：你要找的用户都在我这儿，你只需专心做好服务就行，我帮你连接他们。

此时，腾讯没有对手，放眼望去，全是合作伙伴或潜在的合作伙伴。

腾讯不用再去担心别人有新鲜玩意儿吸引了客人的注意力，反而希望有越来越多的用户需求被挖掘、被满足。当这些新需求被挖掘和满足的时候，腾讯伴随着服务或产品提供方一起成长了，使得平台上的用户们满意度更高了。用户满意度提升，就是平台的价值增加。此时，腾讯不再需要遏制做产品或服务的对手了，反而可以去扶持壮大各种有前途的产品或服务，只要它们能够让社交平台上的用户更舒服、更满意。

于是马化腾发现了，产品创新不一定要自己做，完全可以通过投资来完成，而且围绕用户需求的投资越多，平台的价值就越大，因为一切产品（服务）最终都增加了平台的价值。而这已经足够大且越来越有价值的平台，却是趋于零成本且免费送给用户的，根本不需要担心竞争。

这个战略一变，腾讯成为了互联网的环境，成了土地、空气和水源，大家站在这片土地上去争取客户，无论是老欲望还是新欲望，无论由谁去满足，都不妨碍腾讯从胜利走向胜利。于是，腾讯开始用自己的流量优势和资金优势，去投资和扶持曾经被视为"对手"的企业。

腾讯系族谱

六年多来，腾讯增加了超过2300亿元的对外投资，都投了些什么，未来又会给腾讯带来哪些改变呢？表3－34是老唐根据财报及网络资料整理而成的腾讯自营和投资领域的不完全名单。其中加粗部分，是现在产生利润表收入和净利润的业务单元。

表3－34　腾讯自营与投资项目

社交社区	自营	**QQ、QQ 空间、微信**
	投资	知乎、快手、开心网、Snapchat、Same、呱呱、Kakao（韩国）、朋友印象……
娱乐休闲	自营	**腾讯游戏、微信游戏、王者荣耀、腾讯影视、腾讯动漫、腾讯音乐、QQ 阅读、腾讯体育**
	投资	新丽传媒、华谊兄弟、未来电视、优扬传媒、盛世光华动漫、柠萌影业、原力动画、微影时代、猫眼电影、创业邦、喜马拉雅、暴雪、Riot（英雄联盟）、乐逗、斗鱼 TV、龙珠直播、天逢网络、Supercell（芬兰）、文化中国、爱拍原创、B 站、酷狗、酷我、阅文集团……

金融支付	自营	**微信支付、QQ 钱包、财付通**、理财通、腾讯征信、腾讯乐捐、腾讯自选股、腾讯基金
	投资	微粒贷、微车贷、人人贷、华泰证券、好买基金、富途证券、中金公司、微民保险、众安保险、英杰华人寿、和泰人寿、水滴互助、轻松筹、微众银行、邮储银行……
互联网科技	自营	**腾讯云、TIM、QQ 邮箱、微信企业号、微信·搜一搜、微信订阅号、QQ 订阅号、腾讯新闻、天天快报、腾讯网**、QQ 浏览器、应用宝
	投资	搜狗、猎豹移动、华扬联众、DNSpod、EC 营客通、知道创宇、Zealer、手机搜狗……
电商物流	自营	无
	投资	京东、美丽说、每日优鲜、口袋购物、好乐买、楚楚街、买卖宝、汇通天下、人人快递、蜂鸟配送、美团配送……
交通出行	自营	腾讯地图、i 车、路宝盒子、车联 App
	投资	易鑫集团、易车、滴滴出行、Lyft、摩拜单车、蔚来汽车、特斯拉、四维图新、人人车……
系统工具	自营	腾讯 Wi-Fi 管家、腾讯电脑管家、腾讯手机管家、天天 P 图、刷机大师
	投资	无
学习教育	自营	腾讯精品课、腾讯课堂、小小 Q
	投资	新东方在线、微学明日、跨考教育、金苗网、疯狂老师、易题库、阿凡题……
医疗健康	自营	微信全流程就诊平台、糖大夫血糖仪
	投资	丁香园、挂号网、晶泰科技、妙手医生、卓建科技、好大夫、春雨医生……
旅游生活	自营	QQ 旅游
	投资	同程旅行、面包旅行、艺龙旅行、携程、我趣旅行、赞那度……
本地服务	自营	无
	投资	美团、大众点评、高朋、58 同城、乐居、e 家洁、e 袋洗、妈妈网、华南城、美家帮、王府井百货、新世界百货……

　　腾讯帝国比我们想象的更大，已经触及用户的衣食住行玩等方方面面。现在已经无法准确界定腾讯究竟是个什么公司了。是个游戏公司，是个娱乐公司，是个即时通信公司，还是个金融服务公司？都是，也都

不是。但是，无论是投资领域、媒体领域还是科技领域，对于腾讯"一边从事上述业务，换来源源不断的现金流，一边又将这些现金下注于移动互联网的未来"这一操作手法，人们关注的都远远不够。

经营现有"现金牛"，然后用产出的现金投资更多"现金牛"，这手法是不是仿佛有点伯克希尔的感觉？腾讯仿佛是一家靠现有业务兜底，并雇佣一群在互联网及移动互联网领域里享有极高声誉和成功经验的人士担任管理合伙人的大型互联网投资基金。如果你看好移动互联网的未来，但又无法预知哪些企业能够最终胜出，投资腾讯，实际是间接做了移动互联网界的 VC。

增值业务：对游戏的依赖慢慢降低

现在的腾讯，一年约 700 亿元的净利润，由表 3－34 中粗体字显示的部分业务带来，这是兜底的部分。未来这部分还有增长的可能吗？其他业务会产生收入和利润吗？对这两个问题，老唐的答案都是斩钉截铁的"是"！

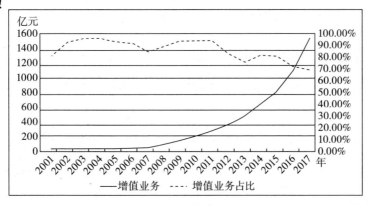

图 3－13　增值业务及其占比

注：增值业务收入最早分为互联网增值服务和移动电信增值服务两部分披露。2001—2004 年，移动和电信增值服务是核心，占增值业务总收入的64%～83%，之后逐步萎缩至10%左右。2012 年起，两者合并为增值业务披露。增值占比为增值业务收入占总收入比例，其中 2017 年增值业务及总收入数据均直接采用（三季报数据/3×4）模拟（下同）。

首先，增值业务（主要是游戏相关收入）带来的营业收入额扶摇直上，而且有增长加速趋势。据著名市场研究公司 Newzoo 的数据，2017 年中国游戏市场在手游的带动下，预计规模超过 275 亿美元，继续稳居世界第一，腾讯、索尼与暴雪占据游戏市场前三甲。据海通证券测算，未来三年移动游戏平均增长率 37.9%。依照游戏业界的发展和竞争状态，以腾讯游戏团队过往展示出来的竞争力，大致可以肯定，暂时看不见收入停滞的可能性。

三季报显示，端游同比增长 27%，主要来源于《地下城与勇士》和《英雄联盟》的增长；手游同比增长 84%，《王者荣耀》《魂斗罗：归来》《天龙经典版手游》《轩辕传奇手游》《寻仙手游》《乱世王者》继续演绎辉煌，新推出的《光荣使命》和《穿越火线：荒岛特训》预计成为未来的吸金利器。除了游戏，腾讯视频也获得良好发展。三季度末，腾讯视频已经收获超过 4300 万付费订户，成为中国规模最大的视频付费服务平台。

其次，增值业务在全部营业收入中的占比持续下降。伴随着新业务的成长，腾讯正在慢慢降低对游戏相关收入的依赖。

广告业务：平衡中缓慢增长

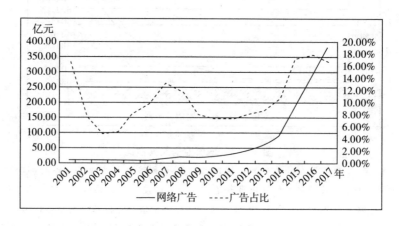

图 3－14　广告业务及其占比

广告业务占比稳定，三季报也取得了同比 48% 的收入增长。广告收入额自 2014 年开始有明显的增速提升态势。这是腾讯弹性较大的部分，是在用户体验与广告数量之间，寻求一种短期与长期的平衡。目前来看，无论是朋友圈广告，还是公众号广告，或者视频及其他应用广告，都有增加的潜力，但腾讯比较克制——增速本来已经很可观了，没有必要太过牺牲用户体验。

而其他业务，则是腾讯接下来快速增长的法宝。在过去十年里，其他业务营业收入同比增速最低 70%，最高超过 300%。截至 2017 年三季度，其他业务营收已经近于追平网络广告营收。单看第三季度，其他业务 120 亿元营业收入，已经高过了网络广告的 110 亿元营收，增长势头非常明显。

其他业务：直线上升

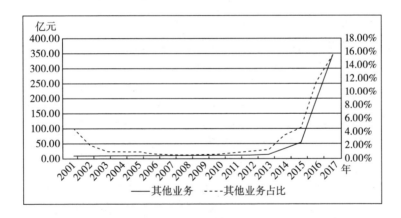

图 3-15　其他业务及其占比

其他业务，主要由支付相关服务、电视剧和电影投资以及腾讯云服务构成，其中增长确定性最高的是支付相关服务和腾讯云业务。有超过9.8 亿微信活跃用户，以及超过 8.4 亿 QQ 活跃用户（有重合）作为基础，微信及 QQ 支付适用场景不断扩大，三季报显示线下支付交易次数同比增长 280%。除电商场景下占据淘宝天猫优势的支付宝依然遥遥领先以外，其他场景，微信已经追平甚至超越了支付宝。两强相争之下，中国的移动支付水平全球领先，目前处于逐步深化过程中。

腾讯云服务，也是未来增长的法宝。国内云服务领域里，阿里云一家独大，腾讯云排名第二，紧紧跟随。伴随互联网与各行各业的全融合，云在数字时代，犹如电在工业时代。中国企业和个人的云化才刚刚起步，按照马化腾的看法，未来如同用电量在工业经济中的指标作用一样，用云量也会成为数字经济的重要指标。在这个巨大的市场里，老二腾讯能否缩小和老大阿里巴巴的差距，或许还是疑问，但老大、老二都能获得快速增长，却完全可以看作板上钉钉的事儿。

其他业务，现在受限于规模还比较小，所以毛利率很低，毛利率仅仅20%（三季报数据）。伴随着规模的增长，营业收入增加的同时，可以预期，其他业务还将受惠于规模效应，提高毛利率和净利率，为营收和净利润做出更大贡献。

增值服务、网络广告及其他业务综合起来看，过去三年的季度营收和净利润，无论是绝对额还是同比增速，不仅没有显出"大象"的呆滞，反而呈现明显的加速态势。如图 3-16 所示。

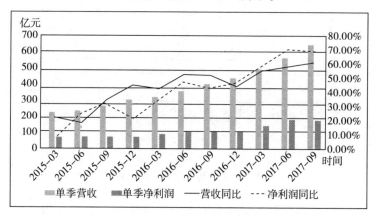

图 3-16 季度营收与净利润

腾讯系未来收益究竟几何？

腾讯投资版图中，陆续有阅文集团、易鑫集团和搜狗搜索分别在中国香港和美国上市，均获资本市场热烈追捧，腾讯的投资布局陆续进入收获阶段。包含阅文、易鑫和搜狗在内的，账面价值 2377 亿元的各类股权投资，如果抛开会计手法的不同，直接看透视盈余①，每年究竟能给腾讯带来多少净利润？这个数据，实在超过老唐的计算能力了。只能揣测：现有经营资产账面价值 938 亿元，在 QQ 和微信的土壤里，能给股东带来约 700 亿元的年净利润，而且还能有可观的增长。那么，另外 2377 亿元面值的投资项目，同样有 QQ 和微信的土壤可以共享，会潜藏另一个 700 亿元吗？

这就产生了第二个重要结论，虽然它并没有数据推演，很可能只是模糊的正确：我认为账面值 2377 亿元的投资资产，同样在 QQ 和微信的土壤滋养下，其未来的利润创造力可能不低于现有年产 700 亿元净利润的经营资产，只是尚不知道它们什么时候能在利润表上体现出来。或许这些子公司会通过经营盈利，回报腾讯的利润表；或许根本不需要经营盈利，只需通过 IPO 上市时的"视同处置收益"，用投资收益就能回报腾讯的利润表。若这个估算能大体靠谱，哪怕盈利能力可以抵现有经营资产的 1/3 或 1/2，近 3.1 万亿元市值的腾讯，似乎也就不算贵了。

---

① 透视盈余（look-through earnings）是巴菲特在伯克希尔年报的致股东信里常用的术语，意思是不管用什么会计手法处理，我持有某家公司 X% 的股份，就享有该公司 X% 的净利润（扣掉对应税收），不管公司是将利润分给我还是留存发展。

腾讯控股，巨象尚未停步①

2018 年初，腾讯控股财报一问世，就引起明显争议。有人看见希望，有人看见绝望。

说绝望，主要来源于三项数据，其一是在连续九个季度环比增长后，2017 年第四季度首次出现网络游戏收入环比下滑，且下滑幅度高达 9%。其二是增幅 74%、绝对额高达 715 亿元的净利润数据背后，同比增幅超过 460% 的 201 亿元其他收益净额成了擎天柱。如果抛开其他收益，单纯看增值、广告及其他业务，增长远没有那么亮丽。其三是腾讯社交网络的根基 QQ，首次出现活跃账户年度同比下滑，流失活跃账户高达 8600 万。同时，另一大根基微信也面临用户增量的"天花板"问题。三大不利数据，叠加大股东自 2001 年入股以来的首次主动减持、美联储启动加息以及中美贸易战爆发三大外部利空，腾讯股价在亮丽年报数据公布后，三天内跌幅达到 15%。然而，老唐看见的则满是希望。

---

① 本文发表于 2018 年 3 月 30 日出版的《证券市场周刊》。

对下滑数据的另一种解读

游戏收入负增长

2017 年第四季度，网络游戏收入环比下滑，是行业饱和或者腾讯产品竞争力下降导致的不可逆转下滑，还是某种暂时性调整？公司的解释是，环比下滑主要来自三个因素：2017 年第三季度公司增加了端游虚拟道具推广，导致三季度基数较高；角色扮演类游戏贡献下降，射击类游戏尚未大规模商业化；公司几款重磅游戏，均安排在 2017 年底及 2018 年一季度上线，四季度游戏收入受此影响。

这三个原因足以解释上述问题。在我看来，游戏部分，核心只需要关注两个问题：游戏的整体市场缩水没有？腾讯游戏玩家的时间主要被谁抢走了，是腾讯自己的新游戏还是对手竞品？这两个问题都不难回答，玩游戏的人群处于持续扩大中，伴随着观念改变和更便利支付手段的普及，付费人群也在持续扩大。第四季度腾讯游戏玩家的时间，确实被其他公司抢先推出的"吃鸡游戏"抢走了部分。但腾讯推出正版"吃鸡"及其他几款大受欢迎的游戏后，又重新找回了玩家的真爱。最直观的证据是，在苹果 App Store 或者安卓应用市场里观察游戏下载排行榜，除了短暂的小公司游戏刷榜，一季度基本上就是腾讯游戏产品持续霸屏的状态中。以腾讯的推广分发能力、内部赛马机制以及收购和投资的大量国内外顶级游戏公司或工作室的新品研发能力来看，在可见的将来，腾讯游戏依然是市场无敌的存在，根本不用为任何小波澜担心。只是在大规模移情手游、逃离 PC 的趋势下，端游注定会比较凄惨。不过财报里也展示了公司在端游上的规划：更侧重于服务重度玩家。效果如何，股东们拭目以待。

其他收益净额占比增高

2017 年的利润表里其他收益净额 201.4 亿元，是之前十年其他收益净额总和的 213%，创下历史纪录。于是眼中充满绝望的人，看见的是腾讯"主业不行副业凑"的悲惨场景，而老唐看见的却是一幅瓜果压弯腰的大丰收场面。

公司的其他收益净额主要有五个来源：腾讯投资对象 IPO 上市带来的视同处置收益；因若干投资的估值增加而产生的公允价值收益；政府补贴；政府退税；所投企业的现金分红。其中后三项合计贡献 23 亿多元。后三项容易理解，重点看前两项。视同处置收益，主要是 2017 年内在香港联交所上市的易鑫集团、众安保险，在美国纽交所上市的搜狗和 Sea（新加坡企业），在韩国交易所上市的韩国网游企业 Netmarble，这几家企业合计带来其他收益净额共计 94 亿元（上市后依然是控股子公司的阅文集团不在该统计范围内）。

什么是视同处置收益呢？拿 Netmarble 举例。腾讯 2014 年投资 32.3 亿元人民币购买了 Netmarble 28% 的股权。2017 年 4 月 24 日 Netmarble 上市，发行新股融资 23 亿美元，发行摊薄后腾讯持有公司 17.71% 股权。融资导致公司净资产增加 23 亿美元，意味着腾讯所持股份对应增加 4.07 亿美元净资产。这在财务上视为公司出售了 10.29% 股权换来的，即出售了持股的 36.75%。那么，若 2017 年初，腾讯持有 Netmarble 28% 股权的账面成本是 x，则 2017 年 IPO 行为产生（4.07 亿美元 – 36.75% x）投资收益，这就是视同处置。该投资收益和 Netmarble 上市后的股价变动，以及腾讯持有 17.71% 股权的市值波动无关，只体现上市发行新股导致的净资产增加。其他几家 IPO 的公司同样如此。

实际上，腾讯投资的联营企业，不仅经营上大幅好转，从过去三年的持续亏损，转化为 2017 年度合计盈利 8.2 亿元，同时，其中的上市公司股权，还产生了超过 960 亿元的股价浮盈。这部分浮盈并没有计入利润表，而是藏在"于联营公司的投资"科目里。联营的上市公司股权账面成本为 609 亿元，2017 年底的公允价值（股价）为 1570 亿元。

因估值增加而产生的公允价值收益约 84 亿元，主要是腾讯还投资了大量未上市企业。

截至 2017 年底，腾讯累计投资公司超过 600 家，账面投资资产合计超过 2700 亿元, 其中未上市公司部分约 45%, 账面资产超过 1200 亿元。腾讯投资团队的历史记录, 是有约 40% 的投资对象走到下一轮融资。这 600 家投资对象里必将继续产生大量进入下轮融资的企业, 也必将陆续产生登陆资本市场 IPO 的企业。

因此, 投资者必须慢慢适应腾讯报表里, 会有越来越多的视同处置收益和公允价值提升收益, 它们不是"非主业利润"。投资已经是腾讯主营业务的重要组成部分, 且这部分主营业务占比还将持续扩大。

用户 "天花板"

财报显示, 2017 年末, QQ 活跃账户首次出现下降, 从 2016 年底的 8.69 亿下降为 7.83 亿, 同比下降超过 8600 万。而且活跃账户大规模减少, 主要出现在第四季度, 当季减少 6000 万活跃账户。这是自 QQ 诞生以来, 活跃账户首次出现下降, 警示味道十足。然而, 这个问题其实非常容易解释, QQ 用户已经近于全部转入微信, 依然在腾讯的势力范围内。至于 QQ 本身, 定位已经年轻化、娱乐化, 主要由那些想躲开父母及七大姑八大姨视线范围的年轻人使用, 他们用微信联系长辈和前辈们, 却同时躲在 QQ 世界里和同龄人沟通和娱乐。

因此, QQ 活跃账户数量减少, 是且只是必然结局。倒是微信活跃账户环比增长仅 0.9%, 绝对值逼近 10 亿(春节期间已超过 10 亿)更值得思考。从数量上看确实没有什么增长空间了。然而, 增长只能来自数量吗? 显然不是。

微信和 QQ, 在腾讯的定位里, 是种植摇钱树的土壤, 是连接一切的工具。将用户纳入这个连接, 才只是播下摇钱树种子的开始。在微信奠定移动互联网最大入口地位后, 问题早已演化成如何深化。深化, 照样会带来优质的增长。深化, 既包括深化网络连接, 让用户通过腾讯享受到移动互联网各类工具的便利, 也包括丰富内容, 让用户通过腾讯看到他们想看和喜欢看的各类原创及非原创内容, 还包括将连接从网上扩展到网下, 乃至连接万物, 那是日活超过 1.7 亿的小程序即将发挥作用的广阔天地……

至于风险，唯一值得担心的问题，是腾讯在信息流形态上一直没有具备足够竞争力的产品出现。这类产品通过调动用户对下一条未知信息的期待，建立一种鼓励浸泡、鼓励刷屏的心理刺激机制，它们和微信的"用完即走"产品理念正好形成两个极端。

当用户把越来越多的时间浸泡在这些产品上，流量劫持就发生了。结果用户虽然仍旧拥有微信或 QQ 账户，但更多商品或者服务可能从这些竞争对手处获取，从而在游戏、广告、视频乃至更大领域里对腾讯现有体系形成破坏。迄今为止，还没有看见腾讯在该领域里有所作为，或许是能力问题，或许是价值观问题。

毛利率下降之解

除了上述三个问题之外，毛利率下降也是值得投资者关注的问题。作为产品和服务竞争力的重要标志，毛利率从上一年度的 56% 下降到 2017 年的 49%，究竟是什么因素导致的？是竞争加剧，还是需求低迷，或者只是公司的战略安排？

汇总分项业务数据，我们可以发现，增值业务和广告业务毛利率均出现了下滑，只有收入同比增幅高达 153% 的其他业务的毛利有提升，但由于其他业务占收入仅 18%，且毛利率依然偏低，因而总体毛利率出现了下降。

通过阅读财报发现，增值和广告业务成本提升主要由于越来越多的外购内容和外购渠道导致。但鉴于这两项业务的毛利率依然很高，而丰富的内容是公司自产内容的有效补充，对于提升相关产品的吸引力有重要作用。比较明显的例子是通过大量购买精品内容版权，腾讯视频迅速飙升为全国最大的视频服务商，日活跃用户超过 1.37 亿，2018 年 2 月底付费用户增加至 6260 万。同样的例子还有腾讯音乐等其他产品。因此，通过小幅降低毛利率扩大收入基数，仍然是对公司最有利的战略手段。

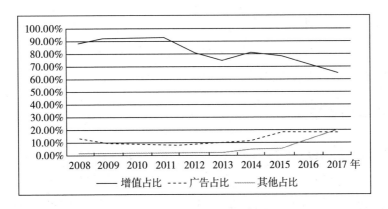

图 3 – 17 2008—2017 年分项业务占比变化

如图 3 – 17 所示，以游戏为主的增值业务虽然收入绝对额高速增长（从 63 亿元增长至 1540 亿元），但由于其他两项增速更快，占比呈逐步下降趋势。广告业务以体验优先，整体保持克制，占比稳中略升。效果点击广告占比越来越大（65%），品牌展示类广告比重降低，这给运用人工智能及大数据定向投放优化体验、提升广告收入提供了广阔的舞台；同时，其他业务占收入比已经从基本为零，到超越广告收入，地位举足轻重。其他业务，主要是微信支付和腾讯云业务。在过去十年里，收入从仅 600 多万元增长到 433.4 亿元，年化增长超过 140%，过去五年年化增长甚至超过 160%。支付业务虽然在电商场景下支付宝依然遥遥领先，但是其他场景中，微信已经追平甚至超越了支付宝。而且，腾讯在 2017 年已经大量加强对新零售、电商以及电商类小程序的投资和引导，以弥补电商场景支付短板。不仅如此，我们还应看到，除了微信支付大有可为，微信页面的九宫格里初露峥嵘的微粒贷、理财通以及刚拿到牌照的保险销售等业务，都可能构成其他业务未来庞大的收入源。

腾讯云服务也是未来增长的法宝。国内云服务领域里，阿里云一家独大，腾讯云屈居第二，紧紧跟随。伴随"互联网＋"与各行各业的全融合，云在数字时代犹如电在工业时代一样不可或缺。可以预计，阿里、腾讯双雄的云市场规模及份额，大概率会在竞争中共同壮大。

其他业务现在受限于规模还比较小，所以毛利率仅不足 22%。但趋势已经出现，伴随着规模的扩大，规模效应已经开始导致毛利率的提升了。可以预期将继续受惠于规模效应，为营收和净利润做出更大贡献。因此，毛利率小幅下降，并不足忧。

仍有增长空间

将腾讯的资产负债表简化一下，大致可以看到，公司资产总计5547亿元，包括类现金资产1777亿元，投资资产2770亿元，经营资产1000亿元。负债方面，有息负债1341亿元，其他负债1435亿元。数据很清晰，可以看作公司用负债总额2776亿元对应做了投资，而账面净资产则对应经营资产和类现金资产。

由于腾讯公司良好的财务状况及声誉，其国内外负债利率均偏低，加上公司聚焦互联网和移动互联网领域，所投项目不仅为腾讯庞大的流量产生变现出口，也为用户提供了更为丰富的内容和服务。投资对象和腾讯自身业务之间，形成了一种相互借力的强化作用。

投资资产主要记录在"于联营公司的投资"和"可供出售金融资产"两大类中。其中于联营公司的投资中，记录了账面成本为609亿元、截至2017年底市值1570亿元的上市公司股权，以及账面成本528亿元的非上市公司股权。这部分持股公司，如果有IPO上市或再融资行为，导致腾讯股份被视同出售时，会直接创造利润表的"其他收益净额"。

可供出售金融资产里，记录着2017年底市值539亿元的上市公司股权和公允价值为710亿元的非上市公司股权。主要是腾讯持股数量少，且没有重大影响的非核心投资对象。作为非核心持股，腾讯有可能在合适的时机卖出它们，将股价盈亏记录入"其他收益净额"。

综上所述，腾讯的投资业务不再是市场理解的非主营收入，它将正式登台成为腾讯的主要收入来源之一。实际上2018年才过去三个月，已经有多家投资对象传出即将IPO的好消息。再考虑到前面所述增值、广告及其他业务的空间，老唐认为：腾讯虽然已是巨象，但依然有能力展翅腾飞。

王者海康[①]

海康威视的轮廓

海康给自己的定位是"以视频为核心的物联网解决方案和数据运营服务提供商"。关于这个行业我们各位应该都不陌生，每天出门都可能会面对无数的摄像头：公安的天眼、交警的电子眼、其他机构或个人的监控摄像头。海康的主要业务就是提供这些摄像头，以及摄像头产生的视频数据的储存、传输和分析全套系统。

这个业务看上去并不难，简单完成视频记录和视频传输而已。但如果将视频记录的要求提高，从"看得见"变成"看得清"，尤其是各种气候条件下都能"看得清"，难度就出现了——这是从前端采集的角度说。

从传输的角度说，对一个摄像头采集视频进行传输，也不难。但同一时间里要将天量的视频文件迅速传输，这个难度就几何级增加了。紧接着，由于视频不是标准格式文件，机器很难直接认读，而靠人工查阅，只能在问题发生后去有目的地查找，为已经发生的事情寻找证据。

[①] 本文发表于 2017 年 5 月 1 日。

这样不仅工作量巨大无比，也没有充分利用天量数据的潜在价值。于是，如何让机器智能地阅读视频文件，并按照安防需求自动查找，例如美剧里常见的从全城所有的摄像头下，寻找某一张脸、某一款车甚至某形状的包裹在某时间段里的运动轨迹，并进行追踪和图像归集，这个技术难度就再次以几何倍数增加了。

这还不是终极的，未来的监控系统，必将因计算能力和传输能力的提升，走向根据某些特征自动甄别危险信号，并调动预防方案的方向，从"看得清"走向"看得懂"。所以，这个行业看上去简单，但要想做"大"做"好"，门槛其实很高。不仅需要技术能力实现看得见、看得清、传得快和看得懂，还得需要客户相信在未来的系统使用期间，你有足够的能力提供技术支持和软硬件升级。

海康的五大竞争优势

优势一：业内最强的研发能力

三点迹象可以展示海康的研发能力。

其一，海康是从中国电子科技集团第五十二研究所整体变更过来的。五十二所又名杭州计算机外部设备研究所，1962 年创立于太原，1984 年从太原搬迁到杭州。历史原因，至少在 20 世纪 90 年代以前，科技领域的相关牛人都在国有研究所里，可以说几乎没有"漏网之鱼"，海康因此有强大的研究基础和技术沉淀。其二，2016 年全球安防公司排名，海康名列第一。第二和第三分别为大名鼎鼎的美国霍尼韦尔和德国博世安防。其三，海康每年的研发投入，国内无人能够匹敌。表 3 - 35 是公司上市以来每年的研发投入数据，为方便对比，老唐把国内安防排名第二的大华的研发支出一并放上。

表 3 - 35　2010—2016 年海康与大华研发投入　　单位：亿元

年	2010	2011	2012	2013	2014	2015	2016
海康	2.4	3.4	6.1	9.2	13	17.2	24.3
大华	0.96	1.5	2.4	5	7.8	9.6	14.2

技术，一靠人，二靠钱。海康拥有国内最庞大的研发队伍——2016年研发人员 9366 名，占公司员工总数的 46.8%；投入最大量的研发资金。除了极个别偶然现象外，老唐认为该领域最领先的技术理所当然地会出自海康。而恰恰对于安防系统而言，涉及的技术不是单项，而是一个体系，即便有偶然的某领域被其他公司的某技术天才意外领先，也需要相关配套技术配合才可能实施，这一特点给了海康团队追赶和弥补的空间。因此，从这个意义上说，几乎可以肯定，现在的技术领先者，在最多的研究人员和研究经费支撑下，未来还会是技术领先者，甚至可以说，整体技术领先的幅度会越来越大。

优势二：对行业和本土市场的深度理解

视频监控系统，不是标准件。不同的城市、不同的行业、不同的阶段，都可能会有不同的需求。海康自建立以来，一直是安防行业的龙头企业，期间在公安、交通、司法、文教卫、金融、能源和智能楼宇等行业实践了大量的真实项目。

公司通过深度参与这些项目的建设、维护和升级过程，认识了各个行业或细分市场、细分板块的独特特点，使得公司能够深刻理解用户需求，并在解决方案不断推出、落地和完善的循环中，磨炼产品和软件，提升公司的系统集成能力，也使得公司可以快速更新换代，提出更加适合用户需求的解决方案。这种经验能力，是长时间、多维度的积累，并随着用户需求的不断迭代而深入细化，这是无法直接复制也很难获得的。

正是这种对行业和本土市场的深度理解，使得公司在国内的营业收入以直接建设项目为主（项目贡献约 70% 营收，渠道贡献约 30% 营收）。基于同样道理，公司深耕国外市场很多年，营收从 2010 年的 6 亿元，飙升到 2016 年的 93.6 亿元（占总营收约 30%），却依然是渠道贡献营收 80%，项目创造营收仅占 20%。这一方面说明伴随着海外的经验积累，高利润率的项目营收占比有很大提升空间；另一方面也说明这种"对行业和本土市场的深度理解",不是一个可以快速模仿和获得的核心竞争力。

优势三："金手铐"锁定人才的体制优势

无论是技术,还是对市场和行业的理解,最终还是要落实在人身上,没有一个虚幻的"公司"具备这些能力。因而,是否能留住研发及营销、售后等领域的核心人员,重要性一点儿也不低于吸引新的人才。这方面,海康也有自己的独特优势。

海康是一个典型的技术型公司,你可以从公司高管的履历中看出来。董事长陈宗年,五十二所所长,管理学博士,应为控股股东国资委派来的行政领导。副董事长龚虹嘉,著名科技企业家,IDG 评价他是"中国最优秀的天使投资人",创办和拥有德生科技、富年科技、富信掌景、海康威视、握奇数据等高科技公司,是 2015 年华人富豪榜 59名、世界富豪榜 341 名。

这位龚先生,有厚待技术骨干的辉煌经历。在回忆自己创办富年科技的时候,龚先生说:"我觉得对待创业者要慷慨。当初创办富年时,我觉得编解码技术天才王刚不错,想招他入伙。他提出三个条件:第一,不坐班,只在家干活;第二,先给一笔钱,保证下半辈子后顾无忧;第三,只签一年合同。三个条件,没一个能轻松兑现,但我还是答应了。后来,王刚不负众望,为富年立下汗马功劳,将 H.264 编码技术做到了世界前沿。"在海康威视上他同样如此。在海康已经从一个注册资金 500 万元的初创企业,发展到注册资金高达 1.4 亿元、年净利润高达 3.6 亿元时(2007 年),龚虹嘉将自己持有的公司 49% 股份中,按照公司成立时自己的承诺——"若未来企业经营状况良好,在未来的某个时点,本人会参照海康威视的原始投资成本向海康威视经营团队转让 15% 的股权"——作价 75 万元将 15% 股份卖给威讯投资。威讯投资是一个以总经理胡扬忠为核心的 49 名公司核心人员的持股平台公司。不仅如此,龚先生还主动额外地将 5% 股份以 2520 万元的低价转让给另一个持股平台康普公司。康普公司由龚夫人持有 80%,海康公司总经理胡扬忠持有 12%，常务副总邬伟琪持股 8%。这一转让，实际上是以相当于 1.4 倍静态市盈率的价格，额外给了胡总和邬副总合计 1% 的海康股份——10 年后的今天，这 1% 股份价值 22.5 亿元。

在基本不管经营的正副董事长之外，以胡扬忠、邬伟琪为核心的管理团队，以技术型人员为主，且长期保持稳定。上市至今，核心人员除了主管营销、人事、财务和法务的副总及董秘是后来进入的 MBA 或会计师、法律专业人员之外，其他几乎清一色的原五十二所高级工程师出身。这些人员，以及后来进入海康并作出贡献的技术、营销等各方面核心人员，或通过上市前的持股公司威讯投资、康普投资，或通过 2012 年至今实施的股权激励计划，累计有 5000 多名高管、中层、基层管理人员及业务骨干获得了公司股权，与公司形成了荣辱与共的格局。

不仅如此，公司还设置了分层的研发体系，以杭州总部为中心，辐射国内北京、上海、重庆、武汉以及加拿大蒙特尔和美国硅谷的研发中心，形成了以海康威视研究院为技术平台、以产品研发中心为产品平台、以系统业务中心为解决方案平台的分工合作研发体系。研究院负责基础性、前瞻性研究，产品研发中心负责嵌入式软件、硬件开发，系统业务中心负责与行业产品结合的平台软件、系统集成软件开发，技术、产品、解决方案平台纵横交叉、相辅相成。这个分层系统，保证了即便有任何环节出错，也不足以伤害整个体系。

用利益的金手铐"铐"住人才，用充足的经费和广阔的舞台吸引人才，用体制设置防止技术泄密。除此之外，公司还给那些不甘寂寞的人才设置了一条新通道——创新业务跟投制度。在这个制度下，海康把自己变成了 VC，核心员工愿意压上自己的财富和精力的项目，只要和公司的核心定位有关联，公司可以做风险投资，让创新获得推动力，也为公司未来成长做好储备。

优势四与五："大"

一个"大"，是海康具有业内覆盖面最广的营销体系，公司在中国大陆，拥有 35 家分公司和以分公司为基点向下延伸的 200 多个业务联络处，形成了业内覆盖最广最深的营销体系，保证公司能够快速响应客户、用户及合作伙伴的需求。在境外，公司建立了28个销售公司，形成覆盖全球100多个国家和地区并不断完善的营销网络，自主品牌产品销往150多个国家和地区。对于工程商、经销商和服务外包商等数万家合作伙伴，公司提供面向各个领域的认证培训体系，不断提高合作伙伴的专业能力，更好地服务用户。

另一个"大"，是海康的规模大带来的规模效应。作为全球最大的安防企业，一方面有免费的口碑传播，另一方面足够大的销售收入，可以承受相对高的研发及广告推广等费用——同样的研发或推广费用，可以由更多的产品和服务分摊成本，可以获得利润率或者价格上的竞争优势。这方面比较简单，基本就是一个强者恒强的逻辑，不再赘述。

海康还能增长吗？

两千多亿元市值，三百多亿元营收的海康，还有成长空间吗？老唐的看法是：有，且增长空间巨大。其增长将来自三大部分，一是需求的增长，二是技术的升级换代，三是创新业务的推动。

需求增长

人类对于人身及财产安全的需求几乎是无限的，所受限的仅仅是支付能力。伴随经济的发展，安防行业的增长几乎可以确定会超过GDP的平均增速。根据中安网数据，2016年我国安防行业产值5687亿元，同比增长17%，远高于GDP平均增长水平。

这个增长，其实我们在日常生活中都能感受到：想想自己出门遇到多少电子眼，还有那些随处可见的监控设备。从国内而言，视频监控是政府维稳和安防的重要基础设施和数据来源。伴随城镇化的持续推进，以及平安城市、智慧城市的持续建设，安防业务的需求在可见的未来，必将保持持续稳定的增长。从海外来说，当前世界处于从开放转向保守的重大转折阶段。英国脱欧、特朗普的"美国优先"以及法国总统大选中勒庞的高支持率，都标志着国际政治形势，正逐步从开放转向保守。在此大背景下，面对恐怖主义、难民问题等，向选民保证加强安全防护，已经成了各国政府的政治正确了。欧美各国都有不断增强安防的核心需求，这给整个安防行业带来了巨大的蛋糕。而海康上市以来，境外市场始终保持不低于30%的强劲增长（见图3-18），大概率会切取一块不错的份额。这是需求增长带来的增长源之一。

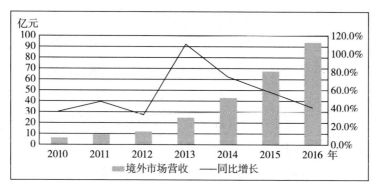

图3-18 2010—2016年海康境外市场营收及增长

国内，自2012年底住建部发布《国家智慧城市试点暂行管理办法》后，我国正处于由平安城市向智慧城市转变的阶段。数据显示，截至2016年6月，我国95%的副省级城市、76%的地级城市，总计超过500座城市，明确提出构建智慧城市的相关方案。其中300多个城市已经进入按照《国家智慧城市（区、镇）试点指标体系（试行）》的要求落实的试点阶段。

所谓智慧城市，是通过综合运用现代科技、整合信息资源、统筹业务应用系统，加强城市规划、建设和管理的新模式。说简单点儿，就是利用网络联通和管理一切。这当中，视频数据采集是整个系统的眼睛，信息处理和传递是整个系统的血管，信息筛选和智能处理是整个系统的大脑，应用平台是人和AI的沟通。这些东西，安防行业驾轻就熟，天然地拥有更强的竞争力。

而国内的安防行业，又大体分为四个层次。龙头企业海康和大华可以视为第一层次，营收以百亿元计、净利润以十亿元计。2016年海康营收、净利润分别为 319 亿元和 74 亿元，大华营收、净利润分别为 133 亿元和 18 亿元。第二层次为英飞拓、银江股份、易华录等，营收以十亿元为单位，净利润以亿元为单位；第三层次有百余家数亿营收、千万级净利润的企业；最底层的是几千家营收不过亿元的中小企业。

伴随全国一盘棋的智慧城市建设和龙头企业产能扩张，龙头企业必将利用其规模优势、技术优势、互联互通的标准优势以及快速响应的售后支持系统，逐步抢占中小安防企业的市场份额，逐步形成赢家通吃的局面（大华也将是受益者）。这是需求增长带来的增长源之二。

视频监控、传输及处理，不仅可以用于公安、交通领域，同样可以用于楼宇管理、工商业场所管理、金融机构管理、医院学校景区管理，等等。按照海康官网的介绍，公司已经能够提供七大类行业、数十种场景的系统方案。这些领域，都是海康过去完全顾不上吃的"肉"，这也将是需求增长带来的潜在增长源。

技术升级带来的增长

电子行业，科技的进步用"一日千里"来形容，完全不过分。安防行业内大型技术变革，先后经历了模拟向数字的变革，标清向高清的变革，窄带向宽带的变革。简单说，海康过去的增长来自于从"看不见"到"看得见"，从"看得见"到"看得清"。而目前，宽带技术、存储技术、计算能力和人工智能的发展，可以支撑从"看得清"升级为"看得懂"。未来海康的增长，不仅来自"看得清"，更会来自"看得懂"。

看得清，核心是前端高清摄像头以及传输带宽问题，在这个阶段，很多中小企业也可以通过设备采购和带宽租用完成系统建设。然而，到了看得懂阶段，对技术的要求就高得多了，参与竞争的门槛将显著提升。所谓看得懂，是系统不仅能够采集和传输天量视频数据，同时还能利用人工智能对数据进行处理。而在看得清阶段，天量的、数以千年计的视频数据流，只是静静地躺在硬盘或者云上，等待人工调用，你没有调用到的数据，就是永远沉寂的无效死数据。

在看得懂阶段，人工智能的参与，使视频监控不仅成为记录影像资料的工具，同时还成为主动对事件进行干预的管理者。让整个系统从以前的"事后备查"阶段，跃升为"事前预防"和"事中预警"阶段，这不仅是安防管理的升级，同时也会催生更多的应用场景。

2016年，公司发布了"深眸"摄像机、"超脑"NVR、"脸谱"人脸分析服务器等人工智能（AI）产品，初步形成市场覆盖，并获得市场认可。同类AI产品，同行还没有。

公司财报的致股东部分，谦虚地说道："在幸运地抓住视频监控数字化、网络化的机遇之后，公司将会再次幸运，抓住视频监控智能化——AI机遇期。公司对未来几年安防行业的智能化发展充满期待，也对AI技术推动人类文明的发展充满期待。"

创新业务带来的增长

2016年是公司《核心员工跟投创新业务管理办法》落地实施的第一年，公司财报也首次披露了创新业务的经营数据。老唐翻了一下这个跟投办法，核心内容有以下几项。

1. 跟投办法出台目的：①建立创新平台，激发核心员工创业精神和创新动力；②体现共创、共担和共享的价值观，建立良好、均衡的价值分配体系；③充分调动核心员工的积极性，支持公司战略实现和长期可持续发展。

2. 什么是创新业务？简单说就是：①公司想投的但确定性比较低的项目；②公司已经投了，一直在亏损的项目；③员工想搞的，公司觉得可能会跟公司业务发生关联的项目。

3. 跟投的方法也分两种，一种是强制跟投的A计划，由公司及全资子公司、创新业务了公司的中高层管理人员和核心骨干员工组成，强制跟投各类创新业务，确保海康威视核心员工与公司创新业务牢牢绑定，形成共创、共担的业务平台；一种是自愿跟投的B计划，由创新业务子公司核心员工且是全职员工组成，参与跟投某一特定创新业务，旨在进一步激发创新业务子公司员工的创造性和拼搏精神，建立符合高新技术企业行业惯例的高风险和高回报的人才吸引、人才管理模式。

4. 约束。跟投分现金出资和股权授予。无论哪种，跟投之后至少要在公司工作五年，且不允许私下转让跟投股权。员工可以通过业绩分红、公司回购或者上市退出等几种渠道变现。

总体来看，这个体制设计，一方面和股权激励一样，是留住核心员工的"金手铐"，另一方面也是激发员工创造力的手段。目前，创新业务规模尚小，但对于主要依赖个人创造力的科技企业而言，投一点钱"诱惑"聪明的大脑为之转动，无疑是个聪明之举。

截至年报披露日，创新业务主要包括萤石网络、海康机器人、海康汽车技术和海康微影四块，合计创造营收约 6.5 亿元，毛利润 2.5 亿元，整体处于亏损状态。其中萤石网络基于互联网视频服务于智能家居。截至 2016 年底，萤石云平台已经拥有千万级用户，在全国超过 500 个城市发展了一千多家萤石 O2O 店。据董秘说，2017 年萤石网络可以实现盈亏平衡。

海康机器人方面，公司以移动机器人为载体，依托成熟的应用技术，推出了智能搬运机器人、智能分拣机器人和智能泊车机器人。其中，智能泊车机器人在 2016 年 11 月第三届世界互联网大会亮相乌镇，成为全球首例真正落地的机器人智能停车应用案例，大体能提高同样面积停车场 20% ~ 40% 的停车能力。但据董秘说，由于成本的原因，智能泊车机器人暂时还没有找到盈利模式。

而智能搬运和智能分拣机器人（据董秘说，一台机器人也就是一名工人一年的工资支出的价格），已经有六七百个机器人，运用在公司建于桐庐的自用生产示范基地内，未来很可能在快递行业首先打开局面。浙江桐庐是"中国快递之乡"，县内大小快递企业超过 2.5 万家，包括"三通一达"（圆通、申通、中通、韵达）在内。来自桐庐的快递企业，经营着全国快递业务的 60% 业务量。

汽车电子业务方面，公司在2016年中成立海康汽车技术，并在10月的北京安防展首次向市场展示了汽车电子业务，产品包括行车记录仪、智能后视镜、车载监控摄像机及相关配件。

海康微影，是基于公司对行业上下游业务的战略部署和长期发展考虑，布局于非制冷红外传感器。

另外，公司还将固态硬盘存储技术作为创新业务。这个也好理解，海康给客户建立安防系统，永远离不开数据存储。这些用于数据存储的硬盘目前是外部采购，体现在财报上应该就是那个营收高达47.6亿元、毛利率却仅有16.64%，拉低公司整体毛利率的"其他业务"。这么大量的采购，如果自己能够攻克技术完成生产，也不失为一块"大肉"。

以上创新业务，可以视为海康的副业。如果发展好，可能给海康拓展出新的增长空间，如果发展不好，对海康也没什么影响。

财务数据及风险分析

出色的财报数据

海康上市以来的发展，只能说给股东一次又一次地带来惊喜。

表3-36　2010—2016年经营数据　　　　　单位：亿元

年	2010	2011	2012	2013	2014	2015	2016
营业收入	36.1	52.3	72.1	107.5	172.3	252.7	319.2
营收同比	69.6%	44.9%	37.9%	49.1%	60.3%	46.7%	26.3%
净利润	10.5	14.8	21.1	30.7	46.7	58.7	74.2
净利同比	49.1%	41.0%	42.6%	45.5%	52.1%	25.7%	26.4%
ROE	27.4%	24.0%	27.7%	30.9%	36.3%	35.3%	34.5%
现金分红	3.0	4.0	6.0	10.0	16.3	28.5	36.9

2010年上市发行5000万股，每股发行价68元，发行市盈率49倍，融资34亿元，发行后总股本5亿股。7年合计现金分红约105亿元（含税），10%股份获得10.5亿元。同时利用利润转增送股，股本扩大12倍，上市之初的5000万股，已经成为6亿股出头。这6亿股，当前

市值 210 亿元以上。

在市盈率从 49 倍降低为 29 倍的过程中，投资者整体依然获得 7 年约 6.6 倍（220/34）的回报，年化回报率超过 30%。企业净资产从 2010 年的 56 亿元，增长到 2016 年底的 245 亿元的过程中，净资产收益率维持了稳定上升态势，从 27.4% 增长到了 34.5%。

公司客户主要是实力强劲的政府机构，回款基本有保障，利润含金量较高。应收账款虽然高达 112 亿元（应收票据几乎全是银行承兑汇票，可视为略享受折扣的现金），但超过 85% 为一年期限内的，对应约 30% 以内的营收，与公司商业模式和业务流程基本吻合。

应收和应付对应看，在整个经营活动中，别人欠公司约 120 亿元（应收、预付、其他应收），公司也欠别人约 120 亿元（应付账款、应付票据、应付薪酬、应交税费、预收、其他流动负债），总体平衡。在产业链上，公司通过占用上游资金，支付下游客户占用产品的成本和公司应获的大部利润，基本属于产业链上的相对强势者。

海康的股东们

管理层个人持股及持股平台持股加总，公司核心管理层合计大约有超过 185 亿元市值的资产，和他们所服务的海康公司捆绑在一起，大体结构如图 3 – 19 所示。这样的结构与洋河类似，是老唐喜欢的企业。

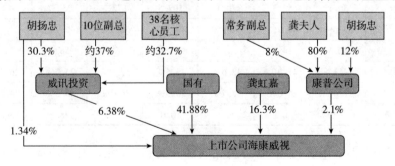

图 3 – 19　公司股权结构

巴菲特曾反复说：我们喜欢的生意必须具有长久的竞争优势，由有才干并能以股东利益为导向的经理人所管理。当这些条件全部具备时，如果再能以一个合理的价格买进，那么出错的机会是很小的。现在，老唐认为，海康威视就是一家具有长久竞争优势、由有才干并能以股东利益为导向的经理人所管理的企业。当前，就缺一个合理的价格了——目前市盈率30倍。如老唐之前文章说过的，这是我心中合理估值的上限。此价位入伙，只能获取相当于或者略低于企业未来增长的回报，无法从市场参与者手中捡到便宜。

在我初步的理解中，海康类似茅台，未来的业务和增长均具备一定的确定性，老唐个人愿意稍微放宽一点标准，在税务政策不发生不利变化的前提下，愿意以三年后20倍市盈率卖出能有100%收益的考虑着手，2017年内可以接受1600亿~1800亿元市值之间的买入。当前价位水平，只适合少量配备观察仓。

梳理分众传媒[①]

2018 年 8 月 28 日，分众传媒发布半年报，营业收入 71.1 亿元，同比增长 26.05%；净利润 33.5 亿元，同比增长 32.14%。数据波澜不惊，落在公司预告的区间偏高部位，早在市场预期之中。但随之而来的三季度预告，则引发了下一个交易日的跌停惨案。按照三季度预告数据计算，分众第三季度净利润大约为 14 亿 ~ 15 亿元，同比增幅约 1% ~ 8.4%，对比上半年高达 32% 的增速，显著下滑。预告引发市场恐慌，股价暴跌。但在我看来，这却是买入的好机会。

资源扩张计划启动

对于增速下滑的原因，公司披露："从 2018 年二季度开始，公司加强楼宇媒体市场的开发力度，资源点位数快速增加，与媒体点位数量密切相关的媒体点位租赁成本、媒体设备折旧、开发维护运营成本的影响在 2018 下半年有所体现。"

2017 年末自营电梯媒体点位 151.5 万个，2018 年 3 月底 159.9 万个，7 月底 216.7 万个。二季度加强楼宇媒体市场开发力度，可以清楚

地看到，1—7 月净增加 65.2 万个，增幅 43%。主要增量出现在 4—7
月，净增加 56.8 万个，占年初历史总存量的 37.5%。由于分众的主要
广告客户的投放计划是提前安排的，广告刊例价格调整也会滞后，所
以，二季度新增资源点位，在三季度里无法被全部高效使用。然而，资
源点位的增加，无疑是对企业盈利能力和核心竞争力有明显加强作
用的。

按照江南春的规划，到 2018 年底，自营电梯媒体资源点位要扩张
到 300 万个，终端日覆盖超过 3 亿主流人群（2019 年的目标是达到 500
万终端，日覆盖 5 亿的主流人群）。这些资源点位陆续投入使用，其成
本也将陆续先于营业收入体现在报表上，给下半年报表利润造成压力。

然而，资源点位的投入，推动分众营业收入快速增长只是迟早的
事。正常推测，最迟 2019 年一季报，就能看到大部分新增资源点位带
来的营收增长了。拉长视角看，分众的盈利能力是被加强而不是削弱
了。之所以说最迟 2019 年一季度，而不猜测为 2018 年四季度，是考虑
到新增的电梯媒体资源从圈层和覆盖人群消费能力的角度上说，可能不
如早期资源优质，其资源的使用及对应广告主的开发，都需要一定的展
业时间。

聚焦电梯媒体

从分众的最新资源及收入来看，更加聚焦了，楼宇媒体营收增长
30.5%，占营业收入比例提升至 81.2%；影院媒体营收增长 19%，占
营业收入比例约 16.8%；其他营收下降 33.7%，占比萎缩至不到 2%。
总体来看，公司是按照规划，继续收缩卖场及其他媒体分布，聚焦于电
梯媒体和影院媒体，尤其是电梯媒体。

按照财报披露数据，2018 年上半年，中国广告市场的增幅明显提
升，增速达到 9.3%（2016 年和 2017 年上半年增速分别是 0.1% 和
0.4%）。其中，电视、广播媒体的广告刊例花费分别增加 9.4%、
10.0%；电梯电视、电梯海报、影院视频继续保持稳健增长，2018 年

上半年的广告刊例收入增幅分别为24.5%、25.2%、26.6%，较上年同期均有扩大。

电梯电视、电梯海报及影院视频继续保持远高于行业整体增速的态势，并全面超越了互联网广告增速（互联网广告上半年增速为5.4%）。同时天猫和京东商城首次进入全媒体广告花费Top20品牌榜单，揭示了一个趋势：网络的流量红利时代正在过去，未来流量的争夺重心正在逐步倾向于线下与线上的结合。

8月19日，江南春在宝洁校友年会上发表演讲，称分众在线上和线下的结合中，已经使用且将继续深化一些技术手段，并通过引进阿里继续强化精准投放能力。

我们在精准分发这个环节充分利用了物业云和百度云来做数据分析，实现千人千面，千楼千面。比如国美、苏宁要触达刚刚交楼、入住率低于30%或交楼8年以上的楼宇；宝马7系汽车的广告投放目标为房价高于10万元/平方米的楼宇；李宁球鞋广告投放目标为带有网球场的小区……这些都是可以通过物业云实现的。再比如百度云，我们可以知道每一栋写字楼背后的消费者对母婴、汽车和P2P等关键词的搜索数量。我们把每一栋楼的数据做一个分析，清晰掌握各个楼宇的人群画像、所处人生阶段以及整体消费能力。

从"人找广告"到"广告找人"，再到"个性化推荐"，接下来分众和阿里会共同打造智能分析引擎，让每个楼看到自己感兴趣的广告，让每个广告都找到自己可能投放的楼宇。

阿里已经成为分众的第二大股东，我们之间所有的数据都已经互相打通。很多升级版广告已经加上了天猫搜索框。我们一方面在引流线上，另一方面把电视机屏幕端口收集来的数据共享给阿里。比如你今天看到过橄榄油的广告，我们把看过三次以上的MAC地址传给阿里，那么你将会在手机淘宝里再次被触达，这就叫品效合一，精准二次触达大大促进了产品转化。不仅如此，在线下我们也可以评估它的效果。比如小鹏汽车未来会有很多4S店，我们装好探针后对比MAC地址，即可得知多少个走进小鹏汽车门店的人是看过分众传媒电梯广告的人。

江南春在自己撰写的《抢占心智》一书中，也清楚地写下了和阿里合作对分众的主要意义："集合电商的数据，得到真正全面准确的用户信息和需求。"分众通过获取电商掌握的搜索、购物及快递数据，通过分析整合，实时掌握某栋楼里人们的消费习惯、消费间隔、消费品类和偏爱品牌，从而能够更及时准确地将用户所需品类或其竞品，在合适的时间推送到该楼栋的电梯电视或梯内海报上，帮助广告主实现更准确的广告触达和更高的销售转化。更高的精准度和转化率，自然也就值得客户为之支付更高的广告价格。

按照江南春的思考，分众在创始之初，相对于强调覆盖面的"大众媒体"（电视、报纸、杂志）而言，是"分众"，是对人群的细化，主要关注城市里20~45岁较高收入人群（在写字楼工作，居住在较好的电梯公寓）。但在今天移动互联网技术可以精准达到千人千面推送广告的情况下，分众实际上已变成"聚"众，精准度介于大众媒体和互联网媒体之间。

分众的强项是卡住了未来不变的东西。科技改变了人们主动寻找信息的路径和方式，但人们生活工作的路线没有变，依然是上班写字楼、下班回家，也依然进电影院看电影。按照江南春的说法，"传播就两个方向，拥抱变化或者赌对不变"，分众将专心致志抓住"不变"，卡位人们不变的活动轨迹，实现广告触达。

这对于分众来说，是付出巨额学费才得来的宝贵经验。江南春在书中坦言，分众上市后也曾飘飘然，意图通过广泛投资，将分众从"中国最大的生活圈媒体"扩张成为"中国最大的数字化媒体集团"。在这个战略导向下，分众实施了大量的收购兼并。最终，不仅收购来的东西成为包袱，连原有的战略和定位也被冲淡和稀释，直接导致企业核心竞争力的损伤。体现在资本市场，就是分众的市值从86亿美元下跌到6

亿美元。

2009 年，江南春不计成本地抛售了这些斥巨资买来的包袱（损失超过 90%），重新回到擅长的四大渠道：写字楼、公寓楼、电影院、卖场。将分众重新定位于：成为全球最大的电梯媒体集团，掌控都市主流人群早上出门的第一个广告和晚上回家前最后一个广告，让消费者在没得选当中形成对品牌的记忆。

分众的强势

分众的强势，可以从客户、上游和对手三个角度去看。

一直以来，分众保持着大约年提价 15% 的幅度，而客户数量和营业收入年年增长，足以证明分众在客户面前保持着一定的强势。而且，曾经以为会成为分众最强替代的互联网和移动互联网公司，正在变成分众最大的客户群体。2017 年，互联网客户广告占分众营收的 23%，高居客户行业分类榜首。2018 年一季度，电梯电视广告投放十大品牌里，80% 来自移动互联网。

按照公司的表述，在资讯模式多元化碎片化、信息过载、选择过多的移动互联网时代，城市消费者面临过多选择。而分众传媒楼宇媒体和影院银幕广告媒体高频有效到达城市主流风向标人群，其媒体价值正在持续获得市场和客户的高度认知与认可。这其实很容易理解，因为分众网络具备覆盖主流人群必经之路，在天然低干扰的优势环境下对受众进行高频推送这个特点，吸引了所有需要地面流量的品牌。

但是，为什么这些品牌不选择直接和上游物业或业委会，或者选择分众的竞争对手，例如，新潮传媒、华语传媒、城市纵横等公司合作，而选择接受分众的涨价？

老唐认为，这里面隐藏着一个被忽略的价值创造环节。简单说，一个终端或者少量终端联网，价值并不大。当足够多的终端联合在一起，形成一个覆盖受众必经途径的网络后，它会发生一个跳跃式增值。这份增值由组网者建立，当然应该由组网者享受。也就是说，所有物业或电影院直接和广告主签约，给广告主创造的价值，会远小于分众提供的价值，除非有人能够将物业或电影院组织并协调起来，统一与广告主对接——但这不就是分众嘛！

由于分众的规模足够大，能够覆盖更多受众，每一个终端加入这张大网的时候，它产生的价值会远高于独立时产生的全部价值，也高于它加入一张小网的价值。正是因为这样，高毛利率的分众，对客户产品或服务推广产生的价值，远高于物业和竞争对手。

正因为这样，分众在上游资源提供商面前也是强势的，尤其是楼宇资源。楼宇资源的上游是全国数以万计的物业公司（或小区业委会），每家拥有的电梯数量少，分布散，单独运营收益不足以覆盖成本——可参考新潮传媒，规模远大于任何物业或业委会，净利润依然为负。

依照分众披露媒体租赁成本以及拥有自营楼宇终端数量推测，单部电梯的租赁年费用在 2000 ~ 3000 元之间，周租金折合 40 ~ 60 元。可以想象，若客户需要在一周内投放一套价值数百万乃至数千万的广告，需要对接的物业和消耗的时间，是根本不可能完成的天文数字，这对于双方都是负价值的资源浪费。

过去三年，公司的营业收入从 2014 年末的 75 亿元增长到 2017 年末的 120 亿元，年化增长 17%；净利润从 24 亿元增长到 60 亿元，年化增长 36%。过去十年，营收从 25 亿元增长到 120 亿元，年化增长也是 17%；净利润从 8.5 亿元增长到 60 亿元，年化增长 21%。总体来说，这是每年稳定的提价叠加量增的共同结果。

综合考虑今后面临的终端扩张、售价提升、行业复苏、增值税率降低等正面因素，同时有对手贴身逼抢可能迫使成本提高，政府退税总量的逐步减少，以及新拓展区域盈利能力相对下降等负面因素，大略可按照过去十年营收增长速度估算未来几年的净利润增长，将分众二年后（2021 年）净利润规模估算为 100 亿元。届时按照 25 倍市盈率的合理估值考虑，对应 2500 亿元市值，而当前市值约 1250 亿元，有成长的空间。

分众的风险

老唐分析，小风险有两条：一是在和手机的竞争合作关系中，逐步落后，被手机打败。但这种情况一则发生的概率较小，二则不大可能突变，会有财务数据显示出迹象，因此归为小风险。二是同行不惜成本抢占楼宇位置，降低刊例价，拉低利润率。比如半年报中就显示出来一点迹象。上半年，分众给客户的账期明显延长了。以过去十个季度期末应收账款占当期含税营收的比例来看，二季度突破上年三季度高点，创下新高。数据显示，近乎全部客户都享受到了约三个月的极限账期，公司的解释是受报告期内宏观经济的影响，但我推测更多的是竞争对手的参与，从客户层面对分众形成了压力。好在只是在账期上略有影响，在广告价格上，分众依然保持着强势。同时，竞争对手会推高成本一说，似乎也不是太大问题。本期毛利率相比上年同期还提升了一个百分点（从 70.8% 上升至 71.81%），在营业收入增幅 26% 的情况下，营业成本增幅不到 22%，证明公司有能力控制或转嫁上游成本负担。

因此，关于同行竞争暂时不用太过担心，核心原因有三：第一，一个电视位置或海报，加入一个大网还是一个小网，价值本身会有高低区别，分众天然占优；第二，分众本身签约的优质楼宇到期时间参差不齐，竞争对手很难集中力量打攻坚战形成客户所需要的覆盖；第三，分众本身资本雄厚，手握强大客户资源，真正进行价格战，分众最多是降低净利率，对手可能就是灭顶之灾。

此外，大风险也有两条：第一，广告管理政策上出现巨变，禁止电梯间及电梯内放置电视或海报，这是毁灭性打击。当然，概率极小，接近于零。第二，管理层乱来。这有先例，公司曾被浑水狙击，核心问题就是公司高价收购资产，然后低价卖出或者减值注销。问题虽然没有被完全证实，最终以江南春及分众合计缴纳 5560 万美元和解告终。不过，目前公司所做的核心业务以外的投资，总额仅不到半年净利润，总体来说，风险尚处于可控状态。

市场恐惧的另一因素是年底解禁股问题。到 2018 年 12 月 29 日，分众有约 77 亿股解禁，去掉江南春持有的 34 亿股多，还有约 43 亿股，基本上都是投资机构持股。

在我看来，很多优秀的上市公司，都存在大量低成本，甚至零成本、负成本的持股者，他们早已"解禁"，影响公司的投资价值和长期股价走势了吗？没有。想明白这个问题后，就知道解禁压力其实是个伪命题。

年底解禁，持股机构可能卖出然后分掉现金清盘，也可能拿着现金去买入其他公司股票，或者可能继续持有分众。如果分众的企业价值低于市值，那自然是一解禁就夺路而逃；如果分众的企业价值高于市值，解禁后他们也可能不卖，或者要卖也会有一大堆资本张着大嘴等候。因此解禁可怕不可怕，取决于分众的内在价值，取决于分众股权与现金或其他公司股权的投资回报率比较。

民生银行的全面溃退①

在《手把手教你读财报 2：18 节课看透银行业》一书的第 231 ~ 248 页，老唐介绍过研究银行股的重要指标和阅读流程，只要按着书中流程，看明白一份银行财报是不难的。本文老唐拿招商银行和民生银行财报做示范，涉及不懂的概念，请翻阅《手把手教你读财报 2》。

书中说：对于银行股，如果不是以写研报为生，老唐建议只需将关注重点放在两个角度即可，一是经营效益，二是资产质量。

经营效益

找出核心数据，勾画企业轮廓

在经营效益问题上，老唐习惯从营业收入开始，重点关注收入结构、资产利润率和净利息收益率三大块。与收入结构相关的财务指标，除了营业收入以外，主要还有净利息收入比、中间收入比、成本收入比。净利息收入比和中间收入比只记录一个即可。

---

① 本文发表于 2018 年 4 月 8 日。

表 3 - 37 经营相关数据   单位：亿元

	营收	增速	净利息收入占比	成本收入比
招商银行	2209	5.33%	65.57%	30.23%
民生银行	1443	-7%	59.99%	31.72%

表 3 - 37 给出了一个轮廓，让我们有了直观的印象。

接下来看以资产利润率（ROA）和净利息收益率（净息差）为核心的收益率相关数据，如表 3 - 38 所示。

表 3 - 38 收益率相关数据   单位：亿元

	总资产	同比	归母净利	平均 ROA	净息差	净利差
招商银行	62976	5.98%	702	1.15%	2.43%	2.29%
民生银行	59021	0.11%	498	0.86%	1.50%	1.35%

无论你是否理解银行业，从表 3 - 38 中都应该能看出明显的问题：首先，2017 年招商银行总资产增速高于民生银行，两家的总资产规模从 2016 年的仅 0.8% 的差距（招商银行 59422 亿元、民生银行 58959 亿元）稍微扩大至 6.7%，但总体来说，规模差距并不大。然而，净利润差距却非常大，也就意味着两家银行以几乎差不多的资产总额，给股东赚来了差距巨大的利润。差距的源头是，平均总资产收益率差异巨大，净息差和净利差差异巨大。

同样的生意，一个人比另一个赚的多，无外乎两个原因，要么卖价高，要么进价低。银行业也不例外，招行的收益率高那么多，究竟是卖价高造成的，还是进价低造成的呢？我们继续统计两家银行的利息收入和利息支出，得出表 3 - 39。

表 3 - 39 利息收入和利息支出对比   单位：亿元

	利息收入	收益率	利息支出	成本率
招商银行	2420	4.06%	972	1.77%
民生银行	2309	4.01%	1444	2.66%

这数据一目了然，两家银行的收入相差不大，收益率差异也很小——这符合银行业的经营特点，卖的是"钱"，一种无差别商品。两

家银行的主要差异来自成本方面，也就是说，民生的进货（借钱）成本，比招行高出约50%（2.66/1.77），直接导致增加了数百亿元支出，从而在利润数据上产生了巨大的差别。

负债端寻找差距

同样是借钱，凭什么民生借钱的成本就要高那么多呢？这就要继续分析它俩负债结构的区别。

银行负债的来源，主要是吸收存款、同业拆借、发债借款、央行借款四种。我们先看招行和民生借款对象的差异，如表3-40所示。对比发现，招行借的钱有72.2%是储户存款，平均成本只有1.27%，而民生吸引的储户存款只占负债总额的54.7%，且平均成本1.76%，要比招行高得多。

表3-40　两家银行负债来源比较　　　　　　　单位：亿元

	招商银行		民生银行	
	2017年	2016年	2017年	2016年
负债总额	54915	49723	54253	48134
存款余额	39655	36197	29701	28790
存款成本	**1.27%**	1.27%	**1.76%**	1.78%
后三类余额	15260	13526	24552	19344
后三类成本	3.07%	2.58%	3.75%	3%
存款/负债总额	**72.2%**	72.8%	**54.7%**	59.8%
负债平均成本	**1.77%**	1.63%	**2.66%**	2.27%

注：表中数额均为全年平均余额，不是12月31日余额，统计时是四种分开统计，此处已知结果，所以将后三类（同业拆借、发债借款、央行借款）合并，以方便阅读。

正因为民生吸引储户的能力差一些，所以它就不得不在需要用钱的时候，跟市场同行、"款爷"以及央行借。自然借出来的钱贵好多。2017年，民生有高达45.3%的款项就是这样借来的，给的利率3.75%，比给储户的两倍还要多。最终，民生负债成本2.66%，比招行的1.77%高出0.89%。

继续看存款。招行2016年平均存款余额36197亿元，2017年增加了3458亿元，增幅约10%；民生2017年平均存款余额仅增加911亿元，增幅约3%。如果看2017年底的余额（民生财报附注76页），会发现民生的存款总额是下降的，从30822亿元下降为29663亿元，净流失超过1100亿元。流失的主要是定期存款，流失额超过1700亿元，而且无论是公司定期还是个人定期，都出现净流失。如果我们看招行的财报（附注86页），会发现公司活期、公司定期、个人活期和个人定期均是净增加。

还有一个问题，同样是存款，为什么民生的存款成本1.76%，要比招行的1.27%高那么多呢？从表3-41可以看出，民生在所有类型的存款上，给储户的利率都要比招行高一点点，然而，真正的影响因素不是利率上高的那么一点点，而是招行吸引的存款有约24%是最低利率的个人活期，而民生该项数据仅有6%。招行的个人活期存款，占存款总额的比例约为24%，金额高达9723亿元，平均成本仅0.37%，相比到市场借钱的成本3.07%，仅此一项就节省超过260亿元。

表3-41　两家银行存款结构比较

	招商银行占比	平均成本	民生银行占比	平均成本
公司定期	28.15%	2.46%	42.74%	2.51%
公司活期	38.92%	0.73%	40.03%	0.90%
个人定期	9.01%	2.06%	10.43%	2.26%
个人活期	23.92%	0.37%	6.16%	0.47%
合计	100%	1.27%	100%	1.76%

资产端看差距

招行生息资产平均余额59666亿元，其中贷款35085亿元，占比58.8%，贷款的平均收益率为4.81%；民生生息资产57545亿元，其中贷款26907亿元，占比46.8%，贷款平均收益率4.70%。

表3-42　两家银行收入对比　　　　　　　　　　　　单位：亿元

	招商银行	收益率	民生银行	收益率
生息资产	59666	4.06%	57545	4.01%
贷款	35085	4.81%	26907	4.70%

续表

	招商银行	收益率	民生银行	收益率
投资	14324	3.63%	21293	3.71%
存央行	5666	1.53%	4391	1.56%
存放同业	4591	2.71%	4954	3.75%
贷款/生息	58.8%		46.8%	

表3-42显示，民生在贷款以外的其他领域，收益率都是高于招行的。然而战术的勤奋不能掩盖战略的遗憾，在低收益的资产上配置了过重的资源，再怎么努力，结果也不理想。更关键的是，民生十年来首次在贷款收益率上也输了，如图3-20所示。

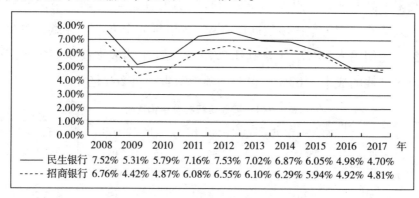

图3-20　两家银行贷款平均收益率对比

目前两家银行在贷款方面的差距主要体现在哪里？我们看贷款结构，如表3-43所示。从贷款结构看，对公贷款（含票据贴现）在数量上差距不大，民生在收益率上依然领先（含水量较高，后文细谈），主要差距集中在对私贷款上，招行不仅数额远远领先，利率也高出不少。

表3-43　两家银行贷款结构对比

单位：亿元

	招商银行	收益率	民生银行	收益率	招/民比	差额
对公	17798	3.88%	16985	4.53%	105%	813
对私	17853	5.81%	11058	4.98%	161%	6795
合计	35651	4.81%	28043	4.70%	127%	7608

在对私贷款上，两家银行的差距又主要在哪里呢？如表3-44所

示，民生主要在住房贷款和信用卡方面大大落后于招行。

表3-44　两家银行对私贷款对比　　　　　　　单位：亿元

	小微企业	住房贷款	信用卡	其他	合计
招商银行	3127	8334	4914	1478	17853
民生银行	3733	3510	2940	876	11058

为什么民生除了在吸收存款方面落后，在对私贷款方面也大大落后呢？企业内部人事动荡可能是主因。如果从成本收入比的数据着手，也能得到近似的结论。

民生财报118页提供了民生员工人数。和2016年财报对比，员工数减少了903人，主要裁撤的是市场人员和技术人员，这两类合计裁撤1113人。以全国42家分行的数据平均计算，每家分行平均有约26名市场或技术人员被裁撤。而这是民生连续第三年裁人。与之形成鲜明对比的，是招行2017年从70461人增加至72530人，净增2069人。同时，招行的员工薪酬总额也增加67亿元，而民生是与2016年基本持平。

民生财报29页披露，2017年减少业务及管理费23.25亿元。财报附注91页显示，这23.25亿元主要来自于业务费用减少约14亿元，办公费用减少约6亿元。2017年增加的归母净利19.7亿元，完全是通过"龟息辟谷"大法，尽可能减少活动省出来的。

高速扩张的企业，突然开始不断裁人，而且挤压办公及业务支出，这种大环境下，可以想象到员工的状态。民生赖以为傲的狼性和开拓文化正在消失，现有业务也以守为主。比如财报35页，查看民生的贷款行业分布比例，我们就能发现，各个行业变化比例基本维持不变，做的都是维持熟客的老生意。

资产质量

银行股资产质量方面，老唐个人主要看资本充足率、不良与拨备两大块。

资本充足率

资本充足率是强硬的监管指标，主要看超出监管指标多少，有没有扩张余地，有没有高分红可能等。两家银行的资本充足率如表3-45所示，一目了然，对照监管要求即可。最后一列，是招商银行如果按照权重法计算的话，它的各项资本充足率数据。从数值可以看出，招商银行利用高级法大大节约了资本，具备明显的优势。

表3-45　两家银行资本充足率对比

	招商银行（高级法）	民生银行	招商银行（权重法）
核心资本充足率	12.06%	8.63%	10.01%
一级资本充足率	13.02%	8.88%	10.81%
资本充足率	15.48%	11.85%	12.66%

不良和拨备

主要涉及指标有不良率、拨备覆盖率、拨贷比、逾期90天以上贷款/不良率、贷款迁徙率。先看不良率、拨备覆盖率和拨贷比，如表3-46所示。

表3-46　两家银行不良和拨备比较

	招商银行	民生银行
不良率	1.61%	1.71%
拨备覆盖率	262.11%	155.61%
拨贷比	4.22%	2.66%

这几个数据，简单理解，可以说如果民生按照招行的拨备覆盖率要求自己，那么民生的479亿元不良贷款，需要准备1255亿元拨备，差额510亿元。如果这样计提，意味着要扣掉民生510亿元税前利润，对应的净利润及净资产均需要减少380多亿元。换句话说，如果招行按照民生的要求做，可以增加税前利润611亿元，增加净利润和净资产约460亿元。当然，这是将多年积累放在一年里处理，是不合适的。这样对比，只是为了说明，不能仅看报表数据，要理解数据背后的逻辑。

不仅如此，民生的不良认定尺度和招行的差距也颇大。这个可以从"不良/逾期90天以上贷款"比值上观察。招行的数值是126%，可以理解为不仅所有逾期90天以上的贷款均已归为不良贷款，而且还有约120亿元的逾期90天以内甚至没逾期的贷款也被认定为不良贷款，并为其计提了足额拨备。民生没有直接披露该数据，老唐计算该数值是73.6%，可以理解为有大量已经逾期90天以上不还的贷款，依然还假装是正常贷款对待，没有归为不良贷款。为什么呢？因为归入不良，就要计提拨备，计提拨备就意味着利润降低，甚至亏损，直接威胁到银监会净资产收益率要求。不仅如此，计提拨备还可能使岌岌可危的各项资本充足率指标进一步降低，以至于威胁到公司的正常业务开展。

民生的不良认定不够严谨，还可以从分行业披露的不良率上观察。一般来说，同一行业的大数据覆盖下，不同银行在该行业的不良率通常差距不大（总额较小，受个案影响的除外）。或许因为公司管理优秀，某些行业会略好，但如果一家普通的银行比业内公认的优秀者不良率还低很多，那就很可能在不良认定上尺度过松。比如，招行财报的35页披露了分行业的不良率。民生虽然没有直接披露，但我们可以通过35页的贷款余额和37页的不良余额自己计算。计算和对比能够发现，某些行业的不良率偏差非常可疑。比如采矿业，招商银行不良率为10.68%，民生银行为1.72%；批发零售业，招商银行不良率为4.13%，民生银行为3.17%；制造业，招商银行为6.53%，民生银行为3.7%，等等。

再比如，对于应收款项类投资，民生的计提比例也明显大幅低于招行。在民生财报附注61页，披露的9764亿元应收款项类投资，其中包含7469亿元类贷款的非标资产，当年仅计提拨备7.7亿元，总的拨备不到23亿元。拨"贷"比仅0.23%，即便去掉其中的债券类产品不计，拨"贷"比也仅有0.3%。与之相比，招行的应收账款类投资5722亿元，计提拨备43亿元，拨"贷"比有0.75%。

就本期计提而言，民生本期计提拨备342亿元，占贷款余额的

1.22%。一般来说，计提低于1.5%，可以视为利润注水的特征之一。招行本期计提占贷款余额的比例为1.81%。

整体判断

综上所述，当下民生在资产端的优势正在丧失，负债端则呈现差距拉大的态势，人员裁撤，待遇差距拉大，人心浮动，各项业务以守为主，实际差距比PE所体现出来的差距要大。

不怕不识货，就怕货比货。将民生和招行放在一起对比，对民生真的很残忍。唯一可以说好的一点是，无论是招行还是民生，它们的贷款迁徙率均出现全面下降（数据在招行财报18页及民生38页），显示经济情况好转，企业还贷能力上升，这对银行全行业是利好。

总体来说，银行和企业相比，算是一个弱周期行业，银行不需要追求企业好到什么程度，只要不糟糕到付不起利息即可。

"捡烟蒂"还是"合理价格买优秀企业"，这是投资界永远没有答案的争论，老唐也没有终极答案，虽然我现在越来越倾向于后者。民生，目前看是一点点在丧失竞争力，然而，它很便宜！以H股价格计算，仅有约2150亿元市值，却拥有3800亿元净资产（含优先股）。民生当下有2.8万亿元贷款，即便极度悲观，按照10%的不良率、所有不良贷款均损失70%考虑，净损失也不到2000亿元。当前已有拨备750亿元，从净资产里再划出来1300亿元填坑，剩下一个拥有全国牌照、42家分行的知名银行，干干净净的2500亿元净资产及全套架构。这样一个银行，考虑牌照和前期费用，至少值3000亿元，而当下市值约等于纯净银行七折的大优惠。而优秀的招行，则可以作为"捡烟蒂"和"合理价格买优秀企业"的实战对比对象。

宋城演艺印象[①]

老唐携家人在丽江旅游的时候，发现丽江旅游的主营业务之一"印象丽江"，竟然受到宋城演艺"丽江千古情"的挤压，不禁勾起了翻看宋城演艺财报的兴趣。

作为消费者的直观印象

老唐去看了宋城的"丽江千古情"，票价290元/人。先谈谈观后感：节目美轮美奂，完全无法用视频或者照片来表达，只有在现场才能享受到那种美和震撼。虽然是淡季，但剧场里仍然有约2/3的观众。整场表演过程中，不断有观众的惊叹声和自发的鼓掌，散场时，听到不少老年人感叹：这钱花得值。

整套节目依赖于编剧、依赖于创意、依赖于灯光舞美、依赖于舞台机械，等等，却完全不依赖于明星。整场表演中的任何一位演员，都可以轻易被替代，且丝毫不影响节目的观赏性。节目依赖的这些东西，恰恰是可以大量拷贝，大量重复，精益求精，并在不断的扩张中持续降低成本的东西。我想，这构成了宋城的竞争优势。

---

① 本文发表于2017年3月13日。

财报看经营：资产负债表

翻阅宋城演艺的年报，公司的资产比较清晰，大致结构如下：①现金及类现金资产约 18 亿元，包括现金 10 亿元、其他流动资产（主要是银行理财产品）4.5 亿元、交易性金融资产 1.7 亿元（国债逆回购）、代售资产 1.6 亿元（约定 3 月 31 日前交割的股权）。②固定资产及土地等合计约 31 亿元，主要包括固定资产、无形资产（土地）、在建工程及其他非流动资产（预付的工程款、土地款）。③商誉约 24 亿元，主要是收购六间房和容中尔甲文化公司的溢价。核心是六间房溢价，有 23.7 亿元。

合计总资产 75.7 亿元，上述三部分占了 73 亿元。负债方面，有息负债就一项：工商银行贷款 4 亿元，利率为基准利率的九折，其他 6 亿元为经营性占款。

净资产约 65.6 亿元，少数股东权益占比很小，仅有 1.6 亿元。少数股东权益主要是九寨沟项目的 20% 股权和藏谜公司原股东容中尔甲持有的 40% 股权。如果将公司 2016 年资产负债表做个简化版，大致如表 3-47 所示。

表 3-47 2016 年宋城演艺简化资产负债表　　　　单位：亿元

资产		负债及所有者权益	
类现金	18	有息负债	4
经营资产	31	经营占款	6
商誉	24	净资产	65.6
其他	2.7	归属母公司股东所有净资产	64
合计	75.7	合计	75.7

财报看经营：利润表

概览

公司 2016 年营收 26.4 亿元，同比增长 56% 或 9.5 亿元。扣非净利 8.87 亿元，同比增长 40% 或 2.53 亿元。应收账款可以视为 0。报表上有 1479 万元应收款，主要是支付宝和微信支付等，估计是结算周期内的短暂拖延，可谓无风险应收。还有 4458 万元其他应收款，主要是某些土地及项目的押金，以及石林景区项目清算后，地方国土局应退土地款，也是合理及无风险应收款。

全部为现金收入，经营现金流净额远高于净利润，属于老唐最喜欢的企业类型。

营业收入来源

公司营业收入来源主要有两块：一是网下业务，包括千古情演出及主题公园收入；二是网上业务，包括六间房直播业务出售虚拟物品分账。

网下业务主要是宋城（杭州）、三亚、丽江及九寨沟四个千古情演出及围绕演出打造的配套游乐项目。2016 年除杭州受 G20 峰会影响，客流量下滑导致营收同比下滑 2% 以外，其他三个景区均保持着两位数以上的增长。如表 3 - 48 所示。

2015 年（2016 年的尚未发布）全国旅游演出票房十强榜上，1997年推出的《宋城千古情》长演不衰，仍然雄霸榜首，位列第 1；2013 年推出的《三亚千古情》名列第 2；2014 年推出的《丽江千古情》名列第 5；2014 年推出的《九寨千古情》名列第 7，全部榜上有名（第 3 和第 4 名分别是《印象丽江》和《印象刘三姐》，第 6 名是广州长隆的《魔幻传奇》）。根据宋城演艺和丽江旅游年报披露的数据，2016 年《丽江千古情》已经以 2.23 亿元营收，远远地将《印象丽江》（1.66 亿元）甩在了身后（领先 34%）。

以上演艺项目，平均毛利率超过 70%，如表 3 - 48 所示，竞争力相当喜人。单独看现有的演艺及公园这部分，老唐认为 2017 年将收获15% 以上的增长。

表 3 - 48　2016 年千古情项目营收　　　　　　　　　单位：亿元

	营业收入	营业成本	毛利率	营收同比	毛利率同比
杭州	6.88	2.06	70%	-2%	0%

	营业收入	营业成本	毛利率	营收同比	毛利率同比
三亚	3.07	0.77	75%	19%	−2%
丽江	2.23	0.6	73%	30%	10%
九寨沟	1.49	0.47	68%	14%	2%
合计	13.67	3.9	71%	8.5%	1%

除了上述四个项目，主打西周文化、青铜器主题的长沙宁乡项目，已经于2016年国庆试营业，2017年五一正式开业。这个项目是公司一个崭新的尝试，由当地企业投资25亿元，宋城负责提供品牌授权、规划设计、协助建设、剧目创作、互动体验项目设计、开业筹备等一揽子服务，为此，宋城将得到2.6亿元服务费（2016年已经确认1.17亿元，剩余1.43亿元应该于2017年内确认）。同时，当地投资方承担项目日常全部运营费用，宋城提供经营管理。宋城抽取宁乡项目"年可支配经营收入"的20%作为管理费。这个"年可支配经营收入"具体是个什么口径，老唐没找到解释。推测应该不是营业收入的20%，可能是营业收入减去营业成本后的20%。按照毛利率70%＋估算，约相当于营业收入的15%。

该项目若获成功，公司就蹚出了另外一条轻资产扩张的道路。利用整整20年积累的项目设计和运营经验，从全部靠自己投资建设运营，拓展到品牌和管理输出，利用别人的资本获利的扩张阶段。可以想象，扩张速度将不再受限于资本规模，从而具备了快速复制、快速扩张的可能。

以三年的目光来看宋城的发展。2016年杭州、三亚、丽江、九寨沟四个项目（九寨沟项目，公司持股80%，其他三个是全资子公司），加上宁乡服务费收入（1.17亿元，净利润估计约0.7亿元），合计获得净利润6.5亿元。若参照GDP增速7%左右考虑公司这部分业务的利润增速，到2019年末这部分可以获取的净利润约8亿元。

同时，2018年《上海千古情》和《漓江千古情》开业，2019年

《张家界千古情》和《澳洲黄金海岸传奇王国》开业。其中《漓江千古情》是和上市公司桂林旅游合作的,公司持股 70%,桂林旅游持股 30%,其他项目为公司全资。假设上海、漓江、张家界和黄金海岸四个项目,以及未来三年里也诞生一项类似宁乡的品牌管理输出项目,他们合计在 2019 年也达到现有四个项目 2016 年的净利润水平 6.5 亿元[①],新旧项目相加,可以预计的 2019 年宋城演艺演出及公园部分,净利润约 14.5 亿元。鉴于这部分业务毛利率超 70%,净利润率与茅台相当(税负远低于茅台的缘故),现金流状况良好,且具备不断复制可能,属于高确定性业务,老唐认为 20 ~ 25 倍市盈率是可以给的,即公司 2019 年演出及主题公园部分,将带来 290 亿 ~360 亿元的市值支撑。

公司现有的项目集中在景区,其特点是必须依赖知名景区,且项目不可以距离景区太远(例如 2016 年清算的武夷山项目,就是项目位置距离核心景区太远)。其背后的含义,是游客不是为了看千古情来该地区,而是因为来著名景点旅游,顺带看个节目。

这个“顺带”,专业术语叫“观众转化率”。观众转化率 = 旅游演艺售票量/当地接待游客总量。2015 年我国旅游演艺市场观众转化率前十强旅游目的地是:丽江 21%、三亚 14%、阿坝州 10%、峨眉山 7%、拉萨 5%、张家界 4%、杭州 4%、桂林 4%、珠海 2% 和武夷山 2%。即便不参考纽约演艺市场 24% 的观众转化率,只看同属本国的丽江、三亚转化率水平,张家界、杭州、桂林等地都还有很大的提升空间(转化率数据源于东莞证券研报)。

公司 2016 年财报里体现的新项目,是公司战略的全面展示:景区复制(张家界、桂林)、海外扩张(澳大利亚)、从景区走向城市(上海)、轻资产输出(宁乡)。从这个意义上说,老唐上面说的 290 亿 ~

---

① 桂林和张家界的景区号召力,丝毫不低于三亚、丽江和九寨沟,且位于国土中部,更靠近经济发达地区。而上海则会有三台节目,《上海千古情》、与上戏及加拿大戏剧学院合作打造的沉浸式多空间剧目《上海都魅》和《紫磨坊》,公司计划用这三台节目打造“东方百老汇”,填补上海文化演艺市场空白。

360亿元，很可能低估了这部分的成长。因为这后三种模式，任何一种的成功，都是开创了一个蓝海，尤其是城市演艺。

以上都是老唐能理解，看得懂的，但公司的另一块业务，就超出了老唐的理解范围，那就是2015年斥资26亿元收购的互联网直播平台——六间房。财报显示，六间房营收10.9亿元，毛利率50%，净利润2.35亿元，如表3-49所示。

表3-49　千古情与六间房营收

	营业收入	营业成本	毛利率	营收同比	毛利率同比
千古情	13.67	3.9	71%	8.5%	1%
六间房	10.9	5.45	50%	195%	-1%

财报介绍，六间房是中国最大的互联网演艺平台，有22万名签约主播，月均访问用户4350万，每月人均充值681元，主要是买虚拟物品送给主播，公司和主播各拿一半。

2015年宋城演艺收购六间房（2015年8月并表），2015—2018年的业绩承诺分别为1.51亿元、2.11亿元、2.75亿元和3.57亿元，期间承诺利润总和接近10亿元。因为有此高额净利润承诺，收购产生了23.7亿元的商誉资产（收购价格高于可辨认资产公允价值的部分）。如果未来六间房持续盈利，这部分商誉就始终在报表上；反之，如果未来盈利能力下降乃至丧失，这部分商誉就要做减值，从某年或者某几年的利润表里当作费用扣除。因此，六间房盈利能力的判断，对宋城演艺未来估值至关重要。

对于六间房这种互联网新玩意儿，老唐是一头雾水，虽然专门上网实地考察了一番，但很惭愧，仍然看不懂，因此，自然没法判断六间房营收的真假，无法判断其未来盈利能力是否能够持续，无法判断企业价值的区间。

但是，有一点事关股价博弈的东西是能够确认的，六间房的业绩承诺，无论通过增长还是伪增长手段，应该是有把握完成的。2018年为3.57亿元。假设2019年市场预期六间房能有增长或者维持不变，加上

2019 年能够预期的演艺部分利润约 14.5 亿元，合计 2019 年公司净利润大致可以做到 18 亿元。如果市场届时给 20～25 倍市盈率，市值约 360 亿～450 亿元，相对于目前 300 亿元市值，三年约能获得 20%～50% 的确定性收益。

也就是说，当前投资宋城，仅以三年为时间跨度看，演艺部分有很大概率可以撑住当前市值。而线上直播、手游、二次元等"高科技"项目，只要不崩盘，不导致商誉减值，即使没有预计的那么好，哪怕只有预计的一半好，可能都会给投资者带来相当不错的回报；反之，若是吻合公司预计，甚至超越公司预计，那就是数钱到手软的企业了。

投资决策

投或者不投宋城，这个决策挺难做的。正反要点合计有五：①企业上市 6 年 3 个月，满足我的上市时间要求；②上市以来营收和净利增长都不错，展示了良好的管理能力——确实是干事的实业家，不是资本玩家；③商业模式很好，具有不断增强的竞争优势——一直保持高 ROE，且暂时看不见构成威胁的竞争对手；④演艺业务未来有看得见的增长；⑤管理层下注的另外一半东西，我完全不懂，无法估值。

总体判断，以三年时间长度看，是一个赌错了大概率不输本金（输时间，输机会成本），赌对了能够大赚的"赌局"。若是现在市值 200 亿元，就好办多了，相当于"买线下、送线上"。然而，现在是 300 亿元！想来想去，最后决定买点"观察哨"，如果一路向上，那就不是我的菜了；如果有幸还能跌下去两三成，那就到我的碗里来吧。

"投机者" 信立泰[①]

之所以用"投机者"作为标题，是因为信立泰的基石建立在一次投机活动上——对中国专利法的投机。信立泰利用这次投机，抢在医药巨头赛诺菲公司的抗凝血原研药波立维之前，在中国上市了波立维的仿制药。这次成功的投机，诞生了一款累计销售近两百亿元的药物——泰嘉。

一次成功的投机

波立维是"硫酸氢氯吡格雷"的商品名，由法国赛诺菲和美国施贵宝于 1996 年联合开发，1997 年 10 月获美国 FDA 批准，1998 年 3 月在美国上市，1998 年底在欧洲国家及俄罗斯上市，2001 年 8 月在中国上市。它是一款抗凝血药物，可减少动脉粥样硬化性事件的发生，如心肌梗死、中风和血管性死亡等。

波立维可称得上一款神药，是全球有史以来销售额第二大的药品，仅次于辉瑞的降血脂药"立普妥"。波立维在美上市第 4 年就成为重磅

---

① 本文首发于 2017 年 3 月 27 日，精简后发表于 2017 年 3 月 31 日出版的《证券市场周刊》。

炸弹药物①，2008—2011 年巅峰期，年销售额均接近百亿美元。2012 年 5 月，15 年专利保护期满后，大批仿制药涌入市场。美国市场已有超过 15 家企业的氯吡格雷仿制药上市。

美国的仿制药是 2012 年 5 月后开始上市的。在中国，波立维 2001 年 8 月获准在中国销售，信立泰的氯吡格雷以泰嘉为商品名，于 2000 年 9 月 1 日拿到生产批文。于是，在中国出现了仿制药先于原研药上市，且在原研药专利保护到期 12 年前，开始生产销售的奇特现象。一直到 2012 年 5 月专利保护到期前，中国市场就一种仿制药泰嘉和原研药波立维。之所以会出现这种奇怪的局面，是因为信立泰钻了中国专利法的一个空子，或者叫利用了专利法的漏洞。② 具体事件分为下面 6 个步骤。

①中国 1992 年以前不承认药品的知识产权，1992 年 9 月修订后的专利法，也只承认 1993 年以后获得发明专利的外国药品专利。而氯吡格雷是 1990 年 2 月 9 日在法国获得的发明专利，不在中国法律的保护范围内。②根据中国 1992 年 12 月发布的《药品行政保护条例》规定，1986—1993 年发明的专利药品，可以单独向中国政府申请行政保护。③赛诺菲于 2000 年 3 月 3 日向中国国家药监局申请了针对氯吡格雷的行政保护，该行政保护于 2000 年 9 月 19 日获批。④信立泰于行政保护获批前 18 天（2000 年 9 月 1 日）获得氯吡格雷生产批文，由此享受 8 年时间的独家生产权。⑤受赛诺菲所申请的行政保护限制，其他任何厂家均不得于 2012 年 5 月专利到期之前生产氯吡格雷。信立泰也沾了行政保护的光，使独家生产权事实上延伸到了 2012 年 5 月。⑥于是，长达 12 年的时间跨度内，中国市场就只有泰嘉和波立维。其中泰嘉以性能差不多，价格便宜很多为市场卖点。

---

① 重磅炸弹药物指年销售额超过 10 亿美元的药物。

② 这不是否定信立泰的技术能力，不是说信立泰"只"靠钻法律漏洞就收获了泰嘉。仿制药品这事儿，技术含量其实也很高，不是谁都能做到的。

企业经营：优中有忧

信立泰上市以来，经营情况可以用"优中有忧"来总结。

一个产品撑起一家企业

优，是因为泰嘉销售情况一直很好，药品好，效果好，再加上信立泰的推广工作也做得好，信立泰上市8年来，累计获取约180亿元营业收入，且一直维持着高毛利率。例如2016年财报中制剂部分，毛利率仍然高达87%，这其中主要就是靠泰嘉。

2009年，信立泰在深交所上市，通过发行25%股份，从公众股东处获取资金11亿多元，加上上市前公司净资产约3.5亿元（总资产约5.4亿元），合计净资产也就约15亿元。8年来，净资产收益率基本在20%~30%波动，累计创造净利润约60亿元，现金分红近30亿元，其中公众股东获得现金分红约7.3亿元（含税，含2016年分红预案）。当前信立泰市值约300亿元出头，25%股份对应市值约75亿元。从11亿多元变成约82亿元，8年7倍多，年复合收益超过27%，这也归功于泰嘉。

氯吡格雷究竟是什么？

简单说，它是冠心病支架手术的搭档。冠心病（冠状动脉粥样硬化性心脏病）会导致血管狭窄或阻塞，从而使心肌缺血导致死亡。据世卫组织数据，冠心病目前是全球第一大死亡因素。而随着老龄化和生活水平的提高，中国冠心病发病率近年来呈快速上升态势。过去十年，中国冠心病发病率已经从大约万3提高到了万10。治疗冠心病的主要手段就是冠心病支架手术（英文简称PCI）。简单理解，就是将一个可膨胀支架放进血管里，把已经变狭窄或者阻塞的血管撑开，让血液恢复流动。而支架这个异物放进血管以后，会引起血液围绕它凝固，重新堵塞血管，导致病人手术失败而死亡。氯吡格雷的作用，就是能够防止血液在这个支架附近凝结。因此，PCI手术后服用氯吡格雷已经成为美国、欧洲及我国的常规治疗手段。按照美国心脏协会的建议，手术后至少要服用氯吡格雷 12 个月乃至更久，没有医生同意不可以停药。如此，患者对氯吡格雷的需求完全可以定义为"刚需"。

忧患就在门口

然而，"忧"也藏在这个"优"里。这么多年，虽然依赖泰嘉的成功，信立泰获得了长足的发展，给股东带来了丰厚的回报，但公司并没有在新药研发上做出什么新的突破。当然，新药的研发，本身也是一件风险极大，失败率极高的事情。相关论述请参考《手把手教你读财报》。

直到今日，信立泰依然靠着泰嘉这一只"投机品"为股东创造着投资回报。随着 2012 年 5 月波立维专利保护到期，不仅有了乐普（通过收购新帅克）参与竞争，波立维也放下原研药的身段，通过降低价格来参与竞争。更为关键的是，场外竞争对手对氯吡格雷的丰厚利润垂涎三尺，也正在等待入场——目前正在药监局申请氯吡格雷仿制药批文的国内企业就有数十家之多。现在，乐普药业旗下的氯吡格雷以帅泰为名已经上市销售，石药集团的氯吡格雷已经在美国上市销售，而恒瑞医药等多家企业的氯吡格雷也正处于评审之中。新的竞争对手进入，不仅可能带来药品单价的降低，更可能蚕食现有厂家的市场份额。

如果泰嘉的增长受到威胁，信立泰的成长在哪里？这是市场对信立泰的疑问，也是信立泰维持 20 多倍低市盈率的原因所在——A 股医药行业市盈率的中位数约 55 倍。

转机：竞争优势可能延续

面对这些忧患，事情可能正在发生转机，信立泰正在悄悄地发生变化。

一致性评价新政策

以前，市场担心氯吡格雷陷入群雄混战的局面，从而导致价格战，损害泰嘉的盈利能力。但2015年8月及以后，国务院相继出台了有关仿制药质量和疗效一致性评价（以下简称"一致性评价"）的相关规定，使群雄混战的可能性大大降低了。该政策可能导致信立泰在氯吡格雷生产销售上的竞争优势进一步扩大。

所谓一致性评价，简单理解，就是要求仿制药在质量和疗效上要和原研药完全一致。它是国家2012年推出的政策，目的是为了降低医保负担，同时减少国内制药企业的重复性建设，但进展一直很缓慢。2015年8月后，相关文件密集下达，进度明显加快。这个政策对信立泰的意义，可以从下面5个方面解读。

（1）一致性评价，导致国家药监局加强了对仿制药临床试验数据的核查，直接造成多家企业撤回对氯吡格雷仿制的申报。

（2）国务院文件规定："国内药品生产企业已在欧盟、美国和日本获准上市的仿制药，可以国外注册申报的相关资料为基础，按照化学药品新注册分类申报药品上市，批准上市后视同通过一致性评价；在中国境内用同一生产线生产上市并在欧盟、美国和日本获准上市的药品，视同通过一致性评价。"泰嘉已经获得欧盟认证，理论上讲通过一致性评价只是程序问题。

（3）信立泰公司自2013年起，就启动了泰嘉的一致性评价工作，明显领先于竞争对手。因此，无论是否利用欧盟认证优势，信立泰都可能是首家完成一致性评价的氯吡格雷仿制药企业。

（4）国务院文件规定："自第一家品种通过一致性评价后，三年后不再受理其他药品生产企业相同品种的一致性评价申请，未限时完成的品种不予再注册。"

（5）国务院文件规定："通过一致性评价的药品品种，在医保支付方面予以适当支持，医疗机构应优先采购并在临床中优先选用。同品种药品通过一致性评价的生产企业达到3家以上的，在药品集中采购等方面不再选用未通过一致性评价的品种。"

以上规则，大大降低了氯吡格雷市场陷入无序竞争的可能性。同时，由于信立泰可能最早通过一致性评价，使泰嘉和原研药波立维在同一竞争层次，这时，泰嘉比波立维价格更低的优势就更加醒目了。而其他价格比泰嘉还低但暂时未通过一致性评价的竞品，却因为并非同一竞争层次而使价格因素失去比较意义。

新产品进展乐观

公司继泰嘉之后的两个重要新品，也出现了可喜的曙光。一个是2008年从解放军总医院和河北元森制药手上买来的比伐卢定。公司于2010年取得比伐卢定的生产批文（商品名泰加宁），是国内首家。它是PCI手术中的一种抗凝剂，用于代替肝素。但直到2015年前，比伐卢定和肝素究竟孰优孰劣，学术界一直存有争议。加上肝素低价且有医保覆盖，而比伐卢定价格高（数十倍于肝素）且尚未进入医保目录，因而比伐卢定销售量一直没有大的起色。直到2015年，学术界的观点终于统一，在2016新版的中国PCI指南中，比伐卢定超越肝素，从以前的备选药物升级为PCI手术首选术中抗凝药物。未来假如能进入医保目录，成长可能会比较可观。

另外一个新品信立坦，通用名阿利沙坦酯，是一种治疗高血压的药物。据说因为毒性更小，降压效果更好，于2013年10月获批1.1类化学新药生产批文（1.1类的含义，可以简单理解为世界首创）。1.1类化学新药的生产批文是非常难获得的，全国一年也就获批几个品种，例如2013—2015年，1.1类化学新药生产批文发放数分别为4个、8个、3个。

阿利沙坦酯是我国自主研发的、国家"十二五"重大新药创制专项支持的创新药物。它是国内抗高血压市场中为数不多的1.1类新药，专利保护期到2026年。据公司披露，阿利沙坦酯正在协议谈判进入医保目录。降压药市场广阔，作为1.1类新药，顶着更有效、更安全的光环，一旦"进入医保目录后，经过3~4年的推广，产品年销售过10亿甚至更高，都是可以期待的"，董秘杨健锋如是说。

最后，氯吡格雷最可能的竞争对手，其首仿权可能也会落在信立泰手中。

氯吡格雷有个缺点，大约会有3%～5%的白种人和15%～20%的亚洲人不能有效吸收它的疗效，这种情况被称之为"氯吡格雷抵抗"。而功效和作用与氯吡格雷近似的"替格瑞洛"，目前尚未发现抵抗人群，这样，替格瑞洛的适用人群就大于氯吡格雷。

虽然现在氯吡格雷暂时以更丰富的临床试验案例数据、更宽的适应症范围和更便宜的价格，比替格瑞洛占据更多优势，但替格瑞洛的临床案例正在积累，研究文献不断公开，其威胁不容小视。

替格瑞洛的中国专利于2019年5月到期。2016年6月，信立泰首家获取了替格瑞洛的生物等效性试验行政许可，并在2016年年内按照药品新注册分类进行生物等效性备案、完成生物等效性试验并提交了上市申请。依照信立泰在氯吡格雷上的首仿经验，以及首家进行生物等效性实验的优势，替格瑞洛专利到期后，信立泰成为首仿厂家也是大概率事件。

投资决策

整体判断：①这是一家可以赚到真金白银的好企业，净资产收益率从来没有低于20%。②由于一致性评价的因素，泰嘉会比目前好，而不是比目前差，虽然我没有能力判断能好多少。③仅凭泰嘉足以支撑240亿元估值，这算是有保底。其他新品发展，如果有就算锦上添花，如果没有也无所谓。④结论：可能赚也可能不赚，但有泰嘉保底，亏损的可能性很小，所以，可作为"打新门票"少量配置。

老唐在2016年1月28日买入，运气好，买到了最低点。然而，正是由于对医药行业的不懂——所谓不懂，指无法对企业未来产品研发及销售做出大致靠谱的推测，无法预测和掌握竞品动向——也就仅仅是买入了仓位的1%（后加至约2%）。以老唐目前的知识水平，暂时不打算增加对信立泰乃至其他医药股的投资。

后　记

这本书的诞生和前两本完全不同。

《手把手教你读财报》是公开发表写作框架后出版社约稿，然后开始创作；《手把手教你读财报2》是先有创作计划，然后才敲下第一行字；唯有这本，起初完全没有成书的意图，只是习惯性随便写点东西发在个人微信公众号上。不知不觉，两年间写下超百万字的文章。这些文章被读者大量收藏，甚至还因此让"唐书房"获得印象笔记2017年7月25日发布的"微信识力榜之文化读书榜"第四名——该榜由印象笔记官方基于数千万用户收藏数据统计所得，"唐书房"是唯一入选该榜Top10的个人公众号。

也有大量读者将这些文章复制整理，然后打印成册反复阅读。这种方法不仅浪费时间，而且金钱成本也颇高，于是有很多读者希望老唐将其整理出版。正是在这些读者的大力推动下，才诞生了这本书。

谢谢所有读者，谢谢你们持续的鼓励，没有你们就没有这本书。为此，在本书理论框架之外，老唐还想在后记中额外再强调一些和投资有关的重要事项。

首先，重复强调老唐在22年前以爆仓破产为代价换来的四字真言："远离杠杆"。

只要能真正理解本书第一章的市场先生寓言，远离杠杆就是投资者必须记住的第一生存要素。正因为市场先生情绪波动无法预测，所以哪怕处于严重低估阶段，照样可能出现剧烈下跌。这种时候，即便你

100%确定内在价值远超市价，也有可能被迫卖出。甚至有时候只是别人的一个乌龙、一次错误，或者一场阴暗的操控、赌博，都可能将杠杆投资者推向爆仓的边缘。

当然，此处所说的杠杆，不包括那些经理性思考、合理规划后，与投资对象市价波动完全无关，仅与个人或企业现金安排有关的借贷，如个人房屋贷款、企业经营贷款等。

其次，不要使用短期资金投资。由于中小投资者并不具备推动企业内在价值实现的能力，所以无论我们投资决策的底层逻辑是什么，最终回报主要还是直接体现在股价变化上。

因此，我们必须明白两个事实：第一，企业内在价值增长是需要时间的。企业只能通过一天天的运营，靠一个个员工的努力去实现价值的增长，短时间内价值突变的机会很小。第二，人类在贪婪和恐惧之间的转换，也是需要时间的。市场淡忘上一次的伤害，逐步认识企业内在价值，并推动股价向内在价值回归，最终超越内在价值走向泡沫的过程，从来不会一蹴而就。

股票作为一个整体，投资收益率一定高于债券收益率的结论，并不代表股票每一年都可以超越债券，但这个确定性是随着时间延长而增加的。杰里米·J. 西格尔教授在其经典著作《股市长线法宝》里分享过他的研究成果：在1871年到2012年超过140年的时间跨度里，如果以1年为投资周期，股票投资回报率在66.9%的时间里优于短期国债，在61.3%的时间里优于长期国债。伴随着投资时间的加长，这个比例越来越大，数据如下表所示：

持有期限	股票表现优于长债的比例	股票表现优于短债的比例
1 年	61.3%	66.9%
2 年	64.1%	70.4%
3 年	68.7%	73.3%
5 年	69.0%	74.6%
10 年	78.2%	83.8%
20 年	95.8%	99.3%
30 年	99.3%	100%

正因为此，老唐建议投资者在股市投入任何一笔资金时，都要做好相对较长的时间准备。根据经验，在中国 A 股市场，三到五年是投资者应该考虑的最短资金期限。

再次，降低对投资回报的期望值。很多人初入股市，看见股市每日涨涨跌跌，可能觉得满地黄金，一年不赚个百分之三五十就觉得白来市场了。却忘记了银行理财产品，年收益率敢有 6%，就可能引发哄抢，也忘记了世界顶级投资大师们长期收益率大都集中在年化 15%～25% 的区间。

市场确实有年年翻倍甚至一年数十倍的奇迹存在。然而，盈亏同源，导致一年翻倍的投资决策体系，同样可能会导致半年归零。所以才有"一年三倍易，三年一倍难"之说。投资是持续一生的事，降低对投资回报的期望值，相信复利规律，尽力减少那些高风险的赌注，我们才有机会在市场中长期生存和持续获利。

降低对投资回报的期望值还有一个好处，那就是灭掉依赖股市一夜暴富的心态，只是将它视为长期放置消费剩余的手段，避免因此而耽误了自己职场或事业的发展。这种心态下，你反而会在某一天发现，不知不觉间财富已经增长到非常可观的水准，正所谓"慢慢来，比较快"。

最后，老唐要感谢@宁静的冬日M、@编程浪子两位朋友，书中有两处借鉴了你们分享的思路；要感谢中国经济出版社燕丽丽老师认真严谨的编辑工作，没有燕老师的付出，本书只能是一堆零散的原材料；要感谢爱人小琴在本书写作过程中的大力支持及作为第一读者的耐心；更要感谢所有的热心读者，谢谢你们长期以来的支持和鼓励。祝朋友们早日建立属于自己的投资体系，实现心中的梦想！

唐朝

2018 年 11 月 11 日于成都